普通高等教育通识类课程教材

计算机信息素养基础
（第二版）

主　编　陈　艳

副主编　姚晓杰　王立武　杨　毅　王嘉月　秦　凯

中国水利水电出版社
www.waterpub.com.cn
·北京·

内 容 提 要

本书是根据教育部高等学校计算机应用基础的教学要求组织编写的计算机基础教材,内容包括计算机基础知识、操作系统、信息技术应用、文字处理软件 Word 2016 和 WPS、演示文稿软件 PowerPoint 2016、电子表格软件 Excel 2016、计算机网络知识等。本书运用现代教育技术思想设计、组织内容,体现了计算机发展的新技术、新概念。本书重点突出,文字通俗易懂,并配有实践教程。

本书既可作为高等院校计算机基础课程的教材,也可作为读者培养计算机综合应用素质、提升办公自动化水平的自学参考用书。

图书在版编目(CIP)数据

计算机信息素养基础 / 陈艳主编. -- 2版. -- 北京：
中国水利水电出版社, 2024. 8. -- (普通高等教育通识
类课程教材). -- ISBN 978-7-5226-2676-5

Ⅰ. TP3

中国国家版本馆 CIP 数据核字第 2024DN2005 号

策划编辑：崔新勃　责任编辑：鞠向超　加工编辑：张玉玲　封面设计：苏敏

书　名	普通高等教育通识类课程教材 计算机信息素养基础（第二版） JISUANJI XINXI SUYANG JICHU
作　者	主　编　陈艳 副主编　姚晓杰　王立武　杨　毅　王嘉月　秦　凯
出版发行	中国水利水电出版社 （北京市海淀区玉渊潭南路 1 号 D 座　100038） 网址：www.waterpub.com.cn E-mail: mchannel@263.net（答疑） 　　　　sales@mwr.gov.cn 电话：(010) 68545888（营销中心）、82562819（组稿）
经　售	北京科水图书销售有限公司 电话：(010) 68545874、63202643 全国各地新华书店和相关出版物销售网点
排　版	北京万水电子信息有限公司
印　刷	三河市鑫金马印装有限公司
规　格	184mm×260mm　16 开本　19.75 印张　506 千字
版　次	2021 年 6 月第 1 版　2021 年 6 月第 1 次印刷 2024 年 8 月第 2 版　2024 年 8 月第 1 次印刷
印　数	0001—2000 册
定　价	59.00 元

第二版前言

在信息化的今天，计算机文化正在全面、深刻地影响和改变着人们工作、学习的方式和生活习惯。时下，以计算机技术为核心的大数据技术、多媒体技术、网络技术、物联网技术、云计算技术、移动技术、新材料技术等正引领着我们进入新信息社会。计算机已成为人们生活和工作中最主流的工具之一，计算机信息素养已成为不可或缺的基本素质。

为适应新背景下的高等教育人才培养目标，顺应计算机技术发展趋势，按照"加强基础、提高能力、重在应用"的原则，我们再版了这本计算机基础教材。本书参编人员均在大学长期从事教育教学及研究工作，负责计算机基础课程教学及课程资源建设，有着丰富的经验。目前人工智能、智能制造、互联网+、云计算、大数据等技术发展迅猛，Windows 操作系统和 Office 办公软件已普遍使用，本书将这些现代信息技术进行深度融入，更加系统、深入地介绍了计算机科学的基本概念、原理和技术。本书内容包括计算机基础知识、操作系统、信息技术应用、文字处理软件 Word 2016 和 WPS、演示文稿软件 PowerPoint 2016、电子表格软件 Excel 2016、计算机网络知识等。

本书由陈艳任主编，姚晓杰、王立武、杨毅、王嘉月、秦凯任副主编，全书由陈艳统稿并最后审定。其中，第 1 章和第 6 章由陈艳编写，第 2 章由杨毅编写，第 4 章由王嘉月编写，第 5 章由王立武编写，第 3 章由秦凯编写，第 7 章由姚晓杰编写。在本书编写过程中，编者得到了杨明学、黄海玉的大力支持，在此表示感谢。

由于时间仓促及编者水平有限，书中疏漏甚至错误之处在所难免，恳请读者批评指正。

编　者
2024 年 3 月

第一版前言

在信息化的今天，计算机文化正在全面、深刻地影响和改变着人们工作、学习的方式和生活习惯。时下，以计算机技术为核心的大数据技术、多媒体技术、网络技术、物联网技术、云计算技术、移动技术、新材料技术等正引领着我们进入新信息社会。计算机已成为人们生活和工作中最主流的工具之一，计算机信息素养已成为不可或缺的基本素质。

为适应新背景下的高等教育人才培养目标，顺应计算机技术发展趋势，按照"加强基础、提高能力、重在应用"的原则，我们编写了这本计算机基础教材。本书参编人员均在大学长期从事教育教学及研究工作，负责计算机基础课程教学及课程资源建设，有着丰富的经验。目前人工智能、智能制造、互联网+、云计算、大数据等技术发展迅猛，Windows 10 操作系统和 Office 办公软件 Office 2016 已普遍使用，本书将这些现代信息技术进行深度融入，更加系统、深入地介绍了计算机科学的基本概念、原理和技术。本书内容包括计算机基础知识、Windows 10 操作系统、信息技术应用、文字处理软件 Word 2016、演示文稿软件 PowerPoint 2016、电子表格软件 Excel 2016、计算机网络知识。

本书由陈艳、秦凯、黄海玉任主编，杨明学、王立武、王锦任副主编，全书由陈艳统稿并最后审定。其中第 1 章和第 3 章由秦凯编写，第 2 章由杨明学编写，第 4 章由黄海玉编写，第 5 章由王立武编写，第 6 章由陈艳编写，第 7 章由王锦编写。

由于时间仓促及作者水平有限，书中疏漏、错误之处在所难免，恳请广大读者批评指正。

编　者
2021 年 2 月

目 录

第1章 计算机基础知识

1.1 计算机概述

现代计算机是一种按程序自动进行信息处理的工具。它的处理对象是数据，处理结果是信息。在这一点上，计算机与人脑有着某些相似之处。因为人的大脑和五官也是用来对信息进行采集、识别、存储、处理的器官，所以计算机又被称为电脑。

随着信息时代的到来和信息高速公路的兴起，全球信息化进入了一个新的发展时期。人们越来越认识到计算机信息处理功能的强大，计算机已经成为信息产业的基础和支柱。

1.1.1 计算机的发展过程

1. 世界上第一台计算机

在第二次世界大战中，敌对双方都使用了飞机和火炮猛烈轰炸对方的军事目标。要想打得准，必须精确计算并绘制出"射击图表"。通过查图表确定炮口的角度，才能使射出去的炮弹正中目标。但是，图表的每一个数都要进行几千次的四则运算才能得出来，十几个人用手摇机械计算机算几个月才能完成一份"图表"。针对这种情况，人们开始研究将电子管作为"电子开关"来提高计算机的运算速度。许多科学家都参加了这项研究，最后终于制成了世界上第一台电子计算机——电子数字积分计算机（Electronic Numberical Integrator and Computer，ENIAC），如图 1-1 和图 1-2 所示。

图 1-1　世界上第一台电子计算机（1）　　　　图 1-2　世界上第一台电子计算机（2）

机器被安装在一排 2.75 米高的金属柜里，使用了 17468 个真空电子管，耗电 174 千瓦，占地 170 平方米，重达 30 吨。电子管平均每隔 7 分钟就要被烧坏一只。ENIAC 的运算速度达到每秒进行 5000 次加法，可以在千分之三秒时间内做完两个 10 位数乘法。用它计算一条炮弹的轨迹，20 秒就能完成，比炮弹本身的飞行速度还要快。虽然它的功能还比不上今天最普通的一台微型计算机，但是在当时它已是运算速度的绝对冠军，并且其运算的精确度和准确度也是史无前例的。ENIAC 奠定了电子计算机的发展基础，开辟了计算机科学技术的新纪元，有人将其称为人类第三次产业革命开始的标志。

2. 现代计算机之父——冯·诺依曼

冯·诺依曼（图 1-3）是 20 世纪最重要的数学家之一，在纯粹数学和应用数学方面都有杰出的贡献。他的工作大致可以分为以下两个阶段：

（1）1940 年以前，他主要进行纯粹数学的研究，在数理逻辑方面提出简单而明确的序数理论，并对集合论进行新的公理化，其中明确区别集合与类；其后，他研究希尔伯特空间上线性自伴算子谱理论，从而为量子力学打下数学基础。1930 年，他证明了平均遍历定理，从而开拓了遍历理论的新领域；1933 年，他运用紧致群解决了希尔伯特第五问题；此外，他在测度论、格论和连续几何学方面也有开创性的贡献；1936—1943 年，他和默里合作，创造了算子环理论，即所谓的冯·诺依曼代数。

图 1-3 现代计算机之父——冯·诺依曼

（2）1940 年以后，冯·诺依曼转向应用数学。如果说他的纯粹数学成就属于数学界，那么他在力学、经济学、数值分析和电子计算机方面的成就则属于全人类。第二次世界大战开始，冯·诺依曼因战事的需要研究可压缩气体运动，建立冲击波理论和湍流理论，发展了流体力学；从 1942 年起，他同莫根施特恩合作，写作《博弈论和经济行为》一书，这是博弈论（又称对策论）中的经典著作，该书使他成为数理经济学的奠基人之一。

冯·诺依曼由 ENIAC 研制组的戈尔德斯廷中尉介绍参加 ENIAC 研制小组后，便带领组内富有创新精神的年轻科技人员向着更高的目标进军。1945 年，他们在共同讨论的基础上发表了一个全新的"离散变量自动电子计算机方案"——EDVAC（Electronic Discrete Variable Automatic Computer）。在此工作过程中，冯·诺依曼显示出他雄厚的数理基础知识，充分发挥了他的顾问作用及探索问题和综合分析的能力。诺依曼以"关于 EDVAC 的报告草案"为题，起草了长达 101 页的总结报告。报告广泛而具体地介绍了制造电子计算机和程序设计的新思想。这份报告是计算机发展史上一个划时代的文献，它向世界宣告：电子计算机的时代开始了。

EDVAC 方案明确了新机器由 5 个部分组成，即运算器、控制器、存储器、输入设备和输出设备，并描述了这 5 个部分的职能和相互关系。报告中，冯·诺依曼对 EDVAC 中的两大设计思想作了进一步的论证，是计算机设计史中的一座里程碑。

根据冯·诺依曼体系结构构成的计算机必须具有如下功能：

● 能够把需要的程序和数据送至计算机中。

● 必须具有长期记忆程序、数据、中间结果及最终运算结果的能力。

● 具有完成各种算术、逻辑运算和数据传送等数据加工处理的能力。

- 能够根据需要控制程序走向，并能根据指令控制机器的各部件协调工作。
- 能够按照要求将处理结果输出给用户。

为了完成上述功能，计算机必须具备五大基本组成部件：

- 输入数据和程序的输入设备。
- 记忆程序和数据的存储器。
- 完成数据加工处理的运算器。
- 控制程序执行的控制器。
- 输出处理结果的输出设备。

ENIAC 诞生后的短短几十年间，计算机的发展突飞猛进，主要电子器件相继使用了真空电子管、晶体管、中小规模集成电路和大规模、超大规模集成电路，这导致了计算机的几次更新换代，每一次更新换代都使计算机的体积和耗电量大大减小，功能大大增强，应用领域进一步拓宽。ENIAC 的问世，标志着计算机时代的开始。

3. 计算机的分代

现代计算机的发展阶段主要是依据计算机所采用的电子器件的不同来划分的。计算机器件从电子管到晶体管，再从分立元件到集成电路以至微处理器，促使计算机的发展出现了几次飞跃。

计算机从 20 世纪 40 年代诞生至今，已有 70 多年的历史了。随着数字科技的革新，计算机每 10 年左右就更新换代一次。

（1）第一代计算机（1946—1958）。1946 年，世界上第一台电子数字积分式计算机——埃尼阿克（ENIAC）在美国宾夕法尼亚大学莫尔学院诞生。1949 年，第一台存储程序计算机——EDSAC 在剑桥大学投入运行。ENIAC 和 EDSAC 均属于第一代电子管计算机。人们通常称这一时期为电子管计算机时代。第一代计算机主要用于科学计算，其主要特点如下：

1）采用电子管作为逻辑开关元件。

2）主存储器使用水银延迟线存储器、阴极射线示波管静电存储器、磁鼓和磁芯存储器等。

3）外部设备采用纸带、卡片、磁带等。

4）使用机器语言。20 世纪 50 年代中期开始使用汇编语言，但还没有操作系统。

这一代计算机主要用于军事目的的科学研究，体积庞大、笨重、耗电多、可靠性差、速度慢、维护困难。图 1-4 所示为电子管。

图 1-4　电子管

（2）第二代计算机（1958—1964）。人们通常称这一时期为晶体管计算机时代。

肖克利、巴丁、布拉顿三人在 1947 年发明的晶体管，比电子管功耗小、体积小、重量轻、工作电压低、工作可靠性高。1954 年，美国贝尔实验室制成第一台晶体管计算机——TRADIC，使计算机体积大大缩小。

1957 年，美国制成全部使用晶体管的计算机，第二代计算机诞生了。第二代计算机的运算速度比第一代计算机提高了近百倍。其主要特点如下：

1）采用半导体晶体管作为逻辑开关元件。

2）主存储器均采用磁芯存储器，磁鼓和磁盘开始用作主要的辅助存储器。

3）输入输出方式有了很大改进。

4）开始使用操作系统，有了各种计算机高级语言。

计算机的应用已由军事和科学计算领域扩展到数据处理和事务处理。它的体积减小，重量减轻，耗电量减少，速度加快，可靠性增强。图 1-5 所示为晶体管。

图 1-5　晶体管

（3）第三代计算机（1964—1971）。人们通常称这一时期为集成电路计算机时代。

20 世纪 60 年代初期，美国的基尔比和诺伊斯发明了集成电路，引发了电路设计革命。随后，集成电路的集成度以每三四年一个数量级的速度增长。

1962 年 1 月，IBM 公司采用双极型集成电路生产了 IBM360 系列计算机。DEC 公司（现并入 Compaq 公司）交付了数千台 PDP 小型计算机。

第三代计算机的主要特点如下：

1）采用中小规模集成电路作为逻辑开关元件。

2）开始使用半导体存储器，辅助存储器仍以磁盘、磁带为主。

3）外部设备种类增加。

4）开始走向系列化、通用化和标准化。

5）操作系统进一步完善，高级语言数量增多。

　　第三代计算机用集成电路作为逻辑元件，使用范围更广，尤其是一些小型计算机在程序设计技术方面形成了 3 个独立的系统：操作系统、编译系统和应用程序，总称为软件。值得一提的是，操作系统中"多道程序"和"分时系统"等概念的提出，结合计算机终端设备的广泛使用，使得用户可以在自己的办公室或家中远程使用计算机。

　　这一时期计算机主要用于科学计算、数据处理以及过程控制。计算机的体积、重量进一步减小，运算速度和可靠性有了进一步提高。图 1-6 所示为集成电路芯片。

图 1-6　集成电路芯片

　　（4）第四代计算机。1971 年发布的 Intel 4004 是微处理器（CPU）的开端，也是大规模集成电路发展的一大成果。Intel 4004 用大规模集成电路把运算器和控制器做在一块芯片上，虽然字长只有 4 位，且功能很弱，但它是第四代计算机在微型计算机方面的先锋。

　　1972—1973 年，8 位微处理器相继问世，最先出现的是 Intel 8008。尽管它的性能还不完善，但展示了微处理器无限的生命力，驱使众多厂家投入竞争，使微处理器得到了蓬勃的发展。后来相继出现了 Intel 公司的 8080、MOTOROLA 公司的 6800 和 Zilog 公司的 Z-80。

　　1978 年以后，16 位微处理器相继出现，微型计算机达到一个新的高峰，典型代表有 Intel 公司的 8086、Zilog 公司的 Z-8000 和 Motorola 公司的 MC68000。

　　Intel 公司不断推进着微处理器的革新。紧随 8086 之后，又研制成功了 80286、80386、80486、奔腾（Pentium）、奔腾二代（PentiumⅡ）和奔腾三代（PentiumⅢ）。个人计算机（PC）不断更新换代，日益深入人心。

　　第四代计算机以大规模集成电路作为逻辑元件和存储器，使计算机向着微型化和巨型化方向发展。

　　从第一代到第四代，计算机的体系结构都是相同的，都是由控制器、存储器、运算器、输入设备、输出设备组成，称为冯·诺依曼体系结构。

　　第四代计算机的主要特点如下：

　　1）采用大规模、超大规模集成电路作为逻辑开关元件。

　　2）主存储器使用半导体存储器，辅助存储器采用大容量的软硬磁盘，并开始引入光盘。

　　3）外部设备有了很大发展，采用了光字符阅读器（OCR）、扫描仪、激光打印机和各种绘图仪。

　　4）操作系统不断发展和完善，数据库管理系统进一步发展，软件行业已经发展成为现代新型的工业部门。

　　这一时期，数据通信、计算机网络已有很大发展，微型计算机异军突起，遍及全球。计算机的体积、重量及功耗进一步减小，运算速度、存储容量和可靠性等又有了大幅度提高。图 1-7 所示为超大规模集成电路。

图 1-7　超大规模集成电路

（5）第五代智能计算机。1981 年，在日本东京召开了第五代计算机研讨会，随后制订出研制第五代计算机的长期计划。第五代计算机的系统设计中考虑了编制知识库管理软件和推理机，机器本身能根据存储的知识进行判断和推理。同时，多媒体技术得到广泛应用，使人们能用语音、图像、视频等更自然的方式与计算机进行信息交互。

智能计算机的主要特征是具备人工智能，能像人一样思考，并且运算速度极快，其硬件系统支持高度并行和快速推理，其软件系统能够处理知识信息。神经网络计算机（也称神经元计算机）是智能计算机的重要代表。

当前第五代计算机的研究领域大体包括人工智能、系统结构、软件工程和支援设备及其对社会的影响等。

人工智能的应用将是未来信息处理的主流，因此，第五代计算机的发展，必将与人工智能、知识工程和专家系统等的研究紧密相联，并为其发展提供新基础。电子计算机的基本工作原理是先将程序存入存储器中，然后按照程序逐次进行运算。第五代计算机系统结构将突破传统的冯·诺依曼机器的概念，这方面的研究课题应包括逻辑程序设计机、函数机、相关代数机、抽象数据型支援机、数据流机、关系数据库机、分布式数据库系统、分布式信息通信网络等。图 1-8 所示为第五代智能计算机概念图。

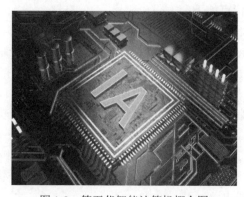

图 1-8　第五代智能计算机概念图

（6）第六代生物计算机。半导体硅晶片的电路密集，散热问题难以彻底解决，影响了计算机性能的进一步发挥与突破。研究人员发现，脱氧核糖核酸（DNA）的双螺旋结构能容纳巨量信息，其存储量相当于半导体芯片的数百万倍。一个蛋白质分子就是一个存储体，而且阻抗低、能耗小、发热量极低。基于此，利用蛋白质分子制造出基因芯片，研制生物计算机（也称分子计算机、基因计算机），已成为当今计算机技术的最前沿。生物计算机比硅晶片计算机在速度和性能上有质的飞跃，被视为极具发展潜力的第六代生物计算机。

与普通计算机不同的是，由于生物芯片的原材料是蛋白质分子，所以，生物计算机芯片既有自我修复的功能，又可直接与生物活体结合。同时，生物芯片具有发热量小、功耗低、电路间无信号干扰等优点。图 1-9 所示为第六代生物计算机概念图。

图 1-9　第六代生物计算机概念图

4．计算机的分类

根据计算机的发展过程和发展趋势，国外通常把计算机分为下述六大类。

（1）超级计算机或称巨型机。超级计算机是一种运算速度更高、存储容量更大、功能更完善的计算机，通常指每秒能运算 5000 万次以上、存储容量超过百万个字节的电子计算机。超级计算机在密集计算、海量数据处理等领域发挥着举足轻重的作用。

超级计算机的发展背景和应用领域非常广泛。它在天体物理学、密码破译、军事、医药、气象、金融、能源、环境和制造业等领域都有广泛的应用。超级计算机的运算速度和存储容量都远远超过个人计算机，可以处理大规模的数据和复杂的计算任务，对科学研究、工程设计和决策分析等方面起到重要作用。

中国超级计算机在过去几十年中取得了显著的发展。中国的超级计算机技术已经在世界范围内处于领先地位，并且在多个领域发挥着重要作用。

中国拥有多台世界级的超级计算机，其中最著名的是"天河"系列。最新一代的"天河"超级计算机在 2023 年 4 月正式运行，它不仅可以进行传统的科学工程计算，还能支持大数据、人工智能、区块链、元宇宙等新的应用领域。此外，中国在超级计算机领域取得了显著的成就。根据 2022 年 6 月的数据，中国共有 173 台超级计算机进入了全球 TOP500 排行榜，占据了相当大的比例。中国的超级计算机发展速度惊人，从无到有、从跟随到领先，仅用了 30 多年的时间。其中，神威·太湖之光超级计算机是中国自主研发的一台重要超级计算机，它采用了中国自主研发的申威 26010 众核处理器，峰值性能达到了 12.5 亿亿次。

此外，中国在量子计算领域也取得了突破性进展。量子计算机可以超越传统计算机，解决传统计算机无法解决的问题。中国、美国和其他国家正在展开激烈的竞赛。中国的九章三号量子计算机在 1 微秒内能完成传统超级计算机需要 200 亿年才能完成的计算量。

总的来说，中国在超级计算机和量子计算领域都取得了重要的成就，为科学研究和技术创新提供了强大的支持。图 1-10 所示为神威·太湖之光超级计算机。

图 1-10　神威·太湖之光超级计算机

（2）小超级机（或称小巨型机）。小超级机又称桌上型超级计算机，可以使巨型机缩小成个人机的大小，或者使个人机具有超级计算机的性能，典型产品有美国 Convex 公司的 C-1、C-2、C-3，Alliant 公司的 FX 系列等。图 1-11 所示为小超级机。

图 1-11　小超级机

（3）大型主机。大型主机包括通常所说的大中型计算机。把大型主机放在计算中心的玻璃机房中，用户要上机就必须去计算中心的端上工作，这是微型机出现之前进行计算工作的主要方式。大型主机经历了批处理阶段、分时处理阶段、分散处理与集中管理的阶段。IBM 公司一直在大型主机市场处于霸主地位，DEC、富士通、日立、NEC 也生产大型主机。不过随着微机与网络的迅速发展，大型主机正在走下坡路。许多计算中心的大型计算机正在被高档微机群取代。图 1-12 所示为大型计算机。

图 1-12 大型计算机

（4）小型机。由于大型主机价格昂贵、操作复杂，只有大企业才能负担得起。在集成电路的推动下，20 世纪 60 年代 DEC 推出一系列小型机，如 PDP-11 系列、VAX-11 系列，HP 有 1000 系列、3000 系列等。小型机通常用于部门进行计算，同样它也受到高档微机的挑战。图 1-13 所示为小型计算机。

图 1-13 小型计算机

（5）工作站。工作站与高档微机之间的界限并不十分明确，而且高性能工作站正接近小型机，甚至接近低端主机。但是，工作站毕竟有它明显的特征：使用大屏幕、高分辨率的显示器；有大容量的内外存储器，而且大都具有网络功能。它们的用途也比较特殊，例如用于计算机辅助设计、图像处理、软件工程以及大型控制中心。图 1-14 所示为工作站。

（6）个人计算机或称微型计算机。这是目前发展最快的领域。根据微型计算机所使用的微处理器芯片的不同而分为若干类型：使用 Intel 386、486 芯片以及奔腾芯片的 IBM PC 及其兼容机；使用 IBM、Apple、Motorola 公司联合研制的 PowerPC 芯片的机器，苹果公司有些 Macintosh 机器已使用这种芯片；DEC 公司推出的使用它自己的 Alpha 芯片的机器。图 1-15 所示为微型计算机。

图 1-14　工作站

图 1-15　微型计算机

1.1.2　计算机的特点

1. 运算速度快

计算机由高速电子元器件组成，能自动连续工作，因此具有很高的运算速度。现代计算机的运算速度已经达到每秒几十亿次乃至几百亿次。

2. 计算精度高

计算机内采用二进制进行运算，因此可以通过增加表示数字的字长和运用计算技巧提高数值计算的精度。

3. 在程序控制下自动操作

计算机内部的操作、控制是根据人们事先编制的程序自动控制运行的，一般不需要人工干预，除非程序本身要求用人机对话方式去完成特定的工作。

4. 具有强记忆功能和逻辑判断能力

计算机具有完善的存储系统，可以存储大量的数据，具有记忆功能，可以记忆程序、原始数据、中间结果以及最后运算结果。此外，计算机还能进行逻辑判断，并根据判断结果自动选择下一步需要执行的指令。

5. 通用性强

计算机采用数字化信息来表示数及各种类型的信息，并且有逻辑判断和处理能力，因而计算机不但能进行数值计算，而且能对各类信息进行非数值性质的处理（如信息检索、图形和图像处理、文字识别与处理、语音识别与处理等），这就使计算机具有极强的通用性，能应用于各个学科领域和社会生活的各个方面。

1.1.3　计算机的应用

计算机的应用非常广泛，涉及人类社会的各个领域和国民经济的各个部门。计算机的应用概括起来主要有下述几个方面。

1. 科学计算

科学计算是计算机最重要的应用之一。在基础学科和应用科学的研究中，计算机承担着庞大而复杂的计算任务。计算机高速度、高精度的运算能力可以解决人工无法解决的问题，如数学模型复杂、数据量大、精度要求高、实时性强的计算问题都要应用计算机才能完成。

2. 信息处理

信息处理主要指对大量的信息进行分析、分类和统计等加工处理，通常是在企业管理、文档管理、财务统计、各种实验分析、物资管理、信息情报检索以及报表统计等领域。

3. 过程控制

计算机是产生自动化的基本技术工具，利用计算机及时采集数据、分析数据，制定最佳方案，进行生产控制。

4. 人工智能

人工智能是对人的意识、思维的信息过程的模拟。人工智能不是人的智能，但能像人那样思考，也可能超过人的智能。

5. 信息高速公路

信息高速公路，就是一个高速度、大容量、多媒体的信息传输网络。其速度之快，比目前网络的传输速度高 1 万倍；其容量之大，一条信道就能传输大约 500 个电视频道或 50 万路电话。此外，信息来源、内容和形式也是多种多样的。网络用户可以在任何时间、任何地点以声音、数据、图像或影像等多媒体方式相互传递信息。

6. 辅助功能

目前常见的计算机辅助功能有计算机辅助设计（CAD）、计算机辅助制造（CAM）、计算机辅助教学（CAI）和计算机辅助测试（CAT）等。

1.2　计算机系统的组成

计算机系统由硬件系统和软件系统两部分组成。硬件系统，简称硬件，指各种可见的物理器件，包括主机和外设两部分。软件系统，简称软件，是程序、数据及文档的总称，包括系统软件和应用软件两部分。计算机样例如图 1-16 所示。

图 1-16　计算机系统的组成

1.2.1　计算机的硬件系统

计算机的硬件系统由运算器、控制器、存储器、输入设备和输出设备五大部分组成，如图 1-17 所示。计算机的五大部分通过系统总线完成指令所传达的任务。系统总线由地址总线、数据总线和控制总线组成。

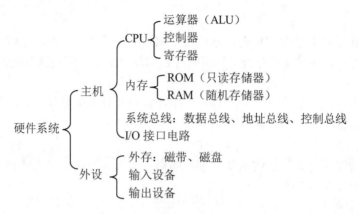

图 1-17 计算机的硬件系统组成

1. CPU

CPU 又称为中央处理器、微处理器、处理器。CPU 相当于人的大脑，是硬件中最重要的部分，也是速度最快的部件。CPU 的外形如图 1-18 所示。CPU 主要由运算器、控制器组成，功能如图 1-19 所示。

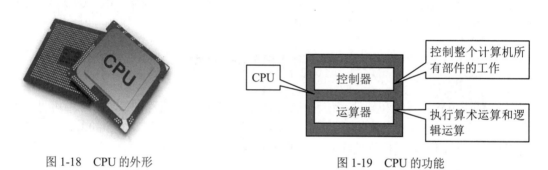

图 1-18 CPU 的外形   图 1-19 CPU 的功能

计算机的性能指标是由 CPU 的速度和精度决定的。速度的快慢可以通过主频或周期来描述；CPU 的字或字长将对精度产生影响。

（1）运算器。运算器的主要任务是执行各种算术运算和逻辑运算，一般包括算术逻辑部件 ALU、累加器 A、寄存器 R。

（2）控制器。控制器是对输入的指令进行分析，控制和指挥计算机的各个部件完成一定任务的部件。控制器包括指令寄存器、指令计数器（程序计数器）、操作码译码器等部分。

2. 存储器

存储器是计算机用于存放程序、数据及文档的部件，是计算机存储数据和程序的记忆单元的集合，每个记忆单元由 8 位二进制位组成。

计算机的存储器可以分为两大类：一类是内部存储器，简称内存或主存，简写为 RAM；另一类是外部存储器，又称为辅助存储器，简称外存或辅存。内存的特点是存储容量小、存取速度快；外存的特点是存储容量大、存取速度慢。

存储器容量的最小单位是字节（Byte，B），1 个字节由 8 个二进制数位组成（1B=8bit）。容量单位除了字节外，还有 KB、MB、GB、TB。它们之间的转换关系如下：

$1KB=2^{10}B=1024B$

1MB=1024KB

1GB=1024MB

1TB=1024GB

（1）ROM（只读存储器）：相当于人的神经系统，负责管理输入/输出部件。ROM 芯片使用永久性的预设字节进行编程。地址总线通知 ROM 芯片应取出哪些字节并将它们放在数据总线上。图 1-20 所示为 ROM 的实物。

（2）RAM（随机存储器）：是用户与计算机进行对话的硬件。RAM 断电后信息将会丢失，RAM 中的内容既可以输入也可以输出。图 1-21 所示为 RAM 的实物。

图 1-20　ROM

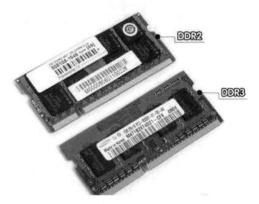

图 1-21　RAM

（3）磁盘：磁盘属于外存，常用的磁盘有软盘（图 1-22）、硬盘（图 1-23）、U 盘（图 1-24）、光盘（CD-ROM、DVD-ROM）（图 1-25）。磁盘在使用前要先进行格式化。磁盘中的内容可以长期保存。

图 1-22　软盘

图 1-23　硬盘

图 1-24　U 盘

图 1-25　光盘

3. 输入设备

输入设备是向计算机中输入信息（程序、数据、声音、文字、图形、图像等）的设备，常用的输入设备有键盘（图 1-26）、鼠标器（图 1-27）、图形扫描仪（图 1-28）、数字化仪（图 1-29）、光笔（图 1-30）、触摸屏（图 1-31）、话筒等。

图 1-26　键盘

图 1-27　鼠标器

图 1-28　图形扫描仪

图 1-29　数字化仪

图 1-30　光笔

图 1-31　触摸屏

4. 输出设备

输出设备是由计算机向外输出信息的设备，常用的输出设备有显示器（图 1-32）、打印机（图 1-33）、绘图仪（图 1-34）、投影仪（图 1-35）、音箱（图 1-36）等。

图 1-32　显示器

图 1-33　打印机

图 1-34　绘图仪

图 1-35　投影仪

图 1-36　音箱

通常人们将运算器和控制器合称为中央处理器（Central Processor Unit，CPU），将中央处理器和主（内）存储器合称为主机，将输入设备和输出设备称为外部设备或外围设备。硬件各部分的工作原理如图 1-37 所示。

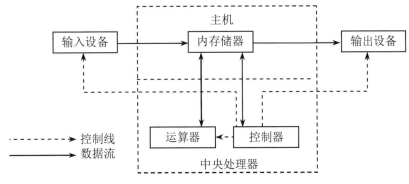
图 1-37　计算机硬件的工作原理

1.2.2　计算机的软件系统

软件又称为软件系统，是程序、数据及文档的总称。软件由系统软件和应用软件两部分组成。计算机软件系统的组成如图 1-38 所示。

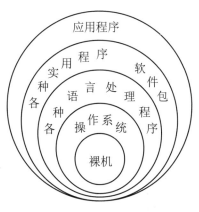
图 1-38　计算机软件系统的组成

1．计算机语言

计算机语言是编制计算机程序的工具，每种语言都规定了各自的语法、数据类型等。按照与硬件的接近程度，将计算机语言分为低级语言和高级语言。与硬件接近的是低级语言，与硬件无关的是高级语言。其中，低级语言又分为机器语言和汇编语言。

（1）机器语言。能直接被计算机接受并执行的指令称为机器指令，全部机器指令构成计算机的机器语言。显然，机器语言就是二进制代码语言。机器语言程序可以直接在计算机上运行，但是用机器语言编写的程序不便于记忆、阅读和书写。尽管如此，由于计算机只能接受以二进制代码形式表示的机器语言，所以任何高级语言都必须翻译成二进制代码程序（即目标程序）后才能被计算机所接受并执行。

（2）汇编语言。用助记符号表示二进制代码形式的机器语言称为汇编语言。可以说，汇编语言是机器语言符号化的结果，是为特定的计算机或计算机系统设计的面向机器的语言。汇编语言的指令与机器指令基本上保持了一一对应的关系。

汇编语言容易记忆，便于阅读和书写，在一定程度上克服了机器语言的缺点。汇编语言程序不能被计算机直接识别和执行，必须将其翻译成机器语言程序才能在计算机上运行。翻译过程由计算机执行汇编程序自动完成，这种翻译过程被称为汇编过程。

（3）高级语言。机器语言和汇编语言都是面向机器的语言，它们的运行效率虽然很高，但人们编写的效率却很低。高级语言是同自然语言和数学语言都比较接近的计算机程序设计语言，很容易被人们掌握，用来描述一个解题过程或某一问题的处理过程十分方便、灵活。由于它独立于机器，因此具有一定的通用性。

同样，用高级语言编制的程序不能直接在计算机上运行，必须将其翻译成机器语言程序才能执行。其翻译过程有编译和解释两种方式：编译是将用高级语言编写的源程序整个翻译成目标程序，然后将目标程序传给计算机运行；解释是对用高级语言编写的源程序逐句进行分析，边解释、边执行，并立即得到运行结果。

2. 系统软件

系统软件是管理、监控、维护计算机系统正常工作的软件，包括：

（1）操作系统（如 DOS、Windows、UNIX、Linux、NetWare）。

（2）语言处理程序（汇编程序、解释程序、编译程序）。

（3）各种服务程序（调试程序、故障诊断程序、驱动程序）。

（4）数据库管理系统（DBMS）。

（5）网络通信管理程序。

3. 应用软件

应用软件是为了解决某个实际问题而编写的软件。应用软件的涉及范围非常广，通常指用户利用系统软件提供的系统功能、工具软件和由其他实用软件开发的各种应用软件，如 Word、Excel、PowerPoint、Flash、各种工程设计和数学计算软件、模拟过程、辅助设计和管理程序等都属于应用软件。

系统软件与应用软件的关系：应用软件依赖于系统软件。

1.3 计算机常用的数制及转换

在计算机内部，数据的存储和处理都是采用二进制数，主要原因如下：

（1）二进制数在物理上最容易实现。

（2）二进制数的运算规则简单，加法只有 4 个规则：0+0=0、0+1=1、1+0=1、1+1=10。这将使计算机的硬件结构大大简化。

（3）二进制数的两个数字符号"1"和"0"正好分别与逻辑命题的两个值"真"和"假"相对应，为计算机实现逻辑运算提供了便利的条件。

但二进制数书写冗长，所以为了书写方便，一般用十六进制数或八进制数作为二进制数的简化表示。

1.3.1　基本概念

1. 基本概念

在四种进位计数制转换中要用到的一些概念见表 1-1。

表 1-1　进位计数制中的概念

进制	二进制	八进制	十进制	十六进制
符号	B	O（Q）	D	H
基数（基底）	2	8	10	16
位权	2^i	8^i	10^i	16^i

2. 符号

为了表达不同的数制，可在数字后面加上字母以示区别。例如：1011B 是一个二进制数，560O（或 560Q）是一个八进制数，1FFH 是一个十六进制数，824D（或 824）是一个十进制数。

3. 基数

基数又称为基底或底数，为每个数位上所能使用的符号的个数。

（1）二进制基数为 2，使用的符号为 0、1。

（2）八进制基数为 8，使用的符号为 0、1、2、3、4、5、6、7。

（3）十进制基数为 10，使用的符号为 0、1、2、3、4、5、6、7、8、9。

（4）十六进制基数为 16，使用的符号为 0、1、2、3、4、5、6、7、8、9、A、B、C、D、E、F。

4. 位权

位权是用来说明数制中某一位上的数与其所在的位之间的关系。例如，十进制的数 123，百位 1 的位权是 100、十位 2 的位权是 10、个位 3 的位权是 1。

位权以指数形式表示，指数的底就是该进位制的基数（即以基数为底，位序数为指数的幂称为某一数位的权）。

（1）二进制的位权 2^i。

（2）八进制的位权 8^i。

（3）十进制的位权 10^i。

（4）十六进制的位权 16^i。

其中，i 代表数的位。

1.3.2　数制转换

1. 二制数、八制数、十六制数转换成十进制数

转换规则：按权展开、相加。

例1　将$(1101.101)_2$、$(305)_8$、$(32CF.48)_{16}$分别转换成十进制数。

（1）$(1101.101)_2 = 1 \times 2^3 + 1 \times 2^2 + 0 \times 2^1 + 1 \times 2^0 + 1 \times 2^{-1} + 0 \times 2^{-2} + 1 \times 2^{-3}$

$$= 8 + 4 + 0 + 1 + 0.5 + 0 + 0.125$$

$$= (13.625)_{10}$$

（2）$(305)_8 = 3 \times 8^2 + 0 \times 8^1 + 5 \times 8^0 = 192 + 0 + 5 = (197)_{10}$

（3）$(32CF.48)_{16} = 3 \times 16^3 + 2 \times 16^2 + C \times 16^1 + F \times 16^0 + 4 \times 16^{-1} + 8 \times 16^{-2}$

$$= 12288 + 512 + 192 + 15 + 0.25 + 0.03125$$

$$= (13007.28125)_{10}$$

2. 十进制数转换成二制数、八制数、十六制数

（1）转换规则1（整数部分）：用基底去除，取余数，直到商为0为止。

（2）转换规则2（小数部分）：用基底去乘，取整数进位，直到小数部分为0为止。

例2　将十进制数233.6875转换为二进制数。

（1）整数233的转换过程如下〔设$(233)_{10} = (a_{n-1}\,a_{n-2}\cdots a_1\,a_0)_2$〕：

```
2 | 233              余数
2 | 116           1= a₀
2 | 58            0= a₁
2 | 29            0= a₂
2 | 14            1= a₃
2 | 7             0= a₄
2 | 3             1= a₅
2 | 1             1= a₆
    0             1= a₇
```

（2）小数部分0.6875的转换过程如下〔设$(0.6875)_{10} = (a_{-1}\,a_{-2}\cdots a_{-m})_2$〕：

```
  0.6 8 7 5
×       2              取整
---------------
  1.3 7 5 0         1= a₋₁
  0.3 7 5
×     2
---------------
  0.7 5 0           0= a₋₂
  0.7 5
×   2
---------------
  1.5 0             1= a₋₃
  0.5
× 2
---------------
  1.0               1= a₋₄
```

即$(233.6875)_{10} = (11101001.1011)_2$。

整数部分转换直到所得的商为0止，小数部分转换直到小数部分为0止。多数情况下，小数部分计算过程可能无限地进行下去，这时可根据精度的要求选取适当的位数。

例3　将十进制数159转换成八进制数。转换过程及结果如图1-39所示。

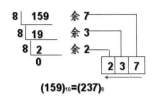

图 1-39 转换过程及结果

例 4 将十进制数 459 转换成十六进制数。转换过程及结果如图 1-40 所示。

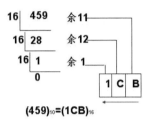

图 1-40 转换过程及结果

例 5 将十进制数 0.8123 转换成八进制数。转换过程及结果如图 1-41 所示。

$$
\begin{array}{lll}
0.8123 \times 8 = 6.4984 & (b1 = 6) & \text{最高小数位}\\
0.4984 \times 8 = 3.9872 & (b2 = 3) & \\
0.9872 \times 8 = 7.8976 & (b3 = 7) & \\
0.8976 \times 8 = 7.1808 & (b4 = 7) & \text{最低小数位}\\
\cdots
\end{array}
$$

所以 $(0.8123)_{10} \approx (0.6377)_8$

图 1-41 转换过程及结果

3. 二进制数与八进制数之间的转换

（1）二进制数转换成八进制数。

转换规则：从小数点开始，分别向左、向右按 3 位分组转换成对应的八进制数字字符，最后不满 3 位的需补 0。转换规则如图 1-42 所示，转换结果如图 1-43 所示。

图 1-42 转换规则　　　　　　　　　　图 1-43 转换结果

例 6 将二进制数 1111101.11001B 转换成八进制数。转换过程及结果如图 1-44 所示。

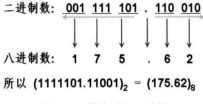

所以 $(1111101.11001)_2 = (175.62)_8$

图 1-44 转换过程及结果

（2）八进制数转换成二进制数。

转换规则：只要将每位八进制数用相应的 3 位二进制数表示即可。

例 7   将八进制数 345.64Q 转换成二进制数。转换过程及结果如图 1-45 所示。

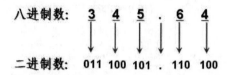

所以 $(345.64)_8 = (11100101.1101)_2$

图 1-45   转换过程及结果

4. 二进制数与十六进制数之间的转换

（1）二进制数转换成十六进制数。

转换规则：从小数点开始，分别向左、向右按 4 位分组转换成对应的十六进制数字字符，最后不满 4 位的，则需补 0。转换规则如图 1-46 所示，转换结果如图 1-47 所示。

图 1-46   转换规则

```
0000 ~ 0、0001 ~ 1、0010 ~ 2、0011 ~ 3
0100 ~ 4、0101 ~ 5、0110 ~ 6、0111 ~ 7
1000 ~ 8、1001 ~ 9、1010 ~ A、1011 ~ B
1100 ~ C、1101 ~ D、1110 ~ E、1111 ~ F
```

图 1-47   转换结果

例 8   将二进制数 1101101.10101B 转换成十六进制数。转换过程及结果如图 1-48 所示。

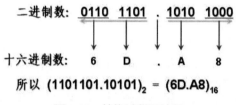

所以 $(1101101.10101)_2 = (6D.A8)_{16}$

图 1-48   转换过程及结果

（2）十六进制数转换成二进制数。

转换规则：只要将每位十六进制数用相应的 4 位二进制数表示即可。

例 9   将十六进制数 A9D.6CH 转换成二进制数。转换过程及结果如图 1-49 所示。

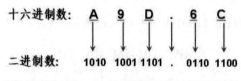

所以 $(A9D.6C)_{16} = (101010011101.011011)_2$

图 1-49   转换过程及结果

5. 八进制数与十六进制数之间的转换

转换规则：通过二进制进行转换。

例 10　将八进制数 345.64Q 转换成十六进制数。转换过程及结果如图 1-50 所示。

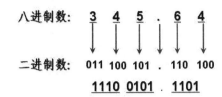

图 1-50　转换过程及结果

例 11　将十六进制数 A9D.6CH 转换成八进制数。转换过程及结果如图 1-51 所示。

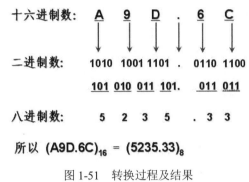

图 1-51　转换过程及结果

1.4　数据单位及信息编码

1.4.1　数据单位

1. 位（bit）

位（bit）：信息（或数据）的最小单位。一个二进制位只有"0"和"1"两种状态。

2. 字节（Byte）

字节（Byte）：简写为 B，是存储器容量的最小单位。8 个二进制位组成一个字节。

$1B=8bit$

$1KB=2^{10} B =1024B$

$1MB=2^{20} B =1024KB$

$1GB=2^{30} B =1024MB$

$1TB=2^{40} B =1024GB$

字节的换算方法如下：

（1）一个程序的大小是 256KB=256×1024B。

（2）内存 64MB=1024×1024×64B。

3. 字（word）

（1）字（word）：计算机内部信息（数据）处理的最小单位。字是由若干个字节组成的。它的表示与具体的机型有关。

（2）字长：字的长度称为字长。例如，字长为 16 位、32 位、64 位等，字长与使用的计算机机型有关。

字与字长都是计算机性能的重要标志，它们对计算机的精度产生影响。不同档次的计算机有不同的字长。按计算机的字长可分为 16 位机、32 位机、64 位机、128 位机等。

4. 地址

地址是每个字节的数字编号。

1.4.2 信息编码

信息编码就是用一定的编码来表示数据，目的是要把字符转换成计算机能够识别和处理的二进制数串，以便在计算机中进行存储和处理。

1. 英文字符编码

微机普遍使用的字符编码为 ASCII 码（美国标准信息交换代码）。

在 ASCII 码中，每个字符用 7 位二进制代码表示，可简写为 1ASCII 码=7bit，所以 ASCII 码最多可以表示 128 个字符。

ASCII 码值举例如下：空格——32；'0'——48；'A'——65；'a'——97。

2. 汉字编码

与汉字有关的编码有输入码、国标码、内码、字型码。各种编码之间的关系如图 1-52 所示。

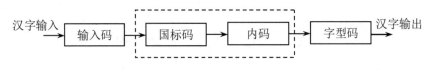

图 1-52　各种编码之间的关系

（1）外码（又称输入码）：外码是键盘输入时用到的编码，常用的有全拼、微软拼音、五笔形等；发展类型有语音输入、手写输入和扫描输入。

（2）内码（又称机内码）：内码是汉字在计算机内部存储、处理、传输所使用的代码，又称为全角字符，1 个内码=2B=16bit。

（3）字型码（又称输出码）：字型码是用来显示或打印汉字的，用点阵形式输出，常用的字型码有 16×16 点阵、32×32 点阵等。

（4）交换码（又称国际码）：交换码用于各种汉字系统的交换，1 个交换码=2B=16bit。

第2章 操作系统

2.1 操作系统概述

操作系统（Operating System，OS）是计算机系统中最重要的系统软件，也是配置在各种类型计算机硬件上的第一层软件，为用户提供工作界面，为应用软件提供运行平台。有了操作系统的支持，整个计算机系统才能正常运行。

2.1.1 操作系统的作用

在计算机系统的层次结构中，操作系统介于计算机硬件和用户之间，是整个计算机系统的控制管理中心，负责控制和管理计算机的硬件和软件资源，合理组织计算机的工作流程，从而方便用户对计算机的操作。

具体说明如下：

（1）管理计算机系统软/硬件资源，这些资源包括 CPU、内存、I/O 系统和数据文件等。

（2）组织计算机的工作流程，保证计算机资源的公平分配：控制程序的执行，对系统资源进行合理调度，程序可以有效地利用 CPU、内存等系统资源，程序和程序之间不能互相干扰，使用户能安全方便地共享系统资源。

（3）提供友好的人机交互界面，方便用户和程序员使用。为普通用户提供方便友好的操作界面，实现对计算机的界面设置、资源管理和软件应用等操作。还要为程序员提供多样化的编程接口，便于基于操作系统进行软件开发。

2.1.2 操作系统的历史

操作系统的产生和发展与计算机硬件的发展密不可分。计算机的发展经历了四代，随着每一代计算机性能的不断提高，运行在其上的操作系统也从无到有、从简单到复杂地逐步发展起来，成为最重要的系统软件。

1. 第一代计算机没有操作系统

在第一代计算机上运行的程序使用机器语言写成，没有程序设计语言，更不会有操作系统。第一代电子管计算机采用手工方式进行操作，即程序员提前将机器语言程序写在卡片上，然后通过卡片输入机输入到计算机，再利用控制台开关启动程序运行，程序运行完毕后，程序员才能取出结果，这样的过程完全是在人工干预下完成的。在此阶段，没有操作系统，甚至没有任何软件、没有文件管理和存储功能，命令是一些二进制代码。当时使用计算机的方式上是单用户独占，每次只能由一个用户使用计算机，一切资源都由该用户占有。计算机上的 CPU 等资源利用率是非常低的。

2. 第二代计算机有了监控系统

第二代晶体管计算机中广泛采用了磁芯和磁鼓存储器，有了汇编语言和高级语言（FORTRAN

语言），程序不再用机器语言直接编写。用户作业可以批量提交给计算机，计算机系统中有一个监控程序对提交的作业进行处理。该监控程序已经具备了对程序运行的简单管理功能，可以看成是操作系统的雏形。

20 世纪 50 年代中期，第一个批处理操作系统（也是第一个操作系统）由 General Motors 开发并用于 IBM701 计算机上。此时出现的单道批处理系统（Simple Batch System），解决了第一代计算机需要人工干预的工作方式，实现了程序存储和自动执行程序。其工作方式是将所有作业用一台相对比较便宜的计算机（如 IBM1401）输入到磁带上，此计算机称为输入输出机，实施数值运算、速度快的计算机称为主机（如 IBM 7094）。批量的作业在输入输出机的控制下输入磁带后，用一个监控程序来控制作业的读入和运行，并将运行后的结果输出到磁带上。一个作业运行完毕，系统自动运行另一个作业，成批的作业运行完后，操作员才取下磁带，并将结果拿到输入输出机上进行打印输出。这种批处理方式可以减少 CPU 的空闲时间，并提高了输入输出的速度，但是单道批处理系统仍然没有解决系统资源无法得到充分利用的问题。

3. 第三代计算机的操作系统功能逐步完善

第三代计算机出现了集成电路，在硬件技术方面取得了重大进展，并出现了通道技术和中断技术。"通道"是一种专门处理部件，它能控制一台或多台 I/O（Input/Output，即"输入/输出"）设备工作，并负责 I/O 设备与内存之间的数据传送，而且通道能与 CPU 并行工作。"中断"是指 CPU 接收到外部信号（如 I/O 设备完成操作的信息）后，马上停止当前程序的运行而转去处理这一事件。

通道技术和中断技术的出现使多道程序设计技术成为了现实。多道程序设计系统可以同时将多个作业存放在内存，并在宏观上使之同时处于运行状态，微观上多个作业交替执行。多道程序设计技术使 CPU 和内存的利用率大幅提高，操作系统的功能也开始越来越复杂，多道批处理系统和分时系统的出现标志着操作系统的形成。

4. 第四代计算机操作系统向多元化方向发展

随着大规模集成电路的发展，计算机逐步向微型化、网络化和智能化方向发展。

从 20 世纪 80 年代初到 90 年代中期，随着 IBM 公司的 PC 机迅速走进千家万户，微软公司的 MS-DOS 占据了操作系统的主流地位。在非 Intel 计算机领域和工作站上，UNIX 占据了统治地位。这个时期操作系统主要解决的问题包括：如何针对不同的硬件平台运行同一种操作系统；如何将大型机上成熟的操作系统移植到小型机或 PC 机上。此时出现了多种成熟的商用操作系统，包括 UNIX、MS-DOS、Windows、MacOS 等。

20 世纪 80 年代中期，伴随着网络通信技术的发展出现了网络操作系统和分布式操作系统。在网络操作系统中，用户知道多台计算机的存在，能够登录到一台远端的个人计算机上，并可以进行文件的复制和远端资源的访问。在计算机网络中，每台计算机都有自己的本地操作系统和本地用户。而在分布式系统控制下，用户不会感知他的程序在哪个计算机上运行，也不知道文件存放在哪里，所有的一切都由操作系统自行高效地管理和完成。在分布式操作系统上，一个应用程序通常分成若干个模块，并分别在多台计算机上运行，所以需要复杂的多处理机调度算法来获得最大的并行度。

进入 21 世纪以来，虚拟化技术和云技术的出现使传统操作系统和分布式操作系统的功能进一步扩展。虚拟化技术可以将传统操作系统的一个虚拟机变成多个虚拟机，从而同时运行多个操作系统，其最大好处是可以对闲置计算机资源进行利用。而云操作系统带来的最大好处是对分散的计算机资源进行融合和同化。

总之，操作系统的发展由手工操作阶段过渡到早期单道批处理阶段而具有其雏形，然后发展到多道程序系统和分时系统出现时才逐步完善。到了大规模集成电路时代，操作系统面向各种新的应用领域逐渐向多元化方向发展，出现了网络操作系统和分布式操作系统等复杂系统。

2.1.3　操作系统的特征

目前存在多种类型的操作系统，不同类型的操作系统有各自的特征，但它们都具有并发性、共享性、虚拟性和不确定性的特征。在这些特征中，并发性是操作系统最重要的特征，其他 3 个特征都是以并发性为前提的。

1. 并发性（Concurrency）

并发就是指两个或两个以上的事件或活动在同一时间间隔内发生。也就是说，在计算机系统中同时存在多个进程（"进程"可简单理解为正在运行的程序），从宏观上看，这些进程是同时运行并向前推进的；从微观上讲，任何时刻只能有一个进程执行，在单 CPU 条件下，这些进程就是在 CPU 上交替执行的。操作系统必须具备管理各种并发活动、建立监控并发活动的实体、分配必要资源的能力。并发性能够有效地提高系统资源的利用率。

2. 共享性（Sharing）

共享是指计算机中的各种软/硬件资源供在其上运行的程序共同使用。这种共享是在操作系统的统一控制下实现的。并发性和共享性是操作系统最基本的特征，它们相互依存。一方面，资源的共享是由程序的并发执行引起的，若系统不允许程序并发执行，则自然就不存在资源共享的问题；另一方面，如果系统不能对资源共享实施有效的管理，则必然会影响到程序的并发执行，甚至程序无法并发执行，操作系统也就失去并发性，导致整个系统的效率低下。

3. 虚拟性（Virtuality）

虚拟是指通过某种技术手段把一个物理实体变成多个逻辑实体。物理实体是实际存在的；逻辑实体是虚拟的，是一种感觉性的存在。例如，在单 CPU 系统中虽然只有一个 CPU，且每一时刻只能执行一道程序，但操作系统采用多道程序设计技术后，一个物理 CPU 变成了多个逻辑 CPU（虚拟处理机），每个用户都感觉有一个 CPU 在为其单独服务一样。操作系统的虚拟性主要是通过分时使用的方法实现的。所有逻辑设备的工作量之和必然等于实际物理设备的工作量。

4. 不确定性（Nondeterminacy）

在多道程序环境中，允许多个进程并发执行，但由于资源等因素的限制，进程的执行是以"走走停停"的方式进行的。内存中的每个进程何时开始执行，何时暂停，以什么速度向前推进，每个进程需要多少时间才能完成都是不可预知的。外部设备中断、I/O 请求、程序运行时发生中断的时间等也是不可预测的。无论运行环境如何，操作系统要保证在相同初始条件的情况下，重复执行同一个程序时不受运行环境的影响而得到完全相同的结果，即要消除并发执行程序结果的不确定性。

2.2　操作系统的类型

2.2.1　操作系统的类型简介

在计算机发展的不同时期出现了不同类型的操作系统。早期出现的操作系统有批处理操作系统、分时操作系统和实时操作系统 3 种基本类型。随着计算机系统的发展，操作系统的功能越来越综合化和多元化，操作系统类型的划分界限也越来越模糊。现代主流的操作系统一般具有多种功能，能适应多种环境下使用计算机的需要。

1.　批处理操作系统

早期出现的是单道批处理系统，其特征是作业自动按提交顺序依次装入内存等待被执行，每次只允许一个作业进入内存运行，先提交的作业先完成，系统资源被进入内存的作业独占使用，因此资源利用率很低。发展到集成电路时代出现了多道批处理系统，即操作系统可以从一批作业中选取多道作业送入内存并控制和管理它们的运行。此时，系统资源可以为多个作业共享，并由系统自动调度执行，实现了作业流程的自动化。

2.　分时操作系统

分时操作系统中计算机的工作方式是一台主机连接了若干终端，每台终端供一个用户使用，系统将 CPU 时间划分为若干时间片轮流为各终端用户服务。从宏观上看多个终端用户在同时使用计算机，从微观上看则是多个终端用户在分时轮流使用一台计算机。

3.　实时操作系统

20 世纪 60 年代后期，计算机已广泛应用于控制与商业事务处理等领域。一些实时任务要求计算机系统能够及时响应外部事件的请求，并在规定时限内完成对该事件的处理，同时有效地控制所有实时任务协调一致地运行。这种应用需求促使了实时操作系统的出现。

4.　微机操作系统

微机操作系统（或称桌面操作系统）按运行其计算机的字长可分为 8 位、16 位、32 位、64 位系统，按其性能可以分为单用户单任务操作系统、单用户多任务操作系统和多用户多任务操作系统。单用户的含义是在同一时间只允许一个用户使用计算机。多用户多任务是指允许多个用户通过各自的终端同时使用一台主机，且允许每个用户同时运行多个程序，共享主机的各种资源。

5.　嵌入式操作系统

嵌入式操作系统是运行在嵌入式应用环境中，对整个系统以及所操作和控制的各种部件、装置等资源进行统一协调、处理、指挥和控制的系统软件。随着信息技术和 Internet 的快速发展，家居、生产、办公等各种场景中，出现了各种各样嵌入式（计算机）系统的应用。嵌入式系统中硬件不再以物理独立的装置和设备形式出现，而是大部分或者全部隐藏和嵌入到各种应用系统中，实现软/硬件的一体化。嵌入式设备大到汽车发动机、机器人，小到电视机、微波炉、移动电话。运行在其上的操作系统相对比较简单，只实现所要求的控制功能。

6.　网络操作系统

计算机网络可以将地理上分散的、具有独立功能的计算机与终端设备通过通信线路连接起来，以实现数据通信与资源共享。传统的单机操作系统主要功能是管理本机的软硬件资源，而网络操作系统则建立在网络中各结点计算机的单机操作系统之上,一方面对全网资源进行管理,实现整个网络资源的共享;另一方面,负责网络中各结点计算机之间的通信与同步。因此,网络操作系统比单机操作系统要复杂得多。

7. 分布式操作系统

计算机网络并不是一个一体化的系统,计算机结点之间进行数据通信和资源共享时要解决很多差异化的问题。对用户来讲计算机网络的功能是不透明的,要了解资源的类型、位置和接口等信息才能访问。例如,若用户要访问某个文件,则必须提供文件名和文件存放的位置等信息。而现实中,大量的应用要求有一个完整的一体化系统,而且又具有分布处理能力。用户希望以统一的界面、标准的接口去使用系统的各种资源,实现所需要的各种操作。这就导致了分布式操作系统的产生。

分布式系统是指由一组通过网络进行通信,为了共同完成任务而协作的计算机结点组成的一个完整的功能更强大的计算机系统,以获得极高的运算能力和广泛的数据共享。分布式系统中各台计算机之间没有主从之分,且任意两台计算机都可以进行通信交换信息。系统资源为所有用户共享,用户只需要知道系统中是否有所需资源,而无须考虑资源具体在哪台计算机或处理单元上。为分布式系统配置的操作系统称为分布式操作系统。

分布式操作系统是网络操作系统的更高级形式,网络操作系统可以构架在不同操作系统之上,而分布式操作系统更强调单一性,它是由一种本地操作系统构架的,所有资源(本地或异地)都用统一的方式管理与访问,不必关心它在哪里、怎样存储。

2.2.2　现代流行的操作系统简介

在操作系统的发展史上出现了很多经典的操作系统,有的对操作系统的发展影响深远,有的在市场份额上不容小觑,每一种经典操作系统的诞生和发展,背后都充满了故事。

1. UNIX 操作系统

UNIX 是一个多用户、多任务的分时操作系统。早在 1969 年由美国电话和电报公司(AT&T)贝尔实验室的肯·汤普森(Ken Thompson)和丹尼斯·里奇(Dennis Ritchie)在DEC 公司的 PDP-7 小型机上设计实现的。UNIX 从 1969 年诞生至今的 50 多年里,不断地发展、演变,并被广泛应用于小型机、大型机甚至超大型机和微机上,名扬计算机界。UNIX 系统取得了巨大的成功,被喻为现代操作系统的鼻祖,UNIX 的创造者奠定了操作系统的标准基石,两位设计者/也因此获得了图灵奖。

UNIX 系统具有如下一些特点:第一,是真正的多用户、多任务的操作系统;第二,为用户提供了良好的使用界面;第三,内核短小精悍,与核外程序有机结合,内核提供了最基本的服务并常驻内存,不常驻内存的核外程序可以方便地对系统进行扩充;第四,采用树形结构的文件系统,即一个文件系统有一个根目录,其下可以有若干文件和目录,每个目录下都可以有若干个文件或子目录,这样的文件系统不仅便于对文件进行分类和查找,而且容易实现文件的保护和保密;第五,把设备当成文件一样看待,用户可以通过使用普通的文件操作对打印机、磁盘、通信线路等设备进行 I/O 操作;第六,UNIX 系统的全部系统实用程序以及内核程序90%都是用 C 语言编写的,由于 C 语言编译程序有良好的可移植性,因此用 C 语言编写的UNIX 操作系统也具有良好的可移植性。

2. Linux 操作系统

Linux 是由当时芬兰赫尔辛基大学一名学生李纳斯·托瓦兹（Linus Torvalds）于 1991 年在 Minix（即教学用迷你版 UNIX）操作系统基础上开发的一款类 UNIX 操作系统。Linux 是一款开源的自由软件。自由软件是指用户可以对软件做任何修改，甚至再发行，但是始终要挂着 GPL（即 GNU 通用公共许可证）的版权。Linux 在服务器、嵌入式系统、超级计算机、移动设备等各个领域得到了广泛应用。它的开源性质和可定制性使得许多开发者和组织愿意贡献代码和资源，促进了操作系统的不断改进和创新。总之，Linux 的历史充满了合作、创新和开源精神，它成为了世界上最重要的操作系统之一，影响着计算领域的各个方面。

3. Windows 操作系统

Windows 是 Microsoft 公司开发的应用极为广泛的微机操作系统。1985 年 11 月正式发布 Windows 1.0。2015 年 7 月发布 Windows 10。2021 年 10 月 5 日正式发布了 Windows 11，带来了一系列界面和功能上的改进，并引入了一些新的技术和特性，旨在提供更加现代化和流畅的用户体验。

4. Mac OS

Mac OS 是苹果公司 Mac 系列产品开发的专属操作系统。1984 年，出现在第一台 Macintosh（Mac）电脑上。在 2001 年，苹果推出了 Mac OS X，它是基于 Unix 内核的操作系统，具有强大的图像处理功能、多核编译功能，美观简洁、稳定性强、操作方便。2021 年 10 月发布的 Mac OS Monterey 提供了更紧密的集成和互操作性，使得 Mac、iPhone 和 iPad 之间的协作更加便捷。此外，它还引入了一些隐私和安全方面的增强功能。Mac OS 虽然经历了这么多年的发展并拥有一批忠实用户，但在全球操作系统市场中所占份额仍远低于 Windows 操作系统。

5. iOS

iOS 是苹果公司开发的移动设备操作系统，在苹果公司的 iPhone、iPad 和 iPod Touch 等设备上广泛应用。2007 年在第一代 iPhone 上搭载了最初的 iOS（iPhone OS）操作系统。iOS 与 Mac OS 一样属于类 UNIX 的商业操作系统。iOS 的成功得益于其流畅的用户界面、高效的性能、良好的安全性和与其他苹果产品的无缝集成。

6. Android

Android 是一个开源的移动设备操作系统，主要用于智能手机和平板电脑等移动设备。它基于 Linux 内核，并由 Google 公司和开放手机联盟领导开发。2005 年，Google 收购了 Android Inc.，并开始推动 Android 操作系统的发展。2008 年，第一款基于 Android 操作系统的智能手机——HTC Dream 发布。Android 操作系统的开放性和可定制性使得它成为众多手机制造商的首选，因此在市场上有许多不同的 Android 设备和版本。同时，Android 也支持各种应用程序和服务，构建了庞大的应用生态系统。Android 目前仍在不断发展，Google 持续推出新的版本和功能，以适应不断变化的移动设备市场和用户需求。

7. 鸿蒙操作系统

2019 年 8 月 9 日，华为公司在东莞举行的华为开发者大会上，正式发布了鸿蒙操作系统（Harmony OS）。Harmony OS 是一款全新的面向全场景的分布式操作系统，它创造了一个超级虚拟终端互联的世界，将人、设备、场景有机地联系在一起，可对消费者在全场景生活中接触的多种智能终端实现极速发现、极速连接、硬件互助、资源共享，用最合适的设备提供最佳的场景体验。

鸿蒙操作系统是面向 AIoT 的下一代操作系统，其中 AI 指人工智能（Artificial Intelligence），IoT 就是物联网（Internet of Things）的意思。其最初的设计理念是：混沌初开，一生二、二生三、三生万物，Harmony OS 为用户打造一个和谐的数字世界——One Harmonious Universe。因此，华为在 Harmony OS 诞生时提出了一个"1+8+N"的战略。"1+8+N"就是以华为手机这个"1"为中心和起点，首先扩展到 8 个高频应用场景中的设备（大屏、音响、眼镜、手表、车机、耳机、PC 和平板），"N"代表实现万物互联这个真正目标，在智能家居、运动健康、影音娱乐、智慧出行和移动办公等应用场景中全面应用鸿蒙操作系统。2023 年华为公司发布了 Harmony OS 4.0，该版本针对大屏设备进行了全面优化，带来了更智能的桌面布局、更流畅的操作体验以及更强大的分布式能力，支持更多设备接入，为开发者提供了更广阔的应用开发平台。

2.3　Windows 10 的基本操作方法和界面

1985 年 11 月，Microsoft 公司发布了窗口式多任务操作系统——Windows，从此计算机进入了图形化用户界面时代。在这种操作界面中，用图标表示操作对象，用户利用鼠标即可完成对对象的操作。这种界面方式为操作系统的多任务处理提供了可视化模式，为用户操作计算机带来了很大的方便，将计算机的使用提高到了一个崭新的阶段。

Windows 的发展经历了多种版本，Windows 10 集成了以前多种操作系统的优势，效率更高，台式计算机、笔记本电脑、平板电脑、智能手机等都可以应用该操作系统。

2.3.1　Windows 的启动和关闭

启动和关闭计算机是最基本的操作之一，虽说简单，但如果操作不当，可能会造成硬盘数据丢失，甚至硬盘损坏的后果。

1. Windows 启动原理

在接通计算机电源时，固化在主板上的启动程序先对机器进行自检，检测 CPU、内存、显卡、I/O 设备等关键部分是否正常，并对其进行初始化，然后调用硬盘主引导扇区中的引导程序，把存储于硬盘的 Windows 操作系统程序载入内存并开始运行，从此计算机与 Windows 操作系统程序产生关联，Windows 开始控制和管理计算机资源。

2. Windows 10 的启动

安装了 Windows 10 的计算机系统，只需打开电源开关，计算机即自动启动并出现 Windows 10 登录界面，如图 2-1 所示。输入登录密码并按 Enter 键进行登录，出现如图 2-2 所示的桌面，完成启动。

3. 重新启动 Windows 10

对于安装新程序、更改系统设置或运行程序时出现错误等情况，需要重新启动 Windows 10，简称"重启"。

"重启"有以下两种方法：

（1）在系统菜单中执行"重启"命令。单击桌面左下角的"开始"菜单图标打开"开始"菜单，再单击"电源"选项，弹出如图 2-3 所示的子菜单，选择"重启"命令。此方法在重启之前系统会将当前运行的程序关闭，并将一些重要的数据保存起来。

图 2-1　Windows 10 登录界面

图 2-2　Windows 10 系统桌面

（2）按下计算机主机上的重启按钮。此方法有可能导致正在运行的程序损坏和一些数据的丢失。有时系统已经"死机"，利用系统菜单中的"重启"命令无法完成重启，这时可以使用机箱上的重启按钮重启计算机。

4．睡眠模式

在睡眠模式中，系统会将内存中的数据全部存储到硬盘上的休眠文件中，然后切断除了内存外的所有设备的供电，只保持对内存的供电。当恢复使用计算机的时候，如果在睡眠过程中供电没有发生过异常，就可以直接从内存中恢复数据，计算机很快进入到工作状态。如果在睡眠过程中出现供电异常，内存中的数据将丢失，恢复使用计算机时需要从硬盘上恢复数据，速度较慢。

开启睡眠模式的方法是，选择如图 2-3 所示菜单中的"睡眠"命令，计算机就会在自动保存完内存数据后进入睡眠状态。当用户按一下主机上的电源按钮，或者移动鼠标或者按键盘上的任意键时，都可以将计算机从睡眠状态中唤醒，使其进入工作状态。

这种模式比较适合笔记本电脑，一般的笔记本默认设置是将屏幕合上就会进入到睡眠状态，打开屏幕就会唤醒，这样可以节约电池电量，又能迅速恢复到可使用的状态中。

5．注销计算机

Windows 10 是多用户操作系统，当出现程序执行混乱等小故障时，可以先注销当前用户再重新登录，也可以在登录界面以其他用户身份登录计算机。

注销计算机的正确操作方法是，单击桌面左下角的"开始"菜单图标打开"开始"菜单，再单击"账户"菜单图标，在其子菜单中选择"注销"命令，如图 2-4 所示，Windows 10 会关闭当前用户界面的所有程序，并出现登录界面让用户重新登录。如果计算机中存在多个用户，还可以在用户图标下拉列表框中选择相应的用户进行登录。

6．锁定计算机

当用户临时离开计算机时，可以将计算机锁定，再次使用计算机时必须输入密码，达到保护用户信息的目的。

选择图 2-4 所示菜单中的"锁定"命令即可锁定屏幕，也可以使用快捷键 Win+L。锁定屏幕的右下角会出现"解锁"图标，当单击解锁图标时会出现用户登录界面，必须输入正确的密码才能正常操作计算机。

图 2-3　"电源"菜单列表　　　　　　图 2-4　"账户"菜单列表

7. 关闭 Windows 10

关闭 Windows 10 的正确操作方法是选择图 2-3 所示菜单中的"关机"命令，这时系统会自动将当前运行的程序关闭，并将一些重要的数据保存，之后关闭计算机。

当系统无法完成关机或系统已经"死机"，这时按住机箱上的电源按钮 5 秒实现关机。这种方法有时会导致正在运行的程序损坏和一些数据丢失，所以尽量不要采用这种关机方法。

2.3.2　鼠标与快捷键操作

Windows 采用的是图形化用户操作界面，界面由桌面、图标、窗口、菜单、对话框等基本元素构成，用户利用基本的输入设备（鼠标、键盘等）实现对计算机的操作。

1. 鼠标的基本操作

Windows 中的大部分操作是用鼠标来完成的，鼠标的基本操作方法及功能见表 2-1。

表 2-1　鼠标的基本操作方法及功能

名称	操作方法	功能
指向	移动鼠标指针到所要操作的对象上	找到操作目标，为后续的操作做好准备
单击	轻击鼠标左键并快速松开	选择一个对象或执行一条命令
双击	在鼠标左键上快速连续地单击两下	打开一个文件夹、文件或程序
右击	轻击鼠标右键并快速松开	弹出快捷菜单
拖动	指向操作对象，按住鼠标左键移动至目标位置后释放	选择、移动、复制对象或拖动滚动条

2. 鼠标指针形状及含义

认识鼠标指针的各种形状和含义可及时对系统的当前工作状况作出判断。在不同的位置和状态下，鼠标指针的形状和含义可能会不同，具体见表 2-2。

表 2-2　鼠标指针形状及含义

鼠标形状	含义
↖	正常选择状态，是鼠标指针的基本形状，表示准备接受用户的命令
↕ ↔ ⤢ ⤡	调整状态，出现在窗口或对象的周边，此时拖动鼠标可以改变窗口或对象的大小

续表

鼠标形状	含义
✥	移动状态，在移动窗口或对象时出现，此时拖动鼠标可以移动窗口或对象的位置
I	文本选择状态，此时单击鼠标可以定位文本的输入位置
👆	链接选择状态，此时鼠标指向的位置是一个超链接，单击鼠标可以打开相关的超链接
▷	后台运行状态，表示系统正在执行某操作，要求用户等待
○	系统忙状态，系统正在处理较大的任务，处于忙碌状态，此时不能执行其他操作
⊘	不可用状态，表示当前鼠标所在的按钮或某些功能不能使用
▷?	帮助选择状态，在按下联机帮助键或帮助菜单时出现的光标
+	精确选择状态，在某些应用程序中系统准备绘制一个新的对象
✎	手写状态，此处可以使用手写输入

3. Windows 10 常用快捷键

在 Windows 10 环境下，有时可以利用键盘代替鼠标快速地完成程序的启动、窗口的切换等操作，故有快捷键的说法。Windows 10 中常用的快捷键见表 2-3。快捷键多为几个键的组合，其使用方法是先按住前面的一个键或两个键，再按下后面的键，然后全部松开。

表 2-3　Windows 10 常用快捷键

快捷键	功能	快捷键	功能
Win	显示或隐藏"开始"菜单	Win+D	显示电脑桌面，或还原之前的状态
Esc	取消当前任务	Win+E	打开"Windows 资源管理器"窗口
Alt+F4	关闭当前窗口	Win+S	显示搜索框
Alt+Tab	切换窗口	Ctrl+Shift+Esc	快速启动"任务管理器"
Win+分号	调出 Emoji 表情	Win+F1	显示"帮助"
Win+空格	各种输入法之间循环切换	Win+R	打开"运行"对话框
Alt+Shift	中英文输入法之间切	Ctrl+.	中文输入法状态下中文/西文标点符号切换
Ctrl+C	复制选中项目到剪贴板	Print Screen	捕获整个屏幕的图像并复制到剪贴板
Ctrl+V	粘贴剪贴板中的项目	Alt+Print Screen	捕获活动窗口或对话框图像到剪贴板
Ctrl+X	剪切选中项目到剪贴板	Win+ Shift+S	截取屏幕
Ctrl+A	全选	Ctrl+Shift+N	新建文件夹

2.3.3　桌面和任务栏

Windows 10 完成启动后，计算机屏幕界面如图 2-2 所示。由图 2-2 可见，整个计算机屏幕界面分为上下两部分，上部分是一幅风景画及其上面的图标，这部分是我们通常所说的桌面，下部分是一条黑色的窄框，在计算机术语中叫作"任务栏"。

1. 桌面

桌面由"桌面背景"和"桌面图标"组成。

（1）桌面背景：如图 2-2 所示，上部分的风景画称为"桌面背景"，它可以是一幅画、一张照片，甚至可以是一个纯色的背景，通过设置操作可以改变桌面背景。

（2）桌面图标："桌面背景"上面的图标叫作"桌面图标"，通过桌面图标可以打开相应的应用程序或功能窗口，可以根据需要添加或删除桌面图标。

（3）桌面图标的分类：桌面图标通常分为系统图标、快捷方式图标、文件夹图标和文件图标。

- 系统图标：此电脑、回收站、网络、控制面板，如图 2-5 所示。

（a）"此电脑"图标　　（b）"回收站"图标　　（c）"网络"图标　　（d）"控制面板"图标

图 2-5　Windows 10 系统图标

- 快捷方式图标：左下角带有箭头标志的图标称为快捷方式图标，又称快捷方式，如图 2-6 所示。快捷方式其实是一个链接指针，可以链接到某个程序、文件或文件夹，当用户双击快捷方式图标时，Windows 就根据快捷方式里记录的信息找到相应的对象并打开它。

图 2-6　快捷方式图标示例

- 文件夹图标：Windows 10 系统把所有文件夹统一用图标 ▮ 表示，用于组织和管理文件。双击文件夹图标即可打开文件夹窗口，在文件夹窗口中显示其中的文件列表和子文件夹，在文件夹窗口中可以对文件或文件夹进行操作。

- 文件图标：文件图标是由系统中相应的应用程序建立的，表示该应用程序所支持的文件。双击文件图标即可打开相应的应用程序及此文件，删除文件图标也就删除了该文件。不同的应用程序支持不同类型的文件，其图标也不同，图 2-7 所示为几种常见的文件图标。

（a）文本文件　　（b）Word 文件　　（c）Excel 文件　　（d）压缩文件

图 2-7　常见文件图标示例

（4）桌面图标的操作。

1）添加系统图标。在初始状态下，Windows 10 桌面上只有"回收站"一个系统图标，可以通过以下操作步骤添加其他系统图标到桌面。在桌面的空白处单击鼠标右键，在弹出的快捷菜单中选择"个性化"命令，打开"个性化"设置窗口，在"个性化"设置窗口中单击"主题"

选项，在右侧的主窗格中向下滚动鼠标滑轮，选择"桌面图标设置"选项，打开"桌面图标设置"对话框，如图 2-8 所示，勾选需要在桌面上显示的系统图标的复选项。完成后单击"应用"按钮或"确定"按钮，完成设置。

图 2-8   "桌面图标设置"对话框

如果对系统默认的图标外观不满意，可以单击"更改图标"按钮进行更改。单击"还原默认值"按钮，可以将图标还原为系统的默认值。

2）创建快捷方式。用户可以根据需要随时创建或删除快捷方式，删除快捷方式后，原来所链接的对象并不受影响。针对某一对象，在桌面上创建快捷方式有以下几种方法：

- 右击图标后弹出快捷菜单，选择"发送到"→"桌面快捷方式"命令，如图 2-9 所示。
- 右击图标，在弹出的快捷菜单中选择"创建快捷方式"命令，如图 2-9 所示，然后将新创建的快捷方式图标移动至桌面。

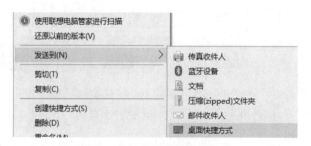

图 2-9   创建某图标的快捷方式

- 右击桌面空白处弹出桌面快捷菜单，如图 2-10 所示，选择"新建"→"快捷方式"命令，在弹出的"创建快捷方式"对话框中进行设置。

图 2-10　桌面快捷菜单及"新建"菜单列表

2．任务栏

Windows 10 启动后界面如图 2-2 所示，我们称图中黑色的窄框部分为"任务栏"，计算机大部分工作都可以从任务栏开始，"任务栏"各部分标注如图 2-11 所示。

①"开始"菜单；②搜索栏；③任务视图；④快速启动区；⑤程序按钮区；⑥通知区

图 2-11　任务栏

各部分功能及操作如下：

（1）"开始"菜单。通过"开始"菜单可以启动 Windows 10 操作系统中的应用程序，按下键盘上的 Windows 徽标键，或单击 Windows 10 桌面左下角的"开始"按钮，即可打开"开始"菜单，各部分标注如图 2-12 所示。各标注的意义说明如下：

① 开始菜单区：这里有设置、电源开关和所有应用等控制选项。

② 开始屏幕区：这里有各种应用的磁贴，方便用户查看和打开。

③ 所有应用按钮区：单击该区中的选项可以在显示或隐藏系统中安装的所有应用列表间切换。

图 2-12　Windows 10 "开始"菜单

处于显示状态的菜单如图 2-12 所示，该状态下所有应用按数字、英文字母、拼音的顺序排列，程序列表在先，文件夹列表在后。单击列表中某文件夹图标，可以展开或收起此文件夹下的程序列表，单击应用程序名可以启动该应用程序。

用首字母索引列表的显示方式可以快速找到相应的应用程序，单击图 2-12 列表中的任意一个字母，列表变为首字母的索引列表显示方式，如图 2-13 所示，此时只需要单击应用程序的首字母即可快速找到该应用程序的位置。例如查找应用程序 Word，在图 2-13 所示的索引表中，单击英文字母 W，开始菜单将定位列出该计算机中安装的名称以字母 W 开始的所有程序，单击其中的 Word 即可，如图 2-14 所示。

图 2-13   索引列表

图 2-14   查找应用程序 Word

④ 用户账户：显示当前用户账户。单击该项可以注销和设置账户，如图 2-4 所示。

⑤ 设置：单击它可以打开计算机的"设置"窗口。

Windows 10 的"设置"功能可以通过此处打开的"设置"窗口实现，也可以通过"控制面板"实现，"控制面板"的功能更加全面和细致。

⑥ 电源：该选项是计算机的电源开关，如图 2-3 所示，可以重启或关闭计算机等。

⑦ 磁贴：可以动态显示应用的部分内容，比如日历、资讯等，如果关闭了磁贴的动态效果，可以把它当作应用的图标。

（2）搜索栏。搜索栏是任务栏中的一个文本输入框，可在其中输入待搜索的关键字，如图 2-14 所示。在 Windows 10 中，通过它不仅可以搜索 Windows 系统中的文件，还可以直接搜索 Web 上的信息。

（3）任务视图。任务视图是 Windows 10 的特有功能，用户可以在不同视图中开展不同的工作，完全不会彼此影响。任务视图按钮 是多任务和多桌面的入口。

多任务切换：在 Windows 10 中，Alt+Tab 组合键的窗口切换方式与低版本略有不同，它不是直接切换到下一个任务，而是列出了当前所有打开窗口的预览缩略图，重复按下 Tab 键，可以逐一浏览各个窗口，直至找到需要的窗口，释放 Alt 键则显示所选的窗口，如图 2-15 所示。

图 2-15　切换任务视图

（4）快速启动区。通过快速启动区中的快速启动按钮是启动应用程序最方便的方式，启动时只需单击该按钮即可，如单击图标 即可启动 QQ 应用程序，而启动桌面图标相应的应用程序需要双击图标。

如图 2-11 所示，默认情况下快速启动区中的快速启动按钮只有"浏览器""文件资源管理器""应用商店" 3 个。若要将其他应用图标放在这里，只需在应用图标的右键菜单中选择"固定到任务栏"命令即可。

虽然快速启动按钮使用方便，但任务栏空间有限，无法容纳太多的应用。如果要将某些应用从快速启动区移除，只需在任务栏中右击该应用按钮，从弹出的快捷菜单中选择"从任务栏取消固定"命令即可，如图 2-16 所示。

（5）程序按钮区。在程序按钮区会显示正在运行的程序的按钮。每打开一个程序或文件夹窗口，代表它的按钮就会出现在该区域，关闭窗口后，该按钮随即消失。

Windows 10 任务栏中的程序按钮默认为"合并"状态，即来自同一程序的多个窗口汇聚到任务栏的同一程序按钮里。当鼠标指向程序按钮时，其上方即会显示该程序所打开的多个窗口的预览缩略图，如图 2-17 所示。当鼠标移动到某一预览窗口上方时该窗口呈现还原显示预览状态，单击某个预览缩略图，该窗口即还原显示，成为活动窗口，如此可实现窗口间的切换。

图 2-16　将应用从快速启动区删除

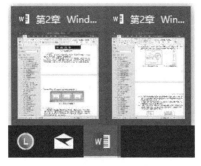

图 2-17　程序按钮的预览缩略图示例

（6）通知区。通知区用于显示计算机的一些信息，其中固定显示"输入法""音量控制""日期和时间""通知"等。

1）单击通知区内的"系统时钟"图标可以显示"系统日期和时间"面板，用来显示当前日期和时间等详细信息，如图 2-18 所示。通过面板上的添加事件按钮 可以对指定日期添加提醒事件。如在 6 月 6 日设置提醒是否开会，如图 2-19 所示。

2）单击通知区内的"扬声器"图标 将弹出扬声器音量调节面板，如图 2-20 所示，拖动滑块可以调节扬声器的音量，单击静音按钮 实现静音，静音后的扬声器按钮变为 。

图 2-18 "系统日期和时间"面板

图 2-19 在"系统日期和时间"面板上设置提醒事件

图 2-20 扬声器音量调节面板

3）单击通知区内的"自定义通知区"图标，弹出如图 2-21 所示的通知区面板，在此可以看到当前正在后台运行的程序的图标。

4）"语言栏"是输入文字的工具栏，一般出现在桌面上或最小化到任务栏的通知区。单击语言栏上的输入法图标弹出输入法列表，如图 2-22 所示。用户根据个人习惯可以选择其中的一种输入法进行文字输入。

图 2-21 通知区面板

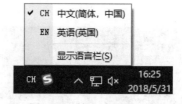

图 2-22 输入法列表示例

2.3.4 窗口的组成

每当打开一个文件夹、文件或运行一个程序时，系统就会创建并显示一个称为"窗口"的人机交互界面。在窗口中，用户可以对文件、文件夹或程序进行操作。

Windows 10 可同时打开多个任务窗口，但在所有打开的窗口中只有一个是当前正在操作的窗口，称为活动窗口。活动窗口的标题栏呈深色，非活动窗口的标题栏呈浅色。

图 2-23 所示为典型的 Windows 10 窗口，主要由标题栏、功能区、地址栏、导航窗格、文件列表栏、预览窗格、搜索框、状态栏等组成。

图 2-23　Windows 10 窗口示例

（1）标题栏：位于窗口的最上方，通过它可以对窗口进行移动、关闭、改变大小等操作。标题栏示例如图 2-24 所示。

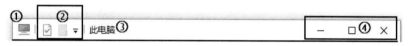

图 2-24　标题栏示例

标题栏各部分说明如下：

① 窗口控制菜单图标：如图 2-25 所示，其中包括还原（从最大化状态变回原来的大小）、移动（单击它，鼠标变成✥，可以用键盘上的上下左右方向键移动窗口的位置）、大小（单击它，可以用键盘上的上下左右方向键来改变窗口的大小）、最小化（隐藏到任务栏）、最大化（窗口充满整个屏幕）、关闭。

② 快速访问工具栏：可以通过这里的选项直接启动窗口内的功能，默认包含"属性"和"新建文件夹"两个选项。快速访问工具栏旁边向下的小箭头是"自定义快速访问工具栏"菜单按钮。可以将一些常用的功能添加到快速访问工具栏内，如图 2-26 所示。

图 2-25　控制图标下拉菜单

图 2-26　自定义快速访问工具栏

③ 名称：每一个窗口都有一个名称，以区别于其他窗口，此窗口的名称为"此电脑"。

④ 标准按钮："最小化"按钮 ▢、"最大化"按钮 ▢ 或"还原"按钮 ▢、"关闭"按钮 ✕ 是所有窗口都有的标准配置。

（2）动态功能区：采用 Office 2010 的 Ribbon 风格的功能区。功能区中集合了针对窗口及窗口中各对象的操作命令，并以多个功能选项卡的方式分类显示，如文件、主页、查看、共享等。单击某个功能选项卡即打开对应的功能选项，选择其中的某个命令项即执行相应命令。

在图 2-23 中，在文件列表栏（11）或导航窗格（6）中选择不同的文件或文件夹时，功能区的功能选项卡将出现动态改变。

（3）地址栏：这里显示当前窗口的位置，其右侧的小箭头有与"最近浏览位置"按钮相同的功能。在地址栏中每一级文件夹的后面都有一个小箭头，单击它可以打开该级文件夹下的所有文件夹和文件列表，实现快速定位，而无需关闭当前窗口。也可以单击地址栏左侧的按钮（图 2-27）实现快速切换定位。地址栏各部分说明如下：

① "前进/返回"按钮：在操作过程中，若需要返回前一个操作窗口，则需单击"返回"按钮；若需要到下一个操作窗口，则需单击"前进"按钮。

② "最近浏览位置"按钮：单击它可以打开最近到过的位置列表，如图 2-28 所示。

图 2-27　地址栏按钮　　　　　　　图 2-28　最近浏览的位置

③ "上移"按钮：单击它可以返回当前位置的上一层文件夹。

（4）搜索框：在搜索框中输入字词或字词的一部分，即可在当前文件夹或库及其子文件夹中进行筛选，并将匹配的结果以文件列表的形式显示在文件列表栏。

（5）快速访问区：用户可以在快速访问区中将一些自己常用的位置的链接固定在这里，方便以后访问。不仅可以添加本地驱动器和文件夹，还可以添加网络上的共享资源，对于频繁访问某个文件夹或网络上共享资源的用户来说，可以节省操作时间。

● 添加到快速访问区。在需要添加的文件夹上单击鼠标右键，在弹出的快捷菜单中选择"固定到'快速访问'"命令，如图 2-29 所示，就能将文件夹添加到快速访问区。

● 从快速访问区中删除项目。若需从快速访问区中删除项目，只需在快速访问区的项目上右击，在弹出的快捷菜单中选择"从'快速访问'取消固定"命令即可，如图 2-30 所示。

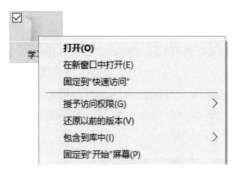

图 2-29　添加到快速访问区　　　　　　图 2-30　从快速访问区删除项目

（6）导航窗格：主要用于定位文件位置。在该区列出了当前计算机中的所有资源，由此电脑、库、网络等树形目录结构组成。使用"库"可以分类访问计算机中的文件，展开"此电脑"可以浏览硬盘、光盘、U 盘上的文件夹和子文件夹。

在导航窗格空白处右击，弹出快捷菜单，如图 2-31 所示，如果选择"显示所有文件夹"，在导航窗格将出现"控制面板"和"回收站"项目。

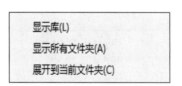

图 2-31　导航窗格快捷菜单

（7）状态栏：是对窗口中选定项目的简单说明，如"10 个项目"等。

（8）快速设置显示"详细信息"：这个选项可以将文件列表栏内的项目显示方式快速设置为显示每一项的"详细信息"。

（9）快速设置显示"大图标"：这个选项可以将文件列表栏内的项目显示方式快速设置为"大图标"显示。

（10）滚动条：滚动条分为垂直滚动条和水平滚动条两种，当窗口中的内容没有显示完全时滚动条就会出现，拖动滚动条可以查看超出窗口高度和宽度范围的其他内容。

（11）文件列表栏：文件列表栏是窗口的重要显示区，用于显示当前文件夹或库的内容。当向搜索框输入文字准备查找时，此区域显示出匹配的搜索结果。

（12）列标题：当文件列表以"详细信息"方式显示时，窗口中将会出现"列标题"，使用列标题可以更改文件列表中文件的整理方式。

（13）预览窗格：使用预览窗格可以查看选定文件的内容。如果窗口中未见预览窗格，可以单击"查看"功能选项卡，单击"窗格"选项组中的"预览窗格"按钮即可。

2.3.5　菜单的使用

Windows 10 菜单系统以列表的形式给出所有的命令项，用户通过鼠标或键盘选中某个命令项就可以执行对应的命令。

1. 菜单类型

Windows 10 操作系统提供 4 种菜单类型："开始"菜单、下拉式菜单、弹出式快捷菜单、窗口控制菜单，菜单中包括多个菜单命令。

（1）"开始"菜单：单击"开始"按钮⊞即可打开"开始"菜单。关于"开始"菜单的组成及功能详见 2.3.3 节，这里不再赘述。

（2）下拉式菜单：在 Windows 10 窗口中，某些选项带有黑三角标志▾，单击它将打开下拉式菜单。菜单项中包含若干条菜单命令，并且这些菜单命令按功能分组，组与组之间用一条浅色横线分隔。图 2-32 所示为"排序方式"选项的下拉菜单。

图 2-32　"排序方式"的下拉菜单

（3）弹出式快捷菜单：将鼠标指向桌面、窗口的任意位置或某个对象，右击鼠标后即可弹出一个快捷菜单。快捷菜单中列出了与当前操作对象密切相关的命令，操作对象不同，快捷菜单的内容也会不同。

（4）窗口控制菜单：位于标题栏的最左侧，不同窗口的控制菜单完全相同，通常双击控制菜单来关闭应用程序窗口。

2. 菜单命令的选择

打开"开始"菜单的方法：单击"开始"按钮⊞或按下键盘上的 Windows 徽标键⊞。

激活下拉菜单的方法：用鼠标单击选项的黑三角标志▾。

弹出快捷菜单的方法：鼠标指向对象，右击鼠标可弹出快捷菜单，对象不同，弹出的快捷菜单的内容不同。

菜单被激活后，移动鼠标指针至某一菜单命令，单击鼠标左键即可执行此命令。也可以利用键盘上的方向键←、→、↑、↓选择菜单，按 Enter 键执行菜单命令。

3. 菜单中的约定

在各种菜单列表中，有的菜单命令呈黑色，表示是正常可用的命令；有的呈浅色，表示当前不可用。菜单中还常出现一些特殊的符号，其具体的功能约定见表 2-4。

表 2-4 菜单中常见的符号约定

符号	说明
浅色的命令	不可选用，当前命令项的使用条件不具备
命令后有"…"	弹出对话框，需要用户设置或输入某些信息
命令前有"√"	命令有效，若再次选择该命令，则√标记消失，命令无效
命令前有"●"	被选中的命令
命令后有"〉"	鼠标指向该命令时会弹出下一级子菜单
热键	按下 Alt 键，当前窗口的每个功能区选项卡旁都会显示一个字母热键，按下某字母键即打开对应的功能选项卡，或者直接按"Alt+热键"也可打开该功能选项卡
快捷键	选项提示信息中的组合键，不需通过菜单，直接按下快捷键即可执行相应命令

2.3.6 对话框的组成

对话框是 Windows 为用户提供信息或要求用户提供信息而出现的一种交互界面。用户可在对话框中对一些选项进行选择或对某些参数作出调整。

对话框的组成与窗口相似，但比窗口更简洁、直观，不同对话框的组成不同。下面以"打印"对话框为例予以说明，各部分标注如图 2-33 所示。

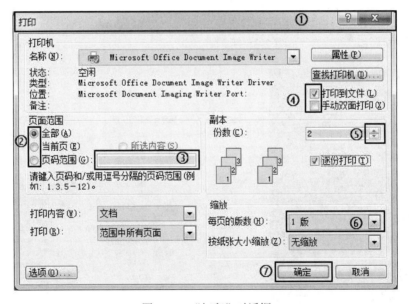

图 2-33 "打印"对话框

① 标题栏：每个对话框都有标题栏，位于对话框的最上方，左侧标明对话框的名称，右侧有关闭按钮 x 。

② 选项按钮：后面附有文字说明的小圆圈，当被单击选中后，在小圆圈内出现蓝色圆点。通常多个选项按钮构成一个选项组，当选中其中一项后，其他选项自动失效。选项按钮又称单选按钮。

③ 文本框：用于输入文本信息的矩形区域。

④ 复选项：后面附有文字说明的小方框，当被单击选中后，在小方框内出现复选标记√。

⑤ 微调按钮：单击微调按钮▣的向上或向下箭头可以改变文本框内的数值，也可在文本框中直接输入数值。

⑥ 下拉列表框：单击下拉列表框中的下拉按钮而弹出的一种列出多个选项的小窗口，用户可以从中选择一项。

⑦ 命令按钮：带有文字的矩形按钮，直接单击可快速执行相应的命令，常见的有"确定"和"取消"按钮。

有些对话框内选项较多，这时会以多个选项卡来分类显示，每个选项卡内都包含一组选项。

2.4 Windows 10 系统环境设置

Windows 10 允许用户进行个性化的设置，如改变桌面背景、定制标题栏与任务栏是否显示主题色、改变鼠标和键盘的设置等，从而美化计算机使用环境，方便用户操作。

2.4.1 控制面板

开始菜单中的"设置"和"控制面板"都是 Windows 10 提供的控制计算机的工具，但"设置"在功能方面还不能完全取代"控制面板"，"控制面板"的功能更加详细。通过"控制面板"用户可以对系统的设置进行查看和调整。

如图 2-34 所示，选择"开始"→"所有应用"→"Windows 系统"→"控制面板"命令即可打开"控制面板"窗口，如图 2-35 所示。

图 2-34 "所有应用"中的"控制面板"

图 2-35 "控制面板"窗口

可以将控制面板固定到"开始"屏幕或任务栏，方法是右击图 2-34 中的"控制面板"选项，在弹出的快捷菜单中选择对应的命令，如图 2-36 所示。

如图 2-37 所示，"控制面板"窗口有"类别""大图标"和"小图标" 3 种显示模式，可以在窗口右上方的"查看方式"下拉列表中选择切换。切换到"大图标"或"小图标"显示模式时窗口名称将变为"所有控制面板项"。

图 2-36　将"控制面板"固定到"开始"屏幕或任务栏

图 2-37　"所有控制面板项"窗口

在"控制面板"窗口中提供了对计算机系统的所有设置链接。桌面外观、"开始"菜单、任务栏、系统日期和时间等设置都可以从"控制面板"窗口或"所有控制面板项"窗口中找到对应的图标，单击图标即可打开相应的对话框或窗口进行具体的设置。当然，通过其他途径也可以打开相应的设置窗口或对话框。

2.4.2　设置桌面外观

用户可以根据个人的喜好和需求更改系统的桌面背景、屏幕保护程序、颜色和外观、Windows 10 主题、屏幕分辨率等设置。桌面外观可以通过"控制面板"或"开始"菜单的"设置"命令打开"设置"窗口进行设置，也可以在桌面上右击，在弹出的快捷菜单中选择"个性化"操作菜单进行设置，这里以桌面右击快捷菜单为例介绍设置方法。

1. 设置桌面背景

启动 Windows 10 操作系统后，桌面背景采用的是系统安装时默认的设置，用户可以按自己的喜好更换桌面背景。具体操作步骤如下：

（1）右击桌面空白处，弹出桌面快捷菜单，如图 2-38 所示。

（2）选择其中的"个性化"命令打开"设置"窗口，如图 2-39 所示。"设置"窗口左侧窗格中有个性化设置的几个主要功能标签：背景、颜色、锁屏界面、主题、开始、任务栏。在左侧窗格中选择标签后，在右侧选项卡中出现相应标签的所有选项。在左侧选择"背景"功能标签后右侧将显示用来设置背景的选项，在其中根据需要进行设置。下面介绍背景的主要选项。

图 2-38　桌面快捷菜单　　　　　图 2-39　"设置"窗口

- 预览：可以对改变后的桌面背景、"开始"菜单以及文本的样式进行预览，尝试改变桌面背景的时候，可以先在这里观察变化。
- 背景：在"背景"下拉列表框里选择桌面背景的样式是"图片""纯色"还是"幻灯片放映"。
- 选择图片："选择图片"选项是在"背景"下拉列表框中选择"图片"选项后才会出现的，单击列出的某张图片，就可以将该图片设置为桌面背景。
- 浏览：如果需要将存储在计算机中的某张图片作为桌面背景，可以单击"浏览"按钮，在计算机中定位图片。
- 选择契合度：确定在"浏览"中设置为背景的图片在桌面上的显示方式。

若想把硬盘中的某张图片快速设置为桌面背景，可以在该图片所在的窗口中，右击该图片图标，在弹出的快捷菜单中选择"设置为桌面背景"命令即可。

2. 设置屏幕保护程序

屏幕保护程序是用于保护计算机屏幕的程序（简称"屏保"），当用户暂停计算机的使用时，它能使显示器处于节能状态，并保障系统安全。

设置了屏幕保护程序后，若用户在指定时间内未使用计算机，屏幕保护程序将自动启动，屏幕上出现动态画面，若要重新操作计算机，只需移动一下鼠标或者按键盘上任意键，即可退出屏幕保护状态。操作时在图 2-39 所示的"设置"窗口中选择"锁屏界面"标签。

3. 更改颜色和外观

Windows 10 默认设置了窗口、任务栏和开始菜单的颜色和外观，用户也可以按照自己的喜好，选择 Windows 10 提供的丰富的颜色，自定义各种外观和颜色，甚至可以设置半透明的效果。操作时在图 2-39 所示的"设置"窗口的左侧窗格中选择"颜色"标签。

4. 更换 Windows 10 主题

主题指搭配完整的系统外观和系统声音的一套方案，包括桌面背景、屏幕保护程序、声音方案、窗口颜色等。用户可以选择 Windows 10 系统为用户提供的各种风格的主题，也可以自己设计主题。

具体操作时在图 2-39 所示的"设置"窗口的左侧窗格中选择"主题"标签，之后在"应用主题"选项区中单击某个选项，如"鲜花"，主题即设置完毕。此时在桌面空白处右击，弹出如图 2-40 所示的桌面快捷菜单，选择其中的"下一个桌面背景"命令，即可更换主题系列中的桌面背景。

图 2-40　桌面快捷菜单

5. 更改屏幕分辨率

屏幕分辨率指显示器所能显示的像素点的数量，显示器可显示的像素点越多，画面越清晰，屏幕区域内可显示的信息就越多。

操作时右击桌面空白处，弹出桌面快捷菜单如图 2-40 所示，选择"显示设置"，在"显示"窗口右侧会出现"分辨率"下拉列表选项，单击"分辨率"下拉列表框弹出"分辨率"下拉列表，选中需要的分辨率，完成设置。

2.4.3　设置"开始"菜单

用户可以按照个人的使用习惯对"开始"菜单进行个性化的设置，如是否在"开始"菜单中显示应用列表、是否显示最常用的应用等。

设置"开始"菜单的操作步骤如下：

（1）右击桌面空白处，弹出桌面快捷菜单，如图 2-40 所示。

（2）选择其中的"个性化"命令打开"设置"窗口，如图 2-39 所示，在"设置"窗口的左侧窗格中选择"开始"标签，窗口右侧窗格中的各选项及其功能如下：

- 显示最常用的应用：该开关处于打开状态时，在"开始"菜单中显示常用的应用图标，方便用户找到常用的应用。

- 显示最近添加的应用：安装了新程序后，程序会在"开始"菜单中建立图标，用户可以通过这些图标打开应用，如果打开"显示最近添加的应用"开关，那么新安装的应用会出现在"最近添加"列表中，方便应用。

- 使用全屏"开始"屏幕：如果该开关打开，"开始"菜单将会变为全屏磁贴式"开始"菜单。

- 选择哪些文件夹显示在"开始"菜单上：单击它打开"选择哪些文件夹显示在'开始'菜单上"设置窗口，如图 2-41 所示。由图中可以看出已打开"设置"，现在再打开"文档"和"音乐"，图 2-42 所示为此设置前后"开始"菜单对比。

图 2-41　选择显示在"开始"菜单上的文件夹

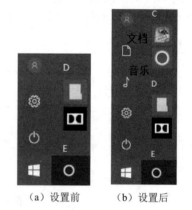

（a）设置前　　（b）设置后

图 2-42　设置前后"开始"菜单对比

2.4.4　设置任务栏

用户可以修改 Windows 10 任务栏的默认外观和使用方式。

1. 调整任务栏的位置和大小

（1）解除锁定：在系统默认状态下，任务栏位于桌面的底部，并处于锁定状态，锁定状态的任务栏不可以移动。右击桌面空白处弹出如图 2-38 所示的快捷菜单，选择菜单中的"个性化"命令，弹出如图 2-39 所示的"设置"窗口，在"设置"窗口左侧窗格中选择"任务栏"标签，如图 2-43 所示，关闭"锁定任务栏"开关即解除锁定，解除锁定之后方可对任务栏的位置和大小进行调整。

（2）调整任务栏大小：任务栏处于非锁定状态时，将鼠标指向任务栏空白区的上边缘，此时鼠标指针变为双向箭头状，然后拖动至合适位置后释放，即可调整任务栏的大小。

（3）移动任务栏位置：任务栏处于非锁定状态时，将鼠标指向任务栏的空白区，然后拖动至桌面周边的合适位置后释放，即可将任务栏移动至桌面的顶部、左侧、右侧或底部。

也可以通过右击桌面空白处→选择"个性化"命令→选择"任务栏"标签→更改"任务栏在屏幕上的位置"下拉列表框的选项实现。

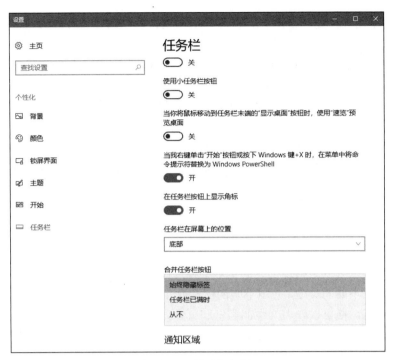

图 2-43　设置"任务栏"

（4）隐藏任务栏：如果想给桌面提供更多的视觉空间，可以将任务栏隐藏起来。右击桌面空白处→选择"个性化"命令→选择"任务栏"标签→打开"在桌面模式下自动隐藏任务栏"开关，任务栏随即隐藏起来。

2. 锁定程序图标到任务栏

在任务栏的快速启动区存放着常用程序的图标，用户只需单击图标即可快速启动程序。用户可以将某程序图标锁定到快速启动区，或从快速启动区解锁。

（1）将应用程序图标锁定到任务栏的方法，有以下 3 种：

● 选择"开始"命令，使"所有应用按钮"处于展开状态，在所有程序列表中，右击待锁定的程序图标→"更多"选项→"固定到任务栏"命令。

● 选择"开始"命令，使"所有应用按钮"处于展开状态，在所有程序列表中，拖动待锁定的程序图标到任务栏空白区。

● 在程序已打开的情况下，程序按钮出现在任务栏，右击程序按钮并选择"固定到任务栏"命令。

（2）从任务栏解锁的方法：在任务栏上，右击快速启动区中的图标并选择"从任务栏取消固定"命令。

3. 任务栏图标的灵活排序

调整任务栏上的图标及按钮的排列顺序的操作方法：在任务栏上选定某一图标或程序按钮后，拖动至合适位置释放即可。

4. 更改"程序按钮"显示方式

Windows 10 任务栏的程序按钮默认为合并方式，来自同一程序的多个窗口汇聚到任务栏的同一窗口按钮里，也可以改为其他显示方式，操作步骤如下：

（1）右击桌面空白处，选择"个性化"命令，打开"设置"窗口，如图 2-39 所示，在该窗口内进行设置。

（2）选择"任务栏"标签，更改"合并任务栏按钮"下拉列表框的选项，如图 2-43 所示。

2.5　Windows 10 的资源管理

计算机系统的各种软件资源，如文字、图片、音乐、视频及各种程序，都以文件的形式存储在磁盘中，为了更好地管理和使用软件资源，需要掌握文件及文件夹的基本操作。

2.5.1　磁盘、文件、文件夹

1. 文件

文件是一组相关数据的集合，通常由用户赋予一定的名称并存储在外存储器上。它可以是一个应用程序，也可以是用户创建的文本文档、图片、音频、视频等。通常把文件按用途、使用方法等划分成不同的类型，并用不同的图标或文件扩展名表示不同类型的文件。只要根据文件图标或扩展名，便可以知道文件的类型和打开方式。

对文件的操作是通过文件名来实现的。文件名通常由主文件名和扩展名两部分组成，主文件名和扩展名中间用"."分隔开，也就是说 Windows 对文件的命名遵循"主文件名.扩展名"的规则。

主文件名的具体命名规则如下：

● 不区分字母的大小写。

● 最多可用 255 个字符，也可以用汉字命名，最多可用 127 个汉字。

● 可以使用多分隔符，如 my.book.pen.txt。

● 可以有空格但不能出现以下字符：＼　／　＜　＞ |＊？："

● 在同一文件夹中不能有同名文件。

主文件名用来标识文件，扩展名用来表示文件的类型，扩展名可以选择显示或不显示。一些常见的文件类型见表 2-5。

表 2-5　文件类型对照表

类型	含义
docx	Word 文档
xlsx	Excel 文档
pptx	PowerPoint 文档
bmp、jpg、jpeg	图像文件
mp3、wav	音频文件
wmv、avi	媒体文件、多媒体应用程序
exe	可执行文件或应用程序
rar、zip	压缩文件
txt	文本文件

在查找文件时，可以用通配符表示文件名中的任意字符，文件通配符有两个："*"表示所在位置的任意一串字符，"?"表示所在位置的任意一个字符。例如：

- a?a.*：代表以 a 开头和结束的文件名中只有 3 个字符的所有文件。
- a??.*：代表以 a 开头的文件名最多 3 个字符的所有文件。

保存在磁盘中的文件不仅有文件名、扩展名，还有文件图标及描述信息，如图 2-44 所示。

图 2-44　文件信息

2. 磁盘、文件夹与路径

（1）磁盘：通常指计算机硬盘上划分的分区，用盘符来表示，如"C:"，简称 C 盘。盘符通常由磁盘图标、磁盘名称和磁盘使用信息组成。双击桌面上的"此电脑"图标，打开"此电脑"窗口（图 2-45），在文件列表栏中可见各个磁盘的使用信息。

（2）文件夹：当磁盘上的文件较多时，通常用文件夹对这些文件进行管理，把文件按用途或类型分别放到不同的文件夹中。文件夹可以根据需要在磁盘或文件夹中任意创建，数量不限。文件夹中可以包含下一级文件夹，通常称为子文件夹。文件夹的命名规则与文件的主文件名命名规则相同，文件夹不带扩展名。在同一文件夹下不能有同名的子文件夹，不能有同名的文件。Windows 10 中常见的文件夹图标如图 2-45 所示。

图 2-45　文件夹窗口示例

（3）路径：文件总是存放在某个磁盘的某个文件夹之中，通常用文件路径来表示文件的存储位置。文件路径的表示形式有两种，传统的表现形式是使用反斜杠来分隔路径中的磁盘或文件夹，例如"C:\Users\Public\Documents\教案.docx"表示文件"教案.docx"保存在 C 盘的 Users 文件夹的子文件夹 Public 下的 Documents 子文件夹中。在 Windows 10 中有时还使用下面的形式表示文件的路径：此电脑>本地磁盘（C:）>用户>公用，反斜杠"\"或级联符号">"称为分隔符。反斜杠"\"主要用于路径的输入，而级联符号">"主要用于路径的显示。

3. 库

Windows 的"库"其实是一个特殊的文件夹，不过系统并不将所有的文件保存到"库"这个文件夹中，而是对分布在硬盘上不同位置的同类型文件进行索引，将文件信息保存到"库"中，简单地说，库里面保存的只是一些文件夹或文件的快捷方式，这并没有改变文件的原始路径，这样可以在不改动文件存放位置的情况下对其进行分类集中管理，提高了工作的效率。

Windows 的"库"通常包括音乐、视频、图片、文档等文件夹。

2.5.2 查看文件与文件夹

根据用户的需求，Windows 可以对系统中的文件和文件夹进行移动、复制、创建、删除、更名、更改属性等操作。

文件与文件夹的管理是计算机资源管理的重要组成部分，每一个文件和文件夹在计算机中都有存储位置，Windows 10 为用户提供了文件管理的窗口——Windows 资源管理器。

1. 文件与文件夹的查看

在 Windows 10 中，Windows 资源管理器以"此电脑"窗口或普通文件夹窗口的形式呈现，通过窗口中的导航窗格、地址栏、文件列表栏可以查看指定位置的文件和文件夹信息。

"Windows 资源管理器"按钮在任务栏的程序按钮区，通过此按钮可快速打开文件夹窗口。

（1）在文件列表栏中查看。在资源管理器窗口的文件列表栏中可以查看当前计算机的磁盘信息及显示当前文件夹下的文件和子文件夹信息，如图 2-46 所示。双击文件列表栏中的某个文件夹图标可以打开此文件夹，文件夹内容将在文件列表栏中出现。

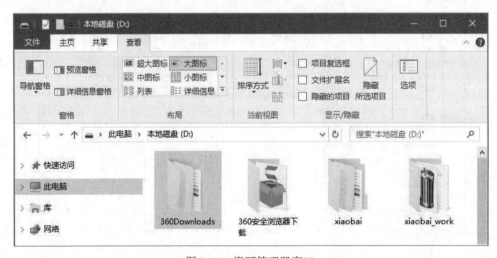

图 2-46　资源管理器窗口

（2）在导航窗格中查看。在每个 Windows 窗口中，导航窗格都提供了"快速访问""此电脑""库"和"网络"的树形目录结构，分层次地显示计算机内所有的磁盘和文件夹。

在导航窗格的树形目录结构中，双击某个文件夹图标，可以将该文件夹展开/折叠，使其下一级子文件夹在导航窗格中出现/隐藏，同时此文件夹图标左侧的按钮变为">"或"⌄"；单击">"或"⌄"按钮，也可以展开/折叠文件夹。

（3）通过地址栏查看。Windows 10 窗口的地址栏以一系列箭头">"分隔文本的形式，随时表示出当前窗口的层次位置。图 2-46 所示的地址栏表明当前窗口为"此电脑中的 D 盘"。

地址栏中的">"或"⌄"和文本都以"链接按钮"的形式呈现，单击某个链接就可以轻松地跳转、快速地切换位置；也可以单击地址栏左侧"←"或"→"按钮切换位置。

2. 文件与文件夹的显示方式

为了便于操作，可以改变窗口中文件列表栏的显示方式（也称视图）。Windows 10 资源管理器窗口中的文件列表有超大图标、大图标、中图标、小图标、列表、详细信息、平铺、内容 8 种显示方式。单击"查看"选项卡中的"大图标"，则所有文件和文件夹均以大图标显示，如图 2-46 所示。

3. 文件与文件夹的排序方式

为了便于浏览，可以按名称、修改日期、类型或大小方式来调整文件列表的排列顺序，还可以选择递增、递减或更多的方式进行排序。选择文件列表的排序方式可以单击"查看"选项卡中的"排序方式"，如图 2-47 所示，选择按照名称递增排序，也可以使用快捷菜单法。

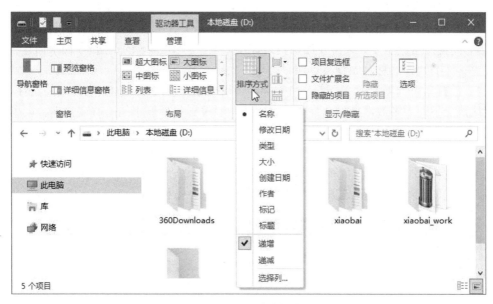

图 2-47　文件夹排序

2.5.3　文件与文件夹的搜索

计算机中文件种类繁多、数量巨大，如果用户不知道文件或文件夹的保存位置，可以使用 Windows 的搜索功能查找文件或文件夹。Windows 在"开始"菜单和"此电脑"窗口中都提供了搜索功能。

（1）即时搜索。Windows 10 提供了即时搜索功能，例如在搜索框中输入"教学"，立即开始搜索名称中含有"教学"的文件及文件夹，如图 2-48 所示。这种搜索方法简单，前提是必须知道文件所在的位置，只在当前磁盘及文件夹中搜索。图 2-48 所示是在 F 盘中搜索的结果。搜索时如果不知道准确的文件名，可以使用通配符。

图 2-48 文件搜索

（2）更改搜索位置。在默认情况下，搜索位置是当前文件夹及子文件夹。如果需要修改，可以在"搜索"选项卡位置区域进行更改。

（3）设置搜索类型。如果想要加快搜索速度，可以在图 2-48 的"搜索"选项卡优化区域中设置更具体的搜索信息，如修改日期、类型、大小、其他属性等。

（4）设置索引选项。在 Windows 10 中，使用"索引"可以快速找到特定的文件及文件夹。默认情况下，大多数常见类型都会被索引，索引位置包括库中的所有文件夹、电子邮件、脱机文件。程序文件和系统文件默认不被索引。

单击图 2-49 中的"高级选项"，在弹出的菜单中选择"更改索引位置"命令，对索引位置进行添加修改。添加索引位置完成后，计算机会自动为新添加的索引位置编制索引。这样以后搜索时则会连同新添加位置一起搜索，为以后的搜索带来方便。

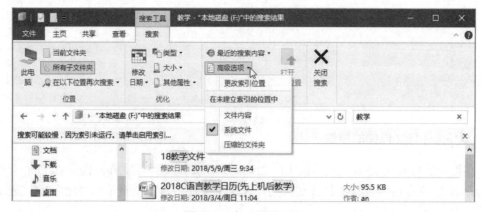

图 2-49 索引选项设置

（5）保存搜索结果。可以将搜索结果保存，方便日后快速查找。单击图 2-48 中的"保存搜索"命令，选择保存位置，输入保存的文件名，即可以对搜索结果进行保存。日后使用时不需要进行搜索，只需要打开保存的搜索即可。

2.5.4　文件与文件夹的管理

1．文件与文件夹的选定

在 Windows 中，一般先选定要操作的对象，然后对其进行操作。被选定的文件及文件夹其图标名称呈反向显示状态，选定操作可以在导航窗格或文件列表栏中进行。

在导航窗格中只能选定单个文件夹，单击待选定的文件夹图标即可，同时在文件列表栏中将显示该文件夹下的文件及子文件夹。

在文件列表栏中选定文件或文件夹的几种常用方法如下：

（1）单个文件或文件夹的选定：用鼠标单击文件或文件夹即可选中该对象。

（2）多个相邻文件或文件夹的选定，有以下两种方法：

● 按下 Shift 键并保持，再用鼠标单击首尾两个文件或文件夹。

● 单击要选定的第一个对象旁边的空白处，按住左键不放，拖动至最后一个对象。

（3）多个不相邻文件或文件夹的选定，有以下两种方法：

● 按下 Ctrl 键并保持，再用鼠标逐个单击文件或文件夹。

● 首先选择"查看"选项卡，如图 2-50 所示。选中"项目复选项"，用鼠标移动到需要选择的文件，单击文件左上角的复选项就可选中。

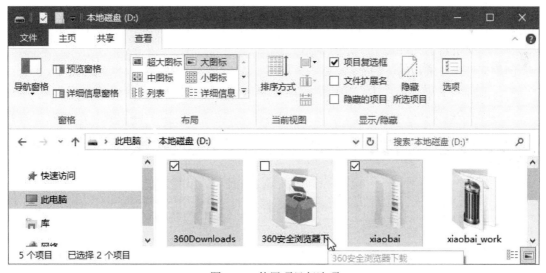

图 2-50　使用项目复选项

（4）反向选定：若只有少数文件或文件夹不想选择，可以先选定这几个文件或文件夹，然后单击选择"主页"选项卡中的"反向选择"命令，如图 2-51 所示，这样可以反转当前选择。

（5）全部选定：选择图 2-51 所示"主页"选项卡中的"全部选择"命令或按 Ctrl+A 组合键。

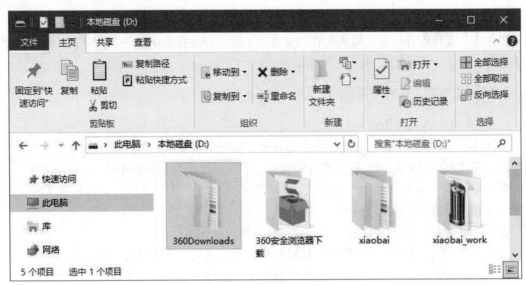

图 2-51　主页选项卡

2. 文件、文件夹的创建

在 Windows 10 资源管理器中，打开要创建文件或文件夹的位置，然后采用下述方法即可新建一个新的文件或文件夹，在"库"窗口下可以创建新库。

创建文件可采用的两种方法：

● 选择"主页"选项卡，单击"新建项目"，在弹出的列表中选择所需的文件类型，如图 2-52 所示。

● 右击文件列表栏的空白处，在弹出的快捷菜单中选择"新建"命令，在弹出的列表中选择所需的文件类型，如图 2-53 所示。

创建文件夹可采用的两种方法：

● 选择"主页"选项卡，单击"新建项目"，在下拉菜单中选择"文件夹"命令，如图 2-52 所示。

图 2-52　创建文件、文件夹

● 右击文件列表栏的空白处，选择"新建"→"文件夹"命令，如图 2-53 所示。

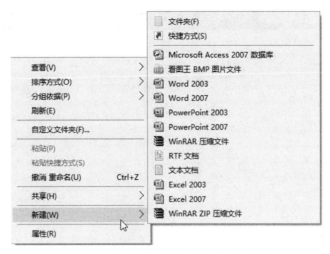

图 2-53 使用快捷菜单创建文件或文件夹

3. 文件与文件夹的重命名

在 Windows 10 中，更改文件、文件夹的名称的操作步骤如下：

（1）选定要重命名的文件或文件夹。

（2）执行"重命名"操作，具体有以下两种方法：

● 右击需重命名的文件，在弹出的快捷菜单中选择"重命名"命令。

● 在图 2-51 中选择"主页"选项卡，单击"重命名"按钮。

（3）执行"重命名"命令之后，选定的对象名称变为编辑状态，输入新的文件名、文件夹名，按 Enter 键或鼠标单击其他位置，完成重命名。

注意：文件的扩展名具有一定的意义，所以重命名文件时一定要谨慎。

4. 文件与文件夹的复制

文件或文件夹的复制指将选定的文件或文件夹及其包含的文件和子文件夹产生的副本放到新的位置，原来位置的文件或文件夹仍然保留。可以使用菜单或鼠标进行文件和文件夹的复制，复制操作的方法如下：

（1）使用快捷菜单。

1）选定要复制的文件或文件夹。

2）右击选定的文件或文件夹，在弹出的快捷菜单中选择"复制"命令。

3）选择目标文件夹，在文件列表区空白处右击，在弹出的快捷菜单中选择"粘贴"命令，完成复制操作。

（2）使用"主页"选项卡。

1）选定要复制的文件或文件夹。

2）单击"主页"选项卡，选择"复制"命令。

3）选择目标文件夹，单击"主页"选项卡，选择"粘贴"命令，完成复制操作。使用图 2-54 所示的"复制到"命令也可以实现复制。

（3）使用鼠标拖动。

1）选定文件和文件夹，按下 Ctrl 键并保持，再用鼠标拖动到目标文件夹，完成文件和文件夹的复制。

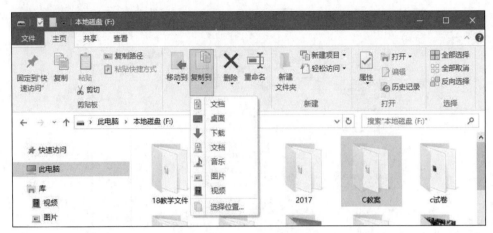

图 2-54 "主页"选项卡

2）选定文件和文件夹，在不同磁盘之间用鼠标拖动该对象到目标文件夹，同样可实现文件和文件夹的复制。

5. 文件和文件夹的移动

移动文件或文件夹是将当前位置的文件或文件夹移到其他位置，移动后原来位置的文件或文件夹自动删除。移动操作的方法如下：

（1）使用快捷菜单。

1）选定要移动的文件或文件夹。

2）右击选定的文件或文件夹，在弹出的快捷菜单中选择"剪切"命令。

3）选择目标文件夹，在文件列表区中空白处右击鼠标，在弹出的快捷菜单中选择"粘贴"命令，完成移动操作。

（2）使用"主页"选项卡。

1）选定要移动的文件或文件夹。

2）单击"主页"选项卡，选择"剪切"命令。

3）选择目标文件夹，单击"主页"选项卡选择"粘贴"命令，完成移动操作。使用图 2-54所示的"移动到"命令也可以实现移动。

（3）使用鼠标拖动。

1）选定文件和文件夹，按下 Shift 键并保持，再用鼠标拖动该对象到目标文件夹，实现移动操作。

2）选定文件和文件夹，在同一磁盘的不同文件夹之间用鼠标拖动该对象到目标文件夹，完成移动操作。

6. 文件和文件夹的删除

删除文件或文件夹是将计算机中不再需要的文件和文件夹删除。删除后的文件和文件夹被放入"回收站"中，以后可将其还原到原来位置，也可以彻底删除。删除文件和文件夹的具体操作如下：

（1）使用快捷菜单。

1）在"资源管理器"中选定要删除的文件和文件夹。

2）右击选定的文件和文件夹，在弹出的快捷菜单中选择"删除"命令。

（2）使用主页选项卡中的"删除"命令，如图 2-54 所示。

（3）使用鼠标将文件和文件夹拖动到"回收站"中。

进行文件或文件夹直接删除操作时需要特别注意一些例外情况：

- 被删除文件和文件夹的大小超过"回收站"空间的大小或者从网络位置、可移动媒体（U 盘、可移动硬盘等）删除文件和文件夹时，被删除对象将不被放入"回收站"中，而是直接被永久删除，不能还原。

- 如果在进行删除文件和文件夹的操作时同时按下 Shift 键，系统将弹出永久删除对话框，如单击"是"按钮，将永久删除该文件和文件夹。

- 单击图 2-55 中的删除下拉箭头，在弹出的菜单中选择"永久删除"命令将永久删除该文件和文件夹。

图 2-55　文件或文件夹删除

7. 文件和文件夹的属性设置

要设置文件或文件夹的属性，需右击该文件或文件夹，在弹出的快捷菜单中选择"属性"命令，打开文件或文件夹属性对话框。图 2-56 所示是文件属性对话框，在这里可以看到文件的名称、存储位置、大小及创建时间等一些基本信息。另外还可以设置只读和隐藏两种属性。

（1）设置文件或文件夹的属性。

只读：文件或文件夹设置只读属性后，只允许查看文件内容，不允许对文件进行修改。

隐藏：文件或文件夹设置隐藏属性后，通常状态下在"资源管理器"窗口中不显示该文件或文件夹，只有在选中了"查看"选项卡中的"隐藏的项目"后隐藏文件才显示出来。

设置属性时只需要单击相应属性前的复选项，再单击"确定"按钮即可。如果需要设置压缩、加密等其他属性，可单击"高级"按钮进行进一步操作。

（2）取消文件或文件夹的属性。要取消文件或文件夹的只读属性，只需将文件或文件夹属性对话框中只读属性前面复选项的☑取消，然后单击"确定"按钮。

（3）设置文件夹的共享属性。文件夹被设置为共享后，其中所有的文件和文件夹均可以共享。共享的文件夹可以使用 Windows 10 提供的"网络"进行访问。设置方法如下：

1）右击文件夹，在弹出的快捷菜单中选择"共享"命令，或者选择"属性"命令，在文件属性对话框中选择"共享"选项卡，均可以打开图 2-57 所示的对话框，进行属性设置。

图 2-56　文件属性对话框

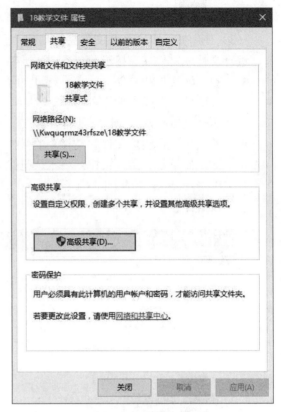

图 2-57　属性设置

2）选中文件夹，选择"主页"选项卡中的"属性"命令也可以进行属性设置。

2.5.5　回收站的操作

1. 回收站设置

回收站是 Windows 系统用来存储删除文件的场所。用户可以根据需要设置回收站所占用磁盘空间的大小和属性。

在桌面上右击回收站图标，在弹出的快捷菜单中选择"属性"命令，弹出"回收站 属性"对话框，如图 2-58 所示。

在"回收站 属性"对话框中，可以设置回收站空间的大小，也可以设置"不将文件移到回收站中，移除文件后立即将其删除。"（这样可以将文件直接删除）。另外，可以设置删除文件过程中删除确认对话框是否显示。

2. 还原被删除的文件和文件夹

文件或文件夹被删除后，并没有被真正删除，只是被转移到回收站中，用户可以根据需要在回收站中进行相应操作，图 2-59 所示是"回收站"窗口。

若要还原所有的文件和文件夹，在"回收站"窗口中单击工具栏中的"还原所有项目"按钮；若要还原某一文件或文件夹，先单击选定该文件或文件夹，然后单击"还原选定的项目"按钮，文件和文件夹将被还原到计算机中的原始位置。也可以使用快捷菜单中的"还原"命令将文件还原。

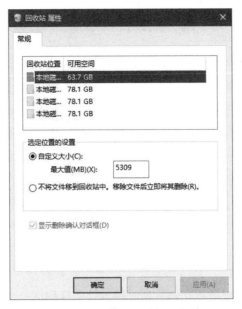

图 2-58 "回收站 属性"对话框

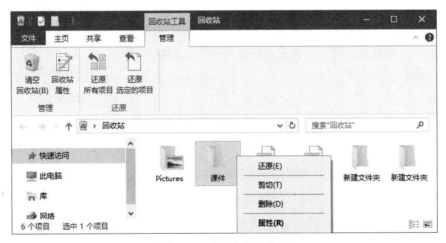

图 2-59 "回收站"窗口

3. 文件和文件夹的彻底删除

执行文件和文件夹的删除操作后,文件和文件夹只是被移到回收站中,并没有被真正从硬盘中删除。要彻底删除文件和文件夹,还需要在回收站中进行彻底删除。

若要删除回收站中的所有文件,则在图 2-59 中单击"清空回收站"按钮;若要删除某个文件或文件夹,右击欲删除的文件或文件夹,在弹出的快捷菜单中选择"删除"命令,文件即被删除。

回收站中的内容一旦被删除,被删除的对象将不能再恢复。

2.5.6 磁盘管理与维护

Windows 10 具有强大的磁盘管理功能,包括磁盘的格式化、磁盘的清理、磁盘碎片整理等,如图 2-60 所示。

图 2-60　磁盘工具

1. 格式化磁盘

对磁盘进行格式化操作时，系统会删除磁盘上的所有数据，并检查磁盘上是否有坏的扇区，将坏扇区标出，以便系统以后存储数据时绕过这些坏扇区。

在日常工作中，为了删除 U 盘或移动硬盘上的所有文件夹及文件，或者彻底清除其感染的病毒，可以对其进行格式化操作，操作步骤如下：

（1）把要格式化的 U 盘或移动硬盘插入计算机的 USB 接口。

（2）打开"此电脑"窗口，选定待格式化的磁盘驱动器图标。

（3）右击磁盘驱动器图标，在弹出的快捷菜单中选择"格式化"命令，或选择图 2-60 中"管理"选项卡中的"格式化"命令，弹出"格式化"对话框，如图 2-61 所示。

图 2-61　"格式化"对话框

（4）在其中设置相关选项后单击"开始"按钮，开始格式化。

"快速格式化"方式是在磁盘上创建新的文件分配表，但不完全覆盖或擦除磁盘数据。快速格式化的速度比普通格式化快得多，普通格式化要完全擦除磁盘上现存的所有数据，故速度会慢一些。如果磁盘中可能含有病毒，切记勿使用快速格式化。

2. 磁盘清理

在使用 Windows 10 的过程中，如果使用时间过长就会产生大量的垃圾文件，如已下载的程序文件、Internet 临时文件、回收站里的文件及其他临时文件等，这些垃圾文件不仅占用磁盘空间，还影响系统的运行速度。

用户可以通过系统提供的"磁盘清理"功能删除它们。选择图 2-60 中的"清理"命令可进行磁盘清理。

3. 磁盘碎片整理

计算机系统在长时间使用后，由于反复删除、安装一些应用程序和文件等，在磁盘中就会产生许多不连续的"碎片"，使启动或打开文件变得越来越慢。这时可以利用系统提供的"磁盘碎片整理"功能来改善系统的性能。

选择图 2-60 中的"优化"命令进行磁盘碎片整理。

第 3 章　信息技术应用

3.1　信息技术概述

信息技术（Information Technology，IT）是用于管理和处理信息所采用的各种技术的总称。它主要指应用计算机科学和通信技术来设计、开发、安装和实施信息系统及应用软件。每一轮新技术的出现，都会带来一次新的产业革命。

根据 IBM 前首席执行官路易斯·格斯特纳的观点，IT 领域每隔 15 年就会迎来一次重大变革。1980 年前后，个人计算机开始普及，使得计算机进入企业和千家万户，大大提高了社会生产力，也使人类迎来了第一次信息化浪潮，Intel、IBM、苹果、微软、联想等企业的崛起是这个时期的标志。随后，在 1995 年前后，以美国提出"信息高速公路"建设计划为重要标志，互联网开始了其大规模商用进程，互联网的快速发展及延伸加速了数据的流通与汇聚，促使数据资源体量指数式增长，数据呈现出海量、多样、时效强、低价值密度等一系列特征。人类开始全面进入互联网时代，互联网的普及把世界变成"地球村"，每个人都可以自由徜徉于信息的海洋。由此，人类迎来了第二次信息化浪潮，这个时期也缔造了雅虎、谷歌、阿里巴巴、百度等互联网巨头。时隔 15 年，在 2010 年前后，云计算、大数据、物联网的快速发展，拉开了第三次信息化浪潮的大幕。信息化正在开启一个新的阶段，即以数据的深度挖掘与融合应用为主要特征的智慧化阶段，近年来，一批大数据应用的成功案例也激发了基于数据获取信息、萃取知识、指导实践的巨大需求。

大数据现象的出现以及数据应用需求的激增，使大数据成为全球关注的热点和各国政府的战略选择，大数据蕴藏的巨大潜力被广泛认知，正引发新一轮信息化建设热潮。随着互联网向物联网（含工业互联网）延伸而覆盖物理世界，"人机物"三元融合的发展态势已然成型，可全方位、全视角地展现事物的演化历史和当前状态。当然，第三次浪潮还刚刚开启，方兴未艾，大数据理论和技术还远未成熟，智能化应用发展还处于初级阶段。然而，聚集和挖掘数据资源、开发和释放数据蕴含的巨大价值，已经成为信息化新阶段的共识。

云计算、物联网、大数据和人工智能，代表了人类 IT 技术的最新发展趋势，四大技术对人们的生产和生活产生了深刻的影响。

纵观信息化发展的 3 个阶段，数字化、网络化和智能化是并行发展的。数字化奠定基础，实现数据资源的获取和积累；网络化构造平台，促进数据资源的流通和汇聚；智能化展现能力，通过多源数据的融合分析呈现信息应用的类人智能，帮助人类更好地认知事物和解决问题。图 3-1 所示为 IT 新技术主导下的智慧城市示意图。

图 3-1　IT 新技术主导下的智慧城市示意图

3.2　大数据技术

现在的社会是一个高速发展的社会，科技发达，信息流通，人们之间的交流越来越密切，生活也越来越方便，大数据就是这个高科技时代的产物。大数据时代的悄然来临，带来了信息技术发展的巨大变革，并深刻影响着社会生产和人们生活的方方面面。随着云计算、移动互联网、物联网等新一代信息技术的广泛应用，社会信息化、企业信息化日趋成熟，多样的、海量的数据以爆炸般的速度生成，全球数据增长速度之快前所未有。自 2011 年起，大数据的影响范围从企业领域扩展到社会领域，人们开始意识到大数据所蕴含的巨大的社会价值和商业价值。认识大数据带来的变革并规划好大数据的发展，将是政府和业界在大数据时代的当务之急。世界各国政府高度重视大数据技术的研究和产业发展，纷纷把大数据技术的研发上升为国家战略并重点推进。企业和学术机构纷纷加大技术、资金和人员投入力度，加强对大数据关键技术的研发与应用，以期在"第三次信息化浪潮"中占得先机、引领市场。

3.2.1　数据

数据（Data）是事实或观察的结果，是对客观事物的逻辑归纳，是用于表示客观事物的未经加工的原始素材。数据是信息的表现形式和载体，可以是符号、文字、数字、语音、图像、视频等。数据和信息是不可分离的，数据是信息的表达，信息是数据的内涵。数据本身没有意义，数据只有对实体行为产生影响时才成为信息。数据可以是连续的值（如声音、图像），称为模拟数据；也可以是离散的（如符号、文字），称为数字数据。在计算机系统中，数据以二进制信息单元 0、1 的形式表示。随着人类社会信息化进程的加快，我们日常生产和生活中每天都在不断产生大量的数据。数据已经渗透到当今的每一个领域，成为重要的生产要素。对企业而言，从创新到决策，数据推动着企业的发展，并使得各级组织的运营更为高效。可以认为，数据将成为每个企业获取核心竞争力的关键因素。数据资源已经和物质资源、人力资源一样成为国家的重要战略资源，影响着国家和社会的安全、稳定与发展，因此数据也被称为"未来的石油"。

3.2.2   数据爆炸

人类进入信息社会以后，数据以自然方式增长，数据的产生不以人的意志为转移。各行各业都在大量产生数据，对海量数据的获取、挖掘及整合已展现出巨大的商业价值，我们每个人被源源不断涌现的海量数据推进了信息爆炸的时代。我们每时每刻无不在产生数据，据 IDC 发布的《数据时代 2025》报告显示，全球每年产生的数据将从 2018 年的 33ZB 增长到 2025 年的 175ZB，平均每天约产生 491EB 的数据。其中，中国数据圈以 48.6ZB 成为最大的数据圈，占全球 27.8%。Domo 公司的图表显示，全球消费者每一分钟在网上花费 100 万美元，进行 140 万次视频和语音通话，在 Facebook 上共享 150000 条消息，并在 Netflix 上播放 404000 小时的视频。每个连接在网络中的人每 18 秒至少进行一次数据交互，这些交互中许多来自于全球连接的数十亿台物联网设备，预计到 2025 年将产生 90ZB 的数据。

在数据爆炸的今天，人类一方面对知识充满渴求，另一方面对数据的复杂特征感到困惑。数据爆炸对科学研究提出了更高的要求，需要人类设计出更加灵活高效的数据存储、处理和分析工具来应对大数据时代的挑战。图 3-2 所示为数据大爆炸笼罩下的城市示意图。

图 3-2   数据大爆炸笼罩下的城市示意图

3.2.3   大数据概念

大数据（Big Data）指需要通过快速获取、处理、分析以从中提取价值的海量、多样化的交易数据、交互数据和传感数据，其规模往往达到了 PB（1024TB）级。麦肯锡全球研究所对大数据给出这样的定义："一种规模大到在获取、存储、管理、分析方面大大超出了传统数据库软件工具能力范围的数据集合。"大数据对象既可能是实际的、有限的数据集合，如某个政府部门或企业掌握的数据库；也可能是虚拟的、无限的数据集合，如微博、微信、社交网络上的全部信息。

大数据可以说是计算机与互联网相结合的产物，前者实现了数据的数字化，后者实现了数据的网络化，两者结合赋予大数据新的含义。

3.2.4   大数据的发展历程

这里简要回顾一下大数据的发展历程。

（1）1980 年，著名未来学家阿尔文·托夫勒在《第三次浪潮》一书中，将大数据热情地赞颂为"第三次浪潮的华彩乐章"。

（2）1997 年，题目为《为外存模型可视化而应用控制程序请求页面调度》的文章问世，这是在美国计算机学会的数字图书馆中第一篇使用"大数据"这一术语的文章。

（3）1999 年 10 月，在美国电气和电子工程师协会（IEEE）关于可视化的年会上，设置了名为"自动化或者交互：什么更适合大数据？"的专题讨论小组，探讨大数据问题。

（4）2001 年 2 月，梅塔集团分析师道格·莱尼发布题为《3D 数据管理：控制数据容量、处理速度及数据种类》的研究报告。10 年后，"3V"（Volume、Variety 和 Velocity）作为定义大数据的 3 个维度而被广泛接受。

（5）2005 年 9 月，蒂姆·奥莱利发表了《什么是 Web 2.0》一文，并在文中指出"数据将是下一项技术核心"。

（6）2008 年，《自然》杂志推出大数据专刊；计算社区联盟（Computing Community Consortium）发表了报告《大数据计算：在商业、科学和社会领域的革命性突破》，阐述了大数据技术及其面临的一些挑战。

（7）2010 年 2 月，肯尼斯·库克尔在《经济学人》上发表了一份关于管理信息的特别报告《数据，无所不在的数据》。

（8）2011 年 2 月，《科学》杂志推出专刊《处理数据》，讨论了科学研究中的大数据问题。

（9）2011 年，维克托·迈尔·舍恩伯格出版著作《大数据时代：生活、工作与思维的大变革》，引起轰动。

（10）2011 年 5 月，麦肯锡全球研究院发布《大数据：下一个具有创新力、竞争力与生产力的前沿领域》，提出"大数据"时代到来。

（11）2012 年 3 月，美国政府发布了《大数据研究和发展倡议》，正式启动"大数据发展计划"，大数据上升为美国国家发展战略，被视为美国政府继信息高速公路计划之后在信息科学领域的又一重大举措。

（12）2013 年 12 月，中国计算机学会发布《中国大数据技术与产业发展白皮书》，系统总结了大数据的核心科学与技术问题，推动了中国大数据学科的建设与发展，并为政府部门提供了战略性的意见与建议。

（13）2014 年 5 月，美国政府发布 2014 年全球"大数据"白皮书《大数据：抓住机遇、守护价值》，报告鼓励使用数据来推动社会进步。

（14）2015 年 8 月，我国国务院印发《促进大数据发展行动纲要》，全面推进我国大数据发展和应用，加快建设数据强国。

（15）2017 年 1 月，为加快实施国家大数据战略，推动大数据产业健康快速发展，我国工业和信息化部印发了《大数据产业发展规划（2016—2020 年）》。

（16）2017 年 4 月，《大数据安全标准化白皮书（2017）》正式发布，从法规、政策、标准和应用等角度，勾画了我国大数据安全的整体轮廓。

（17）2018 年 4 月，首届"数字中国"建设峰会在福建省福州市举行。

（18）2019 年，《大数据蓝皮书：中国大数据发展报告 No.3》对中国大数据发展的趋势进行了展望，主要体现在以下 10 个方面：

1）5G 商用创造数字经济发展新风口，2020 年实现全面商用，2025 年中国有望培育出 4 亿用户的全球最大 5G 市场，未来中国将创造出数字经济发展的下一个风口。

2）中国开启数字贸易规则新探索。

3）无人经济催生未来人机共生新格局。

4）数字农业带动农村经济新转型。

5）数字孪生成为智慧城市升级新方向。

6）中国加快推进《数据安全法》立法新进程。

7）大数据局成为地方政府机构改革新标配。大数据专职部门的设立，是应用现代科技手段推动国家治理体系与治理能力现代化的实践。

8）数字民主促进多元主体协商共治新模式。

9）数字评估与监督加快信用政府建设新步伐。

10）人工智能等领域搭建学科建设新体系。

（19）2023 年 1 月 4 日，第五届"数据资产管理大会"在线上举办。会上，中国信息通信研究院云计算与大数据研究所所长何宝宏发布了《大数据白皮书（2022 年）》并进行了深度解读。

2020 年至今，中国大数据进入创新发展阶段，在这个阶段，人工智能、云计算、物联网等新技术的发展为大数据的应用提供了更多的可能性。中国大数据产业也逐渐崭露头角，涌现出一批具有创新能力和竞争力的企业。总的来说，中国大数据的发展历程经历了起步阶段、技术发展阶段、应用拓展阶段、政策引导阶段和创新发展阶段。随着技术的不断进步和应用的不断拓展，中国大数据产业正朝着更加繁荣和创新的方向发展。

3.2.5　大数据的特点

大数据其实就是海量资料、巨量资料，这些巨量资料来源于世界各地随时产生的数据。在数据时代，任何微小的数据都可能产生不可思议的价值。大数据有 4 个特点：Volume（大量）、Variety（多样）、Velocity（高速）、Value（价值），一般称为"4V"。

1. 数据量大

从数据量的角度而言，大数据所采集、存储和计算的数据规模都非常大。随着互联网的广泛应用，使用互联网的人和企业等增多，数据的创造者变多，数据量呈几何级增长。近年来，随着数据维度变多、数据类型增加、数据的描述能力增强，数据可以传达的信息也越来越多、越来越准确。很显然，目前的很多应用场景中涉及的数据量都已具备了大数据的特征。

数据最小的基本单位是 bit，按顺序给出所有单位：bit、Byte、KB、MB、GB、TB、PB、EB、ZB、YB、BB、NB、DB。它们按照进率 1024（2^{10}）来计算：

1 Byte =8 bit

1 KB = 1024 Bytes = 8192 bit

1 MB = 1024 KB = 1048576 Bytes

1 GB = 1024 MB = 1048576 KB

1 TB = 1024 GB = 1048576 MB

1 PB = 1024 TB = 1048576 GB

1 EB = 1024 PB = 1048576 TB

1 ZB = 1024 EB = 1048576 PB

1 YB = 1024 ZB = 1048576 EB

1 BB = 1024 YB = 1048576 ZB

1 NB = 1024 BB = 1048576 YB

1 DB = 1024 NB = 1048576 BB

可以形象地描述如下：1B = 一个字符/一粒沙子；1KB = 一个句子/几粒沙子；1MB = 一个 20 页的 PPT 文件/一勺沙子；1GB = 书架上排列的几米长的书/一鞋盒沙子；1TB = 300 小时的优质视频/一个操场的沙子；1PB = 35 万张数字照片/一片 1.6 千米长海滩的沙子；1EB = 1999 年全世界信息量的一半/与上海到香港的距离等长的海滩的沙子；1ZB = 全世界所有海滩上的沙子数量的总和。

2. 数据类型繁多

大数据的种类和来源具有多样性，多样的数据给数据处理带来了挑战。大数据可以分为生物大数据、交通大数据、医疗大数据、电信大数据、电力大数据、金融大数据等，具它们都呈现"井喷式"增长，涉及的数量十分巨大，已经从太字节（TB）级别跃升到拍字节（PB）级别。各行各业每时每刻都在不断生成各种类型的数据。大数据迎接的挑战就是要针对这些结构不一、形式多样的数据，挖掘其中的相关性。而这些前所未有的、来自各个领域的、不同形式的数据，赋予了大数据强大的威力。

大数据的数据类型非常丰富，但是可以分成两大类，即结构化数据和非结构化数据。其中，前者占 10%左右，主要是指存储在关系数据库中的数据；后者约占 90%，种类繁多，主要包括邮件、音频、视频、微信、微博、位置信息、链接信息、手机呼叫信息、网络日志等。

3. 处理速度快

大数据增长速度快，处理速度也快，有很强的时效性。在信息时代，人成为网络的核心，每个人每天都在制造新的数据，这些数据再被相应的机构如政府、互联网企业、银行、电信运营商等收集，形成了一个个庞大的数据体系。

面对如此庞大的数据体系，处理数据并得到结果的速度越快，数据的时效性就越强，价值就越高，而大数据与传统数据挖掘最大的区别也在于此，大数据更强调数据处理的实时性和时效性。

大数据时代的很多应用，都需要对快速生成的数据给出实时分析结果，用于指导生产和生活实践，因此，数据处理和分析的速度通常要达到秒级甚至毫秒级，这一点和传统的数据挖掘技术有着本质的不同，后者通常不要求给出实时分析结果。

为了实现快速分析海量数据的目的，新兴的大数据分析技术通常采用集群处理和独特的内部设计。以谷歌公司的大数据引擎 Dremel 为例，它是一种可扩展的、交互式的实时查询系统，用于只读嵌套数据的分析，通过结合多级树状执行过程和列式数据结构能做到几秒内完成对万亿张表的聚合查询，系统可以扩展到成千上万的 CPU 上，满足谷歌上万用户操作拍字节（PB）级数据的需求，并且可以在两三秒内完成拍字节（PB）级别数据的查询。

4. 价值密度低

大数据的价值密度相对较低。数据的价值密度和数据的规模呈反相关，数据的规模越大，数据的价值密度越低。大数据最大的价值在于从大量低价值密度数据中挖掘出对分析和预测有价值的信息。

在大数据时代，很多有价值的信息都是分散在海量数据中的。以小区监控视频为例，如图 3-3 所示，如果没有意外事件发生，连续不断产生的数据都是没有任何价值的，当发生偷盗等意外事件时，也只有记录了事件过程的那一小段视频是有价值的。但是，为了能够获得发生偷盗等意外事件时的那一段宝贵的视频，我们不得不投入大量资金购买监控设备、网络设备、存储设备，耗费大量的电能和存储空间来保存摄像头连续不断传来的监控数据。如果这个实例还不够典型的话，那么请想象另一个更大的场景，假设一个电子商务网站希望通过微博数据进行有针对性的营销，为了实现这个目的，就必须构建一个能存储和分析新浪微博数据的大数据平台，使之能够根据用户微博内容进行有针对性的商品需求趋势预测。愿景很美好，但是现实代价很大，可能需要耗费几百万元构建整个大数据团队和平台，而最终带来的企业销售利润增加额可能会比投入低许多。综上，大数据的价值密度是较低的。

图 3-3　小区监控摄像头

相较于利用结构化的数据类型的传统数据挖掘，大数据还把目光投向了非结构化的、非抽样的、包含全体的数据类型。这为大数据带来了更多的有效信息，但同时也增加了大量无价值的甚至是错误的信息。

3.2.6　大数据的应用

大数据已经渗透到了全世界的各个领域，彰显着巨大的价值，下面对其在各个领域的详细应用情况进行简述。

1. 金融领域

大数据在金融领域应用广泛，如针对个人的信贷风险评估；银行根据用户的刷卡、转账、微信评论等数据有针对性地推送广告；理财软件通过大数据有针对性地为客户推荐理财产品。总的来说，大数据在金融领域的应用可以概括为精准营销、风险控制、效率提升、决策支持。

2017 年，中国平安有 8.8 亿客户的脸谱和信用信息以及 5000 万个声纹库；中国工商银行拥有 5.5 亿个人客户，全行数据超过 60PB；中国建设银行用户超过 5 亿，手机银行用户达到 1.8 亿，网银用户超过 2 亿，数据存储能力达到 100PB；中国农业银行拥有 5.5 亿个人客户，日梳理数据达到 1.5TB，数据存储量超过 15PB；中国银行拥有 5 亿个人客户，手机银行客户达到 1.15 亿，电子渠道业务替代率达到 94%。

2. 医疗领域

医疗行业拥有大量的病例、检测记录、药物记录、治疗结果记录等，这些数据中蕴含着巨大的价值，如果可以加以利用，将对医疗界产生不可估量的影响。疾病确诊和因人而异的治疗方案是医疗领域的重大问题，大数据可以帮助我们建立针对疾病特点、病人状况、治疗方案的数据库，为人类健康贡献巨大的力量。

3. 生物领域

各国研究人员正如火如荼地推进着人类基因组计划，这促进了生物数据的爆发式增长。

基因检测可以帮助人们对自己现在的以及未来的健康状况有更深刻、全面的认识，甚至可以帮助父母在宝宝出生前就对其健康状况进行检测。因此，人类基因组计划对于未来人类战胜疾病具有重要意义，图 3-4 所示为人体基因检测示意图。

图 3-4　人体基因检测示意图

大数据可以整合已有的人类基因的检测结果并进行分析，加速人类基因组研究的进程。

4．零售与电商领域

零售行业可以利用大数据了解顾客的消费偏好和趋势，用于商品的精准营销和相关产品的精准推销，降低运营成本，提高进货管理和过期产品管理效率。大数据可以帮助零售商预测消费者需求趋势，更高效地提高供应链满足需求的能力。对大数据带来的潜在信息的挖掘和有效利用，将成为未来零售领域的必争之处。

电商行业的数据集中且数据规模大，可以利用大数据在很多方面进行有效信息的数据分析提取，如用户消费趋势、地域消费特点等。电商领域中的大数据应用已经颇具规模，电商也是最早利用大数据进行精准营销的行业。电商可以根据顾客消费习惯提前备货以提高商品送达效率，还可以通过对客户浏览、收藏、加入购物车和购买记录等数据的分析向用户进行有效的商品推荐，提高销量。

5．城市大数据

城市大数据指城市运转过程中产生或获得的数据，其与信息采集、处理、利用、交流能力有关的活动要素构成的有机系统是国民经济和社会发展的重要战略资源。用简单、易于理解的公式可以表达为：城市大数据＝城市数据＋大数据技术＋城市职能。

城市大数据的数据资源来源丰富多样，广泛存在于经济、社会各个领域和部门，是政务、行业、企业等各类数据的总和。同时，城市大数据的异构特征显著，数据类型丰富、数量大、速度增长快，对处理速度和实时性要求高，且具有跨部门、跨行业流动的特征。

一个 8Mb/s 摄像头产生的数据量是 3.6GB/h，1 个月产生数据量为 2.59TB。很多城市的摄像头多达几十万个，一个月的数据量达到数百 PB，若需保存 3 个月，则存储的数据量会达到艾字节（EB）量级。北京市政府部门的数据总量，2011 年达到 63PB，2012 年达到 95PB，2018 年达到数百拍字节（PB）。图 3-5 所示为城市设施大数据分析平台示意图。

6．工业大数据

工业大数据是在工业领域中，围绕智能制造模式，从客户需求到销售、订单、计划、研发、设计、工艺、制造、采购、供应、库存、发货和交付、售后服务、运维、报废或回收再制造等整个产品全生命周期各个环节所产生的各类数据及相关技术和应用的总称。

随着互联网与工业的融合创新和智能制造时代的到来，工业大数据技术及应用将成为未来提升制造业创新能力的关键要素，可驱动生产过程智能化、产品智能化及新业态新模式形成。

有了这些数据，企业可提炼有价值的信息，有针对性地发布营销和促销信息，提出更好、更诱人的优惠，这将提升购物体验和提供互动售前支持，将客户变成购物者，大幅提高销售额。

图 3-5　城市设施大数据分析平台示意图

7. 旅游大数据

大数据在旅游行业主要应用于旅游市场细分、旅游营销诊断、景区动态监测、旅游舆情监测等方面。通过旅游大数据，对游客画像及旅游舆情进行分析，可以有效提升协同管理和公共服务能力，推动旅游服务、旅游营销、旅游管理、旅游创新等变革。

例如，2018 年广东省旅游局发布了《2018 广东旅游国庆大数据报告》，"广东移动蜂巢大数据"提供的数据显示：2018 国庆黄金周，全省共接待游客 5049.6 万人次，同比增长 12.2%（按可比口径，下同），其中接待入境游客 287.8 万人次，占比 5.7%，省际游客 1474.3 万人次，占比 29.2%，省内游客（含市内）3287.5 万人次，占比 65.1%，图 3-6 所示为 2018 年国庆黄金周访粤游客占比示意图。

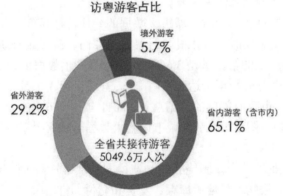

图 3-6　2018 年国庆黄金周访粤游客占比示意图

8. 大数据预测

（1）体育赛事预测。谷歌、百度、微软和高盛等公司在 2014 年世界杯足球赛期间都推出了比赛结果预测平台。百度预测结果最为亮眼，全程 64 场比赛，它的预测准确率为 67%，进入淘汰赛后准确率为 94%。如今互联网公司取代章鱼保罗试水赛事预测，也意味着未来的体育赛事会被大数据预测所掌控。百度北京大数据实验室的负责人张桐总结说："在百度对世界杯的预测中，我们一共考虑了团队实力、主场优势、最近表现、世界杯整体表现和博彩公司的赔率五个因素，这些数据的来源基本都是互联网，随后我们再利用一个由搜索专家设计的机器学习模型来对这些数据进行汇总和分析，进而给出预测结果。"

（2）股票市场预测。英国华威商学院和美国波士顿大学物理系的研究发现，用户通过谷歌搜索的金融关键词可以预测金融市场的走向，相应的投资战略预测正确的回报率收益较高。此前则有专家尝试通过 Twitter 博文情绪来预测股市波动。

大数据投资和传统量化投资类似，二者都依靠模型，但模型里的数据变量在原有的金融结构化数据基础上成倍地增加了。社交言论、卫星监测和地理信息等非结构化数据就是增加的部分内容，将这些非结构化数据进行量化，从而让模型可以吸收。

相关业内人士表示，大数据或将成为共享平台化的服务，因为它对成本要求极高，因此基金经理和分析师可以通过平台制定个性化策略。

（3）市场物价预测。市场中 CPI 表征了已经发生的物价浮动情况，但统计的数据往往并不权威。而大数据则可帮助人们了解未来物价走向，提前预知通货膨胀或经济危机。

（4）用户行为预测。基于用户的个人资料、搜索和浏览行为、评论历史等数据，互联网业务可以洞察消费者的整体需求，进而对产品采取针对性的生产、改进和营销。《纸牌屋》选择演员和剧情、百度基于用户喜好进行精准广告营销、阿里巴巴根据天猫用户特征包下生产线定制产品、亚马逊预测用户单击行为做到提前发货，均受益于互联网用户行为预测。

（5）灾害灾难预测。最典型的灾害灾难预测应为气象预测。利用大数据的提前预测能力有助于对地震、台风、洪涝、高温、暴雨等自然灾害的减灾、防灾、救灾、赈灾活动进行提前部署。过去的数据收集方式成本高且存在死角，物联网时代则不同，现今可借助廉价的传感器摄像头和无线通信网络对数据进行实时监控、收集，再利用大数据进行预测分析，可以做到更精准的自然灾害预测。

3.3　云计算技术

3.3.1　云计算简介

云计算（Cloud Computing）是分布式计算的一种，指通过网络"云"将巨大的数据计算处理程序分解成无数个小程序，然后通过多部服务器组成的系统进行处理和分析，这些小程序得到结果并返回给用户。

云计算早期就是进行简单的分布式计算，解决任务分发，并进行计算结果的合并。因而，云计算又称为网格计算。通过这项技术，可以在很短的时间（几秒钟）内完成对数以万计的数据的处理，从而完成强大的网络服务。

云计算旨在通过网络把多个成本相对较低的计算实体整合成一个具有强大计算能力的完

美系统，并借助先进的商业模式让终端用户可以得到这些强大计算能力的服务。如果将计算能力比作发电能力，那么从古老的单机发电模式转向现代电厂的集中供电模式，就好比现在大家习惯的单机计算模式转向云计算模式，而"云"就好比发电厂，具有单机所不能比拟的强大计算能力。这意味着计算能力也可以作为一种商品进行流通，就像煤气、水、电一样，取用方便、费用低廉，以至于用户无需自己配备。与电力是通过电网传输不同，计算能力是通过各种有线、无线网络传输的。因此，云计算的一个核心理念就是通过不断提高"云"的处理能力，不断减小用户终端的处理负担，最终使用户终端简化成一个单纯的输入输出设备，并能按需享受"云"强大的计算处理能力。

物联网感知层获取大量数据信息，经过网络层传输以后，将数据信息放到一个标准平台上，再利用高性能的云计算对其进行处理，赋予这些数据智能，才能最终转换成对终端用户有用的信息。图 3-7 所示为云服务概念示意图。

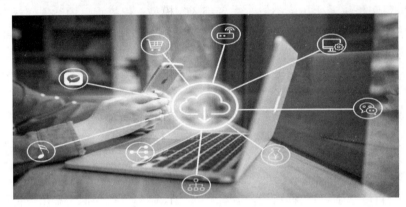

图 3-7　云服务概念示意图

总之，云计算不是一种全新的网络技术，而是一种全新的网络应用概念。云计算概念的核心就是以互联网为中心，在网站上提供快速且安全的云计算服务和数据存储，让每一个使用互联网的人都可以使用网络上的庞大计算资源与数据中心。

云计算是继互联网、计算机后在信息时代又一新的革新。云计算是信息时代的一个大飞跃，未来的时代可能是云计算的时代。虽然目前有关云计算的定义有很多，但概括来说，云计算的基本含义是一致的，即云计算具有很强的扩展性和需要性，可以为用户提供一种全新的体验，云计算的核心是可以将很多的计算机资源协调在一起，使用户通过网络就可以获取到无限的资源，同时获取的资源不受时间和空间的限制。

云计算的目标是实现资源管理的灵活性，把计算能力变成像水电等公用服务一样，随用随取，按需使用。

3.3.2　云计算的应用

云计算在电子政务、医疗、卫生、教育、企业等领域的应用不断深化，对提高政府服务水平、促进产业转型升级和培育发展新兴产业等都起到了关键的作用。

1. 医疗云

医疗云指在云计算、移动技术、多媒体、4G 通信、5G 通信、大数据以及物联网等新技术基础上，结合医疗技术，使用"云计算"来创建医疗健康服务云平台，实现医疗资源的共享和医疗范围的扩大。因为云计算技术的运用，医疗云提高了医疗机构的效率，方便居民就医。像现在医院的预约挂号、电子病历、医保系统等都是云计算与医疗领域结合的产物。医疗云还具有数据安全、可信息共享、可动态扩展、可布局全国的优势。医疗云可以推动医院与医院、医院与社区、医院与急救中心、医院与家庭之间的服务共享，并形成一套全新的医疗健康服务系统，从而有效地提高医疗保健的质量。

2. 金融云

金融云指利用云计算的模型，将信息、金融服务等功能分散到由庞大分支机构构成的互联网"云"中，旨在为银行、保险和基金等金融机构提供互联网处理和运行服务，同时使这些机构共享互联网资源，从而解决现有问题并且达到高效、低成本的目标。2013 年 11 月 27 日，阿里云整合阿里巴巴旗下资源并推出阿里金融云服务。其实，这就是现在基本普及了的快捷支付，因为金融与云计算的结合，现在只需要在手机上简单操作，就可以完成银行存款、购买保险和基金买卖等操作。

3. 教育云

教育云可以有效整合幼儿教育、中小学教育、高等教育、继续教育等优质教育资源，逐步实现教育信息共享、教育资源共享、教育资源深度挖掘等目标。教育云，实质上是教育信息化的一种发展。具体来说，教育云可以将所需要的任何教育硬件资源虚拟化，然后将其传入互联网中，以向教育机构和学生、老师提供方便快捷的平台。现在流行的慕课就是教育云的一种应用。慕课（MOOC）即大规模开放在线课程。现阶段慕课的三大优秀平台为 Coursera、edX 和 Udacity。国内大学也推出了一些慕课平台。2013 年 10 月 10 日，清华大学推出慕课平台——学堂在线，许多大学现已使用学堂在线开设了一些课程的慕课。

4. 政务云

政务云上可以部署公共安全管理、容灾备份、城市管理、应急管理、智能交通、社会保障等应用，通过集约化建设、管理和运行，可以实现信息资源整合和政务资源共享，推动政务管理创新，加快向服务型政府转型。

5. 企业云

能够让企业以低廉的成本建立财务、供应链、客户关系等管理应用系统，大大降低企业信息化门槛，迅速提升企业信息化水平，增强企业市场竞争力。企业云对于那些需要提升内部数据中心的运维水平和希望能使整个 IT 服务更围绕业务展开的大中型企业非常适合。相关的产品和解决方案有 IBM 的 WebSphere CloudBurst Appliance、Cisco 的 UCS 和 VMware 的 vSphere 等。

6. 云存储系统

存储云又称云存储，是在云计算技术上发展起来的一个新的存储技术。云存储是一个以数据存储和管理为核心的云计算系统。用户可以将本地的资源上传至云端，可以在任何地方连入互联网来获取云上的资源。大家所熟知的谷歌、微软等大型网络公司均有云存储的服务，在国内，百度云和微云则是市场占有量最大的存储云。存储云向用户提供了存储容器服务、备份服务、归档服务和记录管理服务等，大大方便了使用者对资源的管理。

云存储系统可以解决本地存储在管理上的缺失，降低数据的丢失率。它通过整合网络中的多种存储设备来对外提供云存储服务，并能管理数据的存储、备份、复制和存档。云存储系统非常适合那些需要管理和存储海量数据的企业。图 3-8 所示为云存储图示。

图 3-8　云存储图示

7. 虚拟桌面云

虚拟桌面云可以解决传统桌面系统成本高的问题，其利用了现在成熟的桌面虚拟化技术，更加稳定和灵活，而且系统管理员可以统一管理用户在服务器端的桌面环境。该技术比较适合那些需要使用大量桌面系统的企业。

8. 开发测试云

开发测试云可以解决开发测试过程中遇到的棘手问题，其通过友好的 Web 界面可以预约、部署、管理和回收整个开发测试环境，通过预先配置好（包括操作系统、中间件和开发测试软件）的虚拟镜像来快速地构建一个个异构的开发测试环境，通过快速备份/恢复等虚拟化技术来重现问题，并利用云的强大的计算能力对应用进行压力测试，比较适合那些需要开发和测试多种应用的组织和企业。

9. 大规模数据处理云

大规模数据处理云能对海量的数据进行大规模的处理，可以帮助企业快速进行数据分析，发现可能存在的商机和存在的问题，从而做出更好、更快和更全面的决策。其工作过程是通过将数据处理软件和服务运行在云计算平台上，利用云计算的计算能力和存储能力对海量的数据进行大规模的处理。

10. 游戏云

游戏云是将游戏部署至云中的技术，目前主要有两种应用模式：一种是基于 Web 游戏的模式，如使用 JavaScript、Flash 和 Silverlight 等技术将游戏部署到云中，这种解决方案比较适合休闲游戏；另一种是为大容量和高画质的专业游戏设计的，整个游戏都将在云中运行，但会将最新生成的画面传至客户端，这种方案比较适合专业玩家。图 3-9 所示的模式为游戏云图示。

图 3-9　游戏云图示

11. HPC 云

HPC 云能够为用户提供完全定制的高性能计算环境，用户可以根据自己的需求来改变计算环境的操作系统、软件版本和结点规模，从而避免与其他用户冲突，并可以成为网格计算的支撑平台，以提升计算的灵活性和便捷性。HPC 云特别适合需要使用高性能计算，但缺乏巨资投入的普通企业和学校。

12. 协作云

协作云是云供应商在 IDC 云的基础上或者直接构建的专属云，在这个云中搭建整套协作软件，并使用户共享将这些软件，非常适合那些需要一定的协作工具，但不希望维护相关的软硬件和支付高昂的软件许可费用的企业与个人。

谷歌、微软、IBM、惠普、戴尔等国际 IT 巨头纷纷投入巨资在全球范围内大量建设数据中心，旨在掌握云计算发展的主导权。我国政府和企业也都在加大力度建设云计算数据中心。内蒙古自治区提出了"西数东输"发展战略，即把本地的数据中心通过网络提供给其他省份用户使用。福建省泉州市安溪县的中国国际信息技术（福建）产业园的数据中心是福建省重点建设的两大数据中心之一由惠普公司承建，拥有 5000 台刀片服务器，是亚洲规模最大的云渲染平台。阿里巴巴集团公司在中国甘肃玉门建设的数据中心是中国第一个绿色环保的数据中心，电力全部来自于风力发电，用祁连山融化的雪水冷却数据中心产生的热量。贵州被公认为中国南方最适合建设数据中心的地方，目前中国移动、联通、电信三大电信运营商都将南方数据中心建在了贵州。

3.4　物联网技术

3.4.1　物联网概述

物联网（Internet of Things，IoT）指通过信息传感器、射频识别技术、全球定位系统、红外感应器、激光扫描器等各种装置与技术，实时采集任何需要监控、连接、互动的物体或过程，采集声、光、热、电、力学、化学、生物、位置等各种需要的信息，通过各类可能的接入网络，实现物与物、物与人的泛在连接，实现对物品和过程的智能化感知、识别和管理。物联网是一个基于互联网、传统电信网的信息承载体，让所有能够被独立寻址的普通物理对象形成互联互通的网络。

这有两层意思：第一，物联网的核心和基础仍然是互联网，是在互联网基础之上进行延伸和扩展的一种网络；第二，其用户端延伸和扩展到了任何物品与物品之间，进行信息交换和通信。

把网络技术运用于万物组成"物联网"，如把感应器嵌入到油网、电网、路网、水网、建筑、大坝等物体中，然后将"物联网"与"互联网"整合起来，实现人类社会与物理系统的整合。超级计算机群对"整合网"的人员、机器设备、基础设施实施实时管理控制，精细、动态地管理生产和生活，提高资源利用率和生产力水平，改善人与自然的关系。

3.4.2　物联网关键技术

简单地讲，物联网是物与物、人与物之间的信息传递与控制。在物联网应用中有下述关键技术。

1．传感器技术

传感器技术是计算机应用中的关键技术。绝大部分计算机处理的都是数字信号，需要传感器把模拟信号转换成数字信号，这样计算机才能处理。

2．RFID 标签

RFID 标签也是一种传感器技术，RFID 技术是融合了无线射频技术和嵌入式技术的综合技术。RFID 在自动识别、物品物流管理等领域有着广阔的应用前景。图 3-10 所示为 RFID 自动贴标签机。

图 3-10　RFID 自动贴标签机

3．嵌入式系统技术

嵌入式系统技术是综合了计算机软硬件、传感器技术、集成电路技术、电子应用技术的复杂技术。经过几十年的演变，以嵌入式系统为特征的智能终端产品随处可见，小到人们身边的 MP3，大到航天航空的卫星系统。嵌入式系统正在改变着人们的生活，推动着工业生产以及国防工业的发展。如果把物联网用人体做一个简单比喻，传感器相当于人的眼睛、鼻子、皮肤等感官，网络是用来传递信息的神经系统，嵌入式系统则是人的大脑，在接收到信息后要进行分类处理。这个例子很形象地描述了传感器、嵌入式系统在物联网中的位置和作用。

4．智能技术

智能技术指为了有效地达到某种预期的目的，利用知识所采用的各种方法和手段，通过在物体中植入智能系统，可以使得物体具备一定的智能性，能够主动或被动地实现与用户的沟通。智能技术也是物联网的关键技术之一。

5．纳米技术

纳米技术（Nanotechnology）是用单个原子、分子制造物质的科学技术。该技术研究结构尺寸在 1～100 纳米范围内的材料的性质和应用。

纳米科学技术以许多现代先进科学技术为基础，是动态科学（动态力学）及现代科学（混沌物理、智能量子、量子力学、介观物理、分子生物学）与现代技术（计算机技术、微电子和扫描隧道显微镜技术、核分析技术）结合的产物。纳米科学技术又将引发一系列新的科学技术，例如，纳米物理学、纳米生物学、纳米化学、纳米电子学、纳米加工技术和纳米计量学等。

3.4.3　物联网的体系架构

物联网典型体系架构分为 3 层，自下而上分别是感知层、网络层和应用层。感知层实现物联网的全面感知能力，是物联网中的关键技术，是标准化、产业化方面亟需突破的部分，该层的关键在于要具备更精确、更全面的感知能力，并解决低功耗、小型化和低成本问题。网络层主要以广泛覆盖的移动通信网络作为基础设施，是物联网中标准化程度最高、产业化能力最强、技术最成熟的部分，该层的关键在于要对物联网应用特征进行优化改造，形成系统感知的网络。应用层提供丰富的应用，将物联网技术与行业信息化需求相结合，实现广泛智能化的应用解决方案，该层的关键在于要进行行业融合、信息资源的开发利用，提供低成本高质量的解决方案，提供信息安全的保障及进行有效商业模式的开发。

物联网体系主要由运营支撑系统、传感网络系统、业务应用系统、无线通信网系统等组成。

通过传感网络可以采集所需的信息，顾客在实践中可运用 RFID 读写器与相关的传感器等采集所需的数据信息，当网关终端进行汇聚后，可通过无线网络运程将其顺利地传输至指定的应用系统中。此外，传感器还可以运用 ZigBee 与蓝牙等技术实现与传感器网关的有效通信。市场上常见的传感器大部分都可以检测到相关的参数，包括压力、湿度或温度等。一些专业化的质量较高的传感器通常还可检测到重要的水质参数，包括浊度、水位、溶解氧、电导率、藻蓝素、pH 值、叶绿素等。

《物联网"十二五"发展规划》中提出将二维码作为物联网的一个核心应用，物联网终于从"概念"走向"实质"。二维码（2-dimensional bar code）是用某种特定的几何图形按一定规律在平面（二维方向上）分布的黑白相间的图形上记录数据符号信息的；在代码编制上巧妙地利用构成计算机内部逻辑基础的 0、1 比特流，使用若干个与二进制相对应的几何形体来表示文字数值信息，通过图象输入设备或光电扫描设备自动识读以实现信息自动处理。二维条码/二维码能够在横向和纵向两个方位同时表达信息，因此能在很小的面积内表达大量的信息。图 3-11 所示为微信扫描二维码进行支付的示意图。

图 3-11　微信扫描二维码进行支付的示意图

3.5　人　工　智　能

3.5.1　人工智能概述

1．人工智能之父——艾伦·麦席森·图灵

艾伦·麦席森·图灵（Alan Mathison Turing，1912 年 6 月 23 日—1954 年 6 月 7 日），英国数学家、逻辑学家，被称为计算机科学之父、人工智能之父。1931 年图灵进入剑桥大学国王学院，毕业后到美国普林斯顿大学攻读博士学位，第二次世界大战爆发后回到剑桥，后曾协助军方破解德国的著名密码系统 Enigma，帮助盟军取得了二战的胜利。图 3-12 所示为艾伦·麦席森·图灵的照片。

图 3-12　人工智能之父——艾伦·麦席森·图灵

图灵对于人工智能的发展有诸多贡献，提出了一种用于判定机器是否具有智能的试验方法，即图灵试验，至今，每年都有该试验的比赛。此外，图灵提出的著名的图灵机模型为现代计算机的逻辑工作方式奠定了基础。

图灵在第二次世界大战中从事的密码破译工作涉及电子计算机的设计和研制，但此项工作严格保密。直到 20 世纪 70 年代，内情才有所披露。从一些文件来看，很可能世界上第一台电子计算机不是 ENIAC，而是与图灵有关的另一台机器，即图灵在战时服务的机构于 1943 年研制成功的 CO-LOSSUS（巨人）机，这台机器的设计采用了图灵提出的某些概念。它用了 1500 个电子管，采用了光电管阅读器；利用穿孔纸带输入；并采用了电子管双稳态线路，可执行计数、二进制算术及布尔代数逻辑运算。巨人机共生产了 10 台，它们出色地完成了密码破译工作。

战后，图灵任职于泰丁顿国家物理研究所（Teddington National Physical Laboratory），开始从事"自动计算机"（Automatic Computing Engine）的逻辑设计和具体研制工作。1946 年，图灵发表论文阐述存储程序计算机的设计。他的成就与研究离散变量自动电子计算机（Electronic Discrete Variable Automatic Computer）的冯·诺依曼相当。图灵的自动计算机与诺依曼的离散变量自动电子计算机都采用了二进制，都以"内存存储程序使计算机运行"打破了那个时代的旧有概念。

1945 年到 1948 年，图灵在国家物理实验室负责自动计算引擎（ACE）的工作。1949 年，他成为曼彻斯特大学计算机实验室的副主任，负责最早的真正的计算机——曼彻斯特一号的软件工作。在这段时间，他继续进行一些比较抽象的研究，如"计算机械和智能"。图 3-13 所示为"图灵测试"示意图。

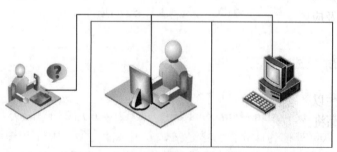

图 3-13　"图灵测试"示意图

图灵试验由计算机、被测试的人和试验主持人组成。计算机和被测试的人分别在两个不同的房间里。测试过程主持人提问，由计算机和被测试的人分别进行回答。观测者能通过电传打字机与机器和人联系（避免机器模拟人的外貌和声音）。被测人在回答问题时尽可能表明他是一个"真正的"人，而计算机也将尽可能逼真地模仿人的思维方式和思维过程。如果试验主持人听取他们各自的答案后，分辨不清哪个是人回答的，哪个是机器回答的，则可以认为该计算机具有了智能。

1950 年，艾伦·图灵在那篇名垂青史的论文《计算机器与智能》（*Computing Machinery and Intelligence*）的开篇中说："我建议大家考虑这个问题：'机器能思考吗？'"。同年，他又发表了另一篇题为《机器能思考吗？》的论文，这篇论文成为划时代之作，也为图灵赢得了"人工智能之父"的桂冠。在这篇论文里，图灵第一次提出"机器思维"的概念。他逐条反驳了机器不能思维的论调，做出了肯定的回答。他还对智能问题从行为主义的角度给出了定义，由此提出一个设想：一个人在不接触对方（人或计算机）的情况下，和对方进行一系列的问答，如果在相当长时间内，他无法根据这些问答判断对方是人还是计算机，那么，就可以认为这台计算机具有人类的智能，即这台计算机是能思维的。这就是上述的著名的"图灵测试"。

在讲述图灵传奇人生的电影《模仿游戏》中，图灵说机器也能思考，只是它思考的方式与人不同。

1952 年，图灵写了一个国际象棋程序。可是当时没有一台计算机有足够的运算能力去执行这个程序，他就模仿计算机，每走一步要用半小时。他与一位同事下了一盘，结果程序输了。后来美国新墨西哥州洛斯阿拉莫斯国家实验室的研究群根据图灵的理论，在 MANIAC 上设计出世界上第一个国际象棋程序。

为了纪念图灵对计算机科学的巨大贡献，美国计算机协会（ACM）于 1966 年设立了一年一度的"图灵奖"，以表彰在计算机科学中做出突出贡献的人。图灵奖被喻为"计算机界的诺贝尔奖"，这是历史对这位科学巨匠的最高赞誉。

2. 人工智能概念

1956 年，科学家约翰·麦卡锡（John McCarthy）在达特茅斯学院召集了一次会议来讨论如何用机器模仿人类的智能，"人工智能（Artificial Intelligence，AI）"概念首次被提出。那次会议给人工智能研究人员提供了相互交流的机会，并为人工智能的发展起了铺垫的作用。1960 年左右，麦卡锡创建了表处理语言 LISP。直到现在，LISP 仍然在发展，它几乎成了人工智能的代名词，许多人工智能程序还在使用这种语言。图 3-14 所示为达特茅斯会议主要参会人员。

在本次会议上，"人工智能"技术被确立为研究、开发用于模拟、延伸和扩展人的智能的理论、方法、技术及应用系统的一门新技术科学。

人工智能技术尝试了解智能的实质，并尝试生产出一种新的能以与人类智能相似的方式做出反应的智能机器，该领域的研究包括机器人、语言识别、图像识别、自然语言处理和专家系统等。

人工智能自诞生以来，理论和技术日益成熟，应用领域也不断扩大。可以设想，未来人工智能带来的科技产品将会是人类智慧的"容器"。人工智能可以模拟人的意识和思维的过程。

值得一提的是，图灵和麦卡锡都被称为人工智能之父，图灵提出了让机器拥有"思维"的人工智能全新理论，麦卡锡则提出了"人工智能"这个概念。

图 3-14　达特茅斯会议主要参会人员

3.5.2　人工智能的发展历程

1．人工智能时代发展的 3 个阶段

从达特茅斯会议开始，人工智能时代发展到现在大致可以分为以下 3 个阶段：

（1）第一阶段是 20 世纪 50 年代到 80 年代。在这个阶段，人工智能刚刚诞生，可编程的数字计算机也已被发明出来并用于科学计算和研究，人工智能迎来了第一次繁荣期。但是很多复杂的计算任务还不能被很好地执行，计算机的运算能力不足，进行计算时复杂度较高，智能推理实现难度较大，建立的计算模型也存在一定的局限性。

随着机器翻译等一些项目的失败，人工智能研究经费普遍缩减，人工智能的发展很快就从繁荣陷入了低谷。

（2）第二阶段是 20 世纪 80 年代到 90 年代末，人工智能又经历了一次从繁荣到低谷的过程。在进入 20 世纪 80 年代后，具备一定逻辑规则可实现推演和在特定领域能够回答问题的专家系统开始盛行。1985 年出现了更强的具有可视化效果的决策树模型和突破早期感知机局限的多层人工神经网络，而日本雄心勃勃的五代机计划也促成了 20 世纪 80 年代中后期 AI 的繁荣。但是到了 1987 年，专家系统开始发展乏力，神经网络的研究也陷入瓶颈，LISP 机的研究也最终失败。LISP 机是在 20 世纪 70 年代初由美国麻省理工学院人工智能实验室的 R•格林布拉特首先研究成功的。它是一种直接以 LISP 语言的系统函数作为机器指令的通用计算机。LISP 机的主要应用领域是人工智能，如知识工程、专家系统、场景分析、自然语言理解和人机工程等。

在这种背景下，美国政府取消了大部分的人工智能项目预算。到 1994 年，日本投入巨大的五代机项目也由于发展瓶颈最终终止，抽象推理和符号理论被广泛质疑，人工智能再次陷入技术突破的瓶颈。

（3）第三个阶段是 20 世纪 90 年代末至今。1997 年 IBM 公司的深蓝战胜了国际象棋世界冠军卡斯帕罗夫，把全世界的眼光又吸引回人工智能。并且，随着互联网时代的到来和计算机性能的不断提升，人工智能开始进入复苏期。IBM 公司提出"智慧地球"，我国也提出"感知中国"。物联网、大数据、云计算等新兴技术的快速发展为大规模机器学习奠定了基础。一大批在特定领域的人工智能项目开始取得突破性进展并落地,而且已经逐渐影响和改变人们的生活和工作。现如今,一个新的时代——人工智能时代已经到来,而我们正处在人工智能爆发的风口上。

2. 人工智能发展史上的华彩乐章

从人工智能诞生开始,研制能够下棋的程序并且战胜人类就是人工智能学家不断努力想要达成的目标,最早参与人工智能起源的"达特茅斯会议"的塞缪尔就是一名来自 IBM 公司的研究计算机下跳棋的人员,而另一名参会者伯恩斯坦是 IBM 公司的象棋程序研究人员。著名的人工智能学家西蒙在 1957 年曾预言十年内计算机下棋可以击败人,而一直到 1997 年,IBM公司的计算机深蓝(Deep Blue)才最终击败国际象棋大师卡斯帕罗夫。

图 3-15 所示为 1996 年 IBM 公司的深蓝与卡斯帕罗夫进行对局的一张照片。实际上卡斯帕罗夫与深蓝的较量可以一直追溯到 1989 年。

图 3-15　IBM 公司的深蓝与卡斯帕罗夫进行对局

1987 年,一位来自中国台湾的华裔美籍科学家许峰雄设计了一款名为"芯验"(Chip Test)的国际象棋程序,并在此基础上不断改进。

1988 年,"芯验"改名为"深思"(Deep Thought),且已升级到可以每秒计算 50 万步棋子变化,在这一年,"深思"击败了丹麦的国际象棋特级大师拉尔森。

1989 年,"深思"与当时的国际象棋世界冠军卡斯帕罗夫对战,但是以 0:2 失利,这时的"深思"已经达到了每秒计算 200 万步棋子变化的水平。

1990 年,"深思"进一步升级,诞生了"深思"第二代,在这期间"深思"二代于 1990年与前世界冠军卡尔波夫进行了多场对抗,卡尔波夫占据较大优势,战况非赢即和。

1993 年,"深思"二代击败了丹麦国家队被称为有史以来最强的女棋手小波尔加。

1994 年,德国著名国际象棋软件 Fritz 参加在德国慕尼黑举行的超级闪电战比赛,在初赛结束时,其比赛积分与卡斯帕罗夫并列第一,但在复赛中被卡斯帕罗夫以 4:1 击败。同年,另一个国际象棋程序 Genius 在英国伦敦举行的英特尔职业国际象棋联合会拉力赛中,在 25 分钟快棋战中战胜了卡斯帕罗夫并把他淘汰出局。

1995 年,卡斯帕罗夫分别在德国科隆对战 Genius,在英国伦敦对战 Fritz,均以一胜一和胜出,并且嘲讽计算机下棋没有悟性。

1996 年，为纪念计算机诞生五十周年，"深蓝"在美国费城与卡斯帕罗夫进行了 6 局大战，"深蓝"赢得了第一局，但最终以总比分 2:4 败北。

1997 年，"深蓝"升级为"更深的蓝"，再次与卡斯帕罗夫大战，比赛仍以 6 局定胜负，最终，"更深的蓝"以 3.5:2.5 击败了卡斯帕罗夫，其中第六局仅对战了 19 个回合，"更深的蓝"就通过一记精妙的弃子逼迫卡斯帕罗夫认输。有人说卡斯帕罗夫犯了低级错误，最终输给了他自己，但所有的主流媒体都打出了这样的标题：电脑战胜了人脑。随后，IBM 公司宣布封存"更深的蓝"，它不再与人类棋手下棋。

虽然"更深的蓝"在国际象棋领域战胜了卡斯帕罗夫，但围棋依然被认为是计算机无法战胜人类的领域。围棋的规则非常简单，但是在围棋中可能存在的棋谱数量和计算量非常巨大。围棋的棋盘由横竖线网格组成，横竖方向分别有 19 条线，棋盘网格共生成 361 个交点，在每个交点位置都可以放置棋子，围棋的棋子包括黑色棋子和白色棋子两种，因此，网格交点可以以 3 种状态存在，即放置黑棋、放置白棋或不放置棋子，这样围棋棋盘理论上存在 3^{361}（1.74×10^{172}）种组合。

根据围棋规则，不是所有位置都可合法落子，在围棋术语中没有"气"的位置就不能落子，经过研究人员测算，排除这些不合法位置后总共还剩大约 2.08×10^{170} 种棋局分布。目前在全宇宙可观测到的物质原子数量才 10^{80} 个。目前世界上最快的神威·太湖之光超级计算机的运算速度是每秒 10 亿亿次，即 10^{16} 次，这个数值与 10^{170} 相比差别巨大。计算机使用穷举法暴力破解棋谱是不可能实现的，这也是为什么以往人们认为计算机在围棋领域不可能战胜人类。而这一切，被谷歌公司的 AlphaGo（阿尔法狗）打破了。

韩国围棋九段棋手李世石（韩语名"李世乭"）注定将被历史铭记，既是因为他的胜利，也是因为他的失败。

2016 年 3 月 9 日，谷歌开发的人工智能围棋程序 AlphaGo 与李世石在韩国首尔的四季酒店进行五番棋大战，如图 3-16 所示。五番棋常见于围棋界的比赛，是指两位棋手对决五局，胜局多者获胜，常见的还有三番棋、十番棋等。3 月 12 日，李世石输掉了第三局比赛，这样 AlphaGo 就已经连胜三局，标志着它已经取得了这场比赛的胜利。3 月 13 日，李世石凭借"神之一手"扳回一局，但第五局的失利使其最终以 1:4 败北。

图 3-16　AlphaGo 与李世石对局（图片来源：cnblogs.cn）

　　在 AlphaGo 之后还有一个事件，虽然不如战胜李世石反响那么大，但是在人工智能发展领域却代表了一个新的突破，这就是 AlphaGo Zero。

　　图 3-17 所示是 AlphaGo 的家族图。第一代 AlphaGo 被称为 AlphaGo Fan，打败李世石的是第二代 AlphaGo，其名字是 AlpahGo Lee。在 AlphaGo Lee 之后，升级出来两个第三代 AlphaGo，一个被称为 AlphaGo Master，它依然采用人类经验棋谱样本作为学习样本；另一个是 AlphaGo Zero。AlphaGo Zero 不再学习人类棋谱，而是在学习基本的围棋规则后，自我生成棋局进行学习和对抗。

AlphaGo Fan　　AlphaGo Lee　　AlphaGo Master　　AlphaGo Zero

图 3-17　AlphaGo 的家族图（图片来源：jstv.cn）

　　图 3-18 所示为 AlphaGo Zero 的自我学习成长曲线，当 AlphaGo Zero 自我学习三天后即超过了战胜李世石的 AlphaGo Lee 的下棋能力，在自我学习 40 天后，即超过了 AlphaGo Master 的下棋能力，而这一切没有任何人工的干预，也没有采用任何人类已有的经验棋谱，完全依靠 AlphaGo Zero 的自我学习来实现。

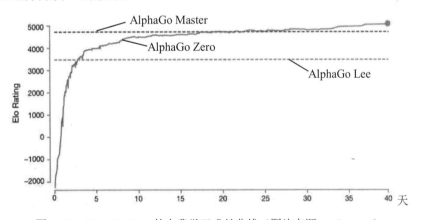

图 3-18　AlphaGo Zero 的自我学习成长曲线（图片来源：sohu.com）

　　无论是"更深的蓝"的胜利，还是 AlphaGo 战胜李世石，都是人工智能发展史上里程碑式的事件，标志着计算机程序在某一单一领域战胜了最优秀的人类。尤其是 AlphaGo 的胜利，意味着围棋这个以往被认为是机器无法战胜人类的领域被颠覆了，也把全世界的目光聚焦到人工智能领域，它意味着人工智能的巨大突破，各国政府纷纷出台对人工智能领域研究的支持和倾斜政策，越来越多的人工智能应用开始落地。在未来数十年，人工智能将极大地影响人类的工作、生活以及其他方方面面。

3.5.3　人工智能的关键技术

1. 机器学习

机器学习技术使计算机能模拟人的学习行为，自动地通过学习来获取知识和技能，不断改善性能，实现自我完善。其主要思想为在海量数据中寻找数据的"模式"或"规律"，在没有过多人为因素干预的情况下，运用所寻找的"模式"或"规律"对未来数据或无法观测的数据进行预测。

2. 深度学习技术

深度学习的概念由 Hinton 等人于 2006 年提出。深度学习技术以机器学习技术为背景，在机器学习技术的基础上建立、模拟人脑进行分析学习的神经网络，通过模拟人脑的机制来解释数据，从而提高计算的准确性。深度学习是当下人工智能的尖端技术，因其灵感来源于人类大脑中的神经网络，故深度学习又称为"人工神经网络"。

3. 人机交互技术

人机交互技术最重要的方面是研究人和计算机之间的信息交换，主要包括人到计算机和计算机到人的两部分信息交换，是人工智能领域重要的外部技术。人机交互是与认知心理学、人机工程学、多媒体技术、虚拟现实技术等密切相关的综合学科。传统的人与计算机之间的信息交换主要依靠交互设备进行，主要包括键盘、鼠标、操纵杆、数据服装、眼动跟踪器、位置跟踪器、数据手套、压力笔等输入设备，以及打印机、绘图仪、显示器、头盔式显示器、音箱等输出设备。人机交互技术除了传统的基本交互和图形交互外，还包括语音交互、情感交互、体感交互及脑机交互等技术。

4. 自然语言处理

自然语言处理（Natural Language Processing）是计算机科学领域与人工智能领域中的一个重要方向。它研究能实现人与计算机之间用自然语言进行有效通信的各种理论和方法。自然语言处理是一门集语言学、计算机科学、数学于一体的科学。这一领域的研究会涉及自然语言，即人们日常使用的语言，所以它与语言学的研究有着密切的联系，但又有重要的区别。自然语言处理并不是一般地研究自然语言，而在于研制能有效地实现自然语言通信的计算机系统，特别是其中的软件系统。

自然语言处理的应用包罗万象，例如机器翻译、手写体和印刷体字符识别、语音识别、信息检索、信息抽取与过滤、文本分类与聚类、舆情分析和观点挖掘等。它涉及与语言处理相关的数据挖掘、机器学习、知识获取、知识工程、人工智能研究和与语言计算相关的语言学研究等。

5. 计算机视觉

计算机视觉（Computer Vision）是一门研究如何使机器"看"的科学，进一步地说，是用摄影机和计算机代替人眼对目标进行识别、跟踪和测量，并进一步进行图像处理，使其成为更适合人眼观察或传送给仪器检测的图像。计算机视觉既是工程领域也是科学领域中的一个富有挑战性的重要研究领域。计算机视觉是一门综合性的学科，已经吸引了来自各个学科的研究者参与到对它的研究之中，其中包括计算机科学与工程、信号处理、物理学、应用数学和统计学、神经生理学和认知科学等。根据解决的问题不同，计算机视觉研究可分为计算成像学、图像理解、三维视觉、动态视觉和视频编解码五大类。

计算机视觉研究领域已经衍生出了一大批快速成长的、有实际作用的应用，举例如下：

- 人脸识别：Snapchat 和 Facebook 使用人脸检测算法来识别人脸，如图 3-19 所示。

图 3-19　人脸识别技术示意图

- 图像检索：Google Images 使用基于内容的查询来搜索相关图片，通过算法分析查询图像中的内容并根据最佳匹配内容返回结果。
- 游戏和控制：使用立体视觉技术较为成功的游戏应用产品是微软的 Kinect。
- 监测：用于监测可疑行为的监视摄像头遍布于各大公共场所中。
- 智能汽车：计算机视觉是检测交通标志、灯光和其他视觉特征的主要信息来源，如图 3-20 所示。

图 3-20　智能汽车示意图

6. 语音识别技术

语音识别技术是把语音转化为文字，并对其进行识别、认知和处理，是主要关注自动且准确地转录人类语音的技术。语音识别技术的主要应用包括电话外呼、医疗领域听写、语音书写、电脑系统声控、电话客服等。图 3-21 所示为智能语音识别场景示意图。

图 3-21　智能语音识别场景示意图

　　美国咖啡连锁巨头星巴克在该公司的移动应用 MyStarbucks 里推出一款语音助手功能，方便用户通过语音进行点单和支付。借助该功能，用户便可修改自己的订单，就像在现实世界中与真的咖啡师交流一样。除此之外，该公司还与亚马逊 Alexa 平台进行整合，用户可以借助 Echo 音箱或其他内置 Alexa 平台的设备购买自己喜欢的餐品。

　　7. 生物特征识别技术

　　在当今信息化时代，如何准确鉴定一个人的身份、保护信息安全，已成为一个必须解决的社会问题。传统的身份认证由于极易伪造和丢失，越来越难以满足社会的需求。目前最为便捷与安全的解决方案无疑就是生物识别技术，它不但简捷快速，而且安全、可靠、准确，同时更易于配合计算机与安全、监控、管理系统进行整合，实现自动化管理。由于其广阔的应用前景、巨大的社会效益和经济效益，已引起各国的广泛关注和高度重视。生物特征识别技术涉及的内容十分广泛，包括指纹、虹膜、掌纹、人脸、指静脉、声纹、步态等多种生物特征，其识别过程涉及图像处理、计算机视觉、语音识别、机器学习等多项技术。目前生物特征识别作为重要的智能化身份认证技术，在金融、公共安全、教育、交通等领域得到了广泛的应用。图 3-22 所示为生物特征识别技术示意图。

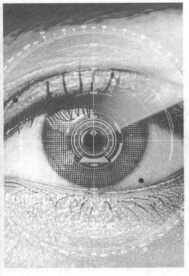

图 3-22　生物特征识别技术示意图

8. VR/AR 技术

虚拟现实（Virtual Reality，VR）/增强现实（Augment Reality，AR）技术是以计算机为核心的新型视听技术。其结合相关科学技术，在一定范围内生成与真实环境在视觉、听觉、触感等方面高度近似的数字化环境，用户借助必要的装备与数字化环境中的对象进行交互，相互影响，获得近似真实环境的感受和体验。图 3-23 所示为利用 VR 技术学习驾驶汽车的场景示意图。

图 3-23　利用 VR 技术学习驾驶汽车的场景示意图

3.5.4　人工智能与物联网技术综合应用

不论是物联网还是人工智能，都和我们的生活息息相关。物联网负责收集资料（通过传感器连接无数的设备和载体，包括家电产品），将收集到的动态信息上传云端。接下来人工智能系统将对信息进行分析加工，生成人类所需的实用技术。此外，人工智能通过数据进行自我学习，帮助人类达成更深层次的长远目标。

基于物联网的各种创新应用将成为新一轮创业的热点领域，而这些新的创新领域中一个重要的特点就是物联网与人工智能的深度整合。物联网与人工智能的深度整合将广泛应用于智慧城市、工业物联网、智能家居、农业物联网和各种可穿戴设备等领域，而这些领域无疑具有巨大的发展潜力。

1. 智能制造

智能制造（Intelligent Manufacturing，IM）是一种由智能机器和人类专家共同组成的人机一体化智能系统，在制造过程中能进行智能活动，如分析、推理、判断、构思、决策等。通过人与智能机器的合作共事，去扩大、延伸和部分取代人类专家在制造过程中的脑力劳动。它把制造自动化的概念更新扩展到柔性化、智能化和高度集成化。智能制造对人工智能的需求主要表现在以下三个方面：一是智能装备，包括自动识别设备、人机交互系统、工业机器人以及数控机床等具体设备，涉及跨媒体分析推理、自然语言处理、虚拟现实智能建模及自主无人系统等关键技术；二是智能工厂，包括智能设计、智能生产、智能管理以及集成优化等具体内容，涉及跨媒体分析推理、大数据智能、机器学习等关键技术；三是智能服务，包括大规模个性化定制、远程运维以及预测性维护等具体服务模式，涉及跨媒体分析推理、自然语言处理、大数据智能、高级机器学习等关键技术。图 3-24 所示为智能制造车间示意图。

图 3-24　智能制造车间示意图

2. 智能家居

智能家居通过物联网技术将家中的各种设备（如音视频设备、照明系统、窗帘控制、空调控制、安防系统、数字影院系统、影音服务器、影柜系统、网络家电等）连接到一起，提供家电控制、照明控制、电话远程控制、室内外遥控、防盗报警、环境监测、暖通控制、红外转发以及可编程定时控制等多功能和手段。与普通家居相比，智能家居不仅具有传统的居住功能，还兼备网络通信、信息家电、设备自动化并提供全方位信息交互的功能，甚至为各种能源费用节约资金。例如，借助智能语音技术，用户应用自然语言实现对家居系统中各设备的操控，如开关窗帘或窗户、操控家用电器和照明系统、打扫卫生等。借助机器学习技术，智能电视可以从用户看电视的历史数据中分析其兴趣和爱好，并将相关的节目推荐给用户。通过应用声纹识别、脸部识别、指纹识别等技术进行开锁。通过大数据技术可以使智能家电实现对自身状态及环境的自我感知，具有故障诊断能力。通过收集产品运行数据，发现产品异常，主动提供服务，降低故障率。此外，还可以通过大数据分析进行远程监控和诊断，及时发现问题、快速解决问题，从而提高效率。图 3-25 所示为智能家居示意图。

图 3-25　智能家居示意图

3. 智能金融

智能金融即人工智能与金融的全面融合，以人工智能、大数据、云计算、区块链等高新科技为核心要素，全面赋能金融机构，提升金融机构的服务效率，拓展金融服务的广度和深度，使得全社会都能获得平等、高效、专业的金融服务，实现金融服务的智能化、个性化、定制化。人工智能技术在金融业中可以用于服务客户，支持授信、各类金融交易和金融分析中的决策，并用于风险防控和监督,将大幅改变现有金融领域的格局,金融服务将会更加个性化与智能化。智能金融对于金融机构的业务部门来说,可以帮助获客,精准服务客户,提高效率;对于金融机构的风控部门来说,可以提高风险控制,增加安全性;对于用户来说,可以实现资产优化配置,体验到金融机构更加完美的服务。人工智能在金融领域的应用主要包括以下几个方面:

(1)智能获客。依托大数据,对金融用户进行画像,通过需求响应模型,极大地提升获客效率。

(2)身份识别。以人工智能为内核,通过人脸识别、声纹识别、指静脉识别等生物识别手段,再加上各类票据、身份证、银行卡等证件票据的 OCR 识别等技术手段,对用户身份进行验证,大幅降低核验成本,有助于提高安全性。

(3)大数据风控。通过大数据、算力、算法的结合搭建反欺诈、信用风险等模型,多维度控制金融机构的信用风险和操作风险,同时避免资产损失。

(4)智能投资顾问。基于大数据和算法能力,对用户与资产信息进行标签化,精准匹配用户与资产。

(5)智能客服。基于自然语言处理能力和语音识别能力,拓展客服领域的深度和广度,大幅降低服务成本,提升服务体验。

(6)金融云。依托云计算能力的金融科技,为金融机构提供更安全高效的全套金融解决方案。

4. 智能交通

智能交通系统是未来交通系统的发展方向,它是将信息技术、数据通信传输技术、电子传感技术、控制技术及计算机技术等有效地集成运用于整个地面交通管理系统而建立的一种大范围、全方位发挥作用的,实时、准确、高效的综合交通运输管理系统。

随着社会车辆越来越普及,交通拥堵甚至瘫痪已成为城市的一大问题。对道路交通状况实时监控并将信息及时传送给驾驶人,让驾驶人及时作出出行调整,可有效缓解交通压力;高速路口设置道路自动收费系统(简称 ETC),免去进出口取卡、还卡的时间,可提升车辆的通行效率;公交车上安装定位系统,能及时了解公交车行驶路线及到站时间,乘客可以根据搭乘路线确定出行,免去不必要的时间浪费。社会车辆增多,除了带来交通压力,停车难也日益成为一个突出问题,不少城市推出了智慧路边停车管理系统。该系统基于云计算平台,结合物联网技术与移动支付技术,共享车位资源,提高车位利用率,给用户带来方便。该系统可以兼容手机模式和射频识别模式,通过手机端 App 软件可以及时了解车位信息、车位位置,提前做好预定并进行交费等操作,很大程度上解决了"停车难""难停车"的问题。图 3-26 所示为城市智能交通定位系统示意图。

5. 智能安防

随着科学技术的发展与进步及 21 世纪信息技术的腾飞,智能安防技术已迈入了一个全新的领域,它与计算机之间的界限正在逐步消失。安防技术为社会安全提供了保障。

物联网技术的普及应用使得城市的安防从过去简单的安全防护系统向城市综合化体系演变。城市的安防项目涵盖众多的方面,有街道社区、楼宇建筑、银行邮局、道路监控、机动车辆、警务人员、移动物体、船只等。特别是针对重要场所,如机场、码头、水电气厂、桥梁大坝、河道、地铁等,引入物联网技术后,可以通过无线移动、跟踪定位等手段建立全方位的立体防护。

图 3-26　城市智能交通定位系统示意图

　　智能安防是兼顾了整体城市管理系统、环保监测系统、交通管理系统、应急指挥系统等应用的综合体系。特别是车联网的兴起，在公共交通管理、车辆事故处理、车辆偷盗防范方面可以更加快捷准确地进行跟踪定位处理，还可以随时随地获取更加精准的交通事故、道路流量、车辆位置、公共设施安全、气象等信息。

　　6.　智能医疗

　　智能医疗利用先进的物联网技术，通过打造健康档案区域医疗信息平台，实现患者与医务人员、医疗机构、医疗设备之间的互动，逐步达到信息化。近几年，智能医疗在辅助诊疗、疾病预测、医疗影像辅助诊断、药物开发等方面发挥了重要作用。在不久的将来，医疗行业将融入更多人工智能、传感技术等高科技，使医疗服务走向真正意义上的智能化，推动医疗事业的繁荣发展。在中国新医改的大背景下，智能医疗正在走进寻常百姓的生活。随着人均寿命的延长，现代社会的人们需要更好的医疗系统。远程医疗、电子医疗（e-health）日趋重要。借助于物联网、云计算技术、人工智能的专家系统、嵌入式系统的智能化设备，可以构建完善的物联网医疗体系，使全民平等地享受顶级的医疗服务，同时解决或减少了由于医疗资源缺乏导致的看病难、医患关系紧张、医疗事故频发等现象。图 3-27 所示为远程指导手术示意图。

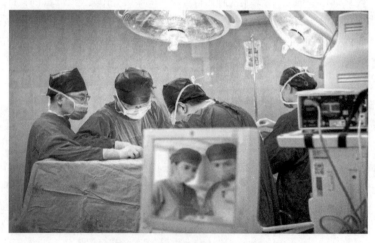

图 3-27　远程指导手术示意图

7. 智能物流

传统物流企业利用条形码、射频识别、传感器、全球定位系统等技术优化改善运输、仓储、配送、装卸等物流业基本活动，同时也在尝试使用智能搜索、推理规划、计算机视觉以及智能机器人等技术，实现货物运输过程的自动化运作和高效率优化管理，提高物流效率。例如，在仓储环节，利用大数据，通过分析大量历史库存数据，建立相关预测模型，实现物流库存商品的动态调整。大数据也可以支撑商品配送规划，进而实现物流供给与需求匹配、物流资源优化与配置等。京东自主研发的无人仓采用大量智能物流机器人进行协同与配合，通过人工智能、深度学习、图像智能识别、大数据应用等技术，让工业机器人可以通过自主的判断完成各种复杂的任务，在商品分拣、运输、出库等环节实现自动化，大大减少了订单出库时间，使物流仓库的存储密度、搬运的速度、拣选的精度均有大幅度提升。图 3-28 所示为机器人自动分拣示意图。

图 3-28 机器人自动分拣示意图

8. 智能零售

人工智能在零售领域的应用已经十分广泛，无人超市、智慧供应链、客流统计等都是热门方向。比如，将人工智能技术应用于客流统计，通过人脸识别客流统计功能，门店可以从性别、年龄、表情、新老顾客、滞留时间长短等维度建立到店客流用户画像，为调整运营策略提供数据基础，帮助门店运营从匹配真实到店客流的角度提升转换率。图 3-29 所示为无人超市示意图。

图 3-29 无人超市示意图

9.　智能出行

共享单车则是结合物联网概念与技术而形成的一种智能出行模式，此体系包含 3 个部分：手机端、单车端和云端。共享单车的实现并不复杂，其实质是一个典型的"物联网+互联网"应用。应用的一边是车（物），另一边是用户（人），通过云端的控制向用户提供单车租赁服务。图 3-30 所示为遍布城市大街小巷的"共享单车"。

图 3-30　遍布城市大街小巷的"共享单车"

共享单车系统的主要工作流程如下：

（1）用户通过手机 App 寻找附近的单车并进行充值、开锁和费用计算，这是物联网体系中的用户端口。

（2）单车端则可进行行程数据的收集，通过 SIM 卡将 GPS 定位的信息和电子锁的状态传送给云端。

（3）云端则进行整个系统的调控，收集信息并下传命令，对单车终端进行控制。

第 4 章　文字处理软件

4.1　Word 2016 简介

Word 是 Microsoft Office 套件中的核心组件，专为文字处理和文档创建而设计。它能够支持多种文档格式，如信件、书籍、传真、官方文件、报纸、个人简历等。Word 不仅拥有丰富的文字编辑和排版功能，还集成了图片处理、表格制作、Internet 应用等多种功能，实现了功能强大与操作便捷的完美结合。通过 Word，用户可以轻松制作出风格多样、内容丰富的图文文档。

4.2　Word 基本操作

4.2.1　启动 Word

在 Windows 中，应用程序的启动和退出方式多样，因工作或习惯需求可选择不同方式。Word 启动也有几种方法，以下是 3 种常见方法：

（1）通过"开始"按钮：启动 Windows 后单击"开始"按钮，找到 Word 2016 并单击即可。

（2）使用桌面快捷方式：如果桌面上有 Word 快捷方式，直接双击即可打开。

（3）通过新建文档：在桌面或文件夹右击，选择"新建"→"Microsoft Word 文档"，再双击新文件便可启动 Word。

4.2.2　退出 Word

可以选择下列任意一种方法来退出 Word：

（1）单击 Word 窗口右上角的"关闭"按钮。

（2）按组合键 Alt+F4。

（3）在屏幕下方任务栏中右击 Word 文档，单击"关闭窗口"按钮。

（4）右击标题栏，单击"关闭"按钮。

执行上述操作后，如果有修改后的文档未保存，Word 会弹出提示对话框，如图 4-1 所示。

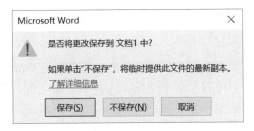

图 4-1　提示对话框

如果要保留修改内容，单击"保存"按钮，系统将先进行保存后再退出。若选择不保留修改，单击"不保存"按钮，Word 会直接退出不保存任何更改。如要继续在 Word 中工作，单击"取消"按钮，即可返回 Word 工作界面。

如果只想关闭 Word 文档，却不退出 Word 程序，可以选择"文件"选项卡中的"关闭"命令。

4.2.3　Word 窗口组成

与低版本相比，Word 2016 的界面更加人性化，可以更好地协助用户完成日常工作。其界面的显示方式、选项卡的位置、功能区中功能按钮的位置等也可根据需要随意变化。例如可以隐藏功能区，或者增加"快速访问"工作栏中的快捷按钮，还可自定义功能区，增加选项卡，将自己最常用的命令集中管理。

打开 Word 程序窗口（图 4-2），可以看到窗口组成包括快速访问工具栏、标题栏、窗口控制按钮、选项卡、功能区、文档编辑区和状态栏。

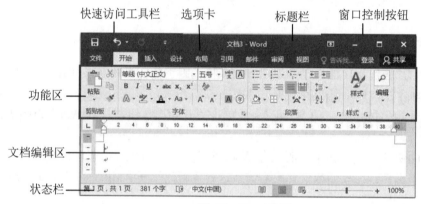

图 4-2　Word 窗口

1. 快速访问工具栏

默认状态下，快速访问工具栏位于程序主界面的左上角，如图 4-2 所示。快速访问工具栏中包含了一组独立的命令按钮，使用这些按钮，如保存 、打开 、新建 等，能够快速实现某些操作。

2. 标题栏

标题栏位于程序界面窗口的最上方，用于显示当前应用程序的名称和正在编辑的文档名称。标题栏右侧有 4 个控制按钮，第一个按钮为"功能区显示选项"，有自动隐藏功能区、显示选项卡、显示选项卡及命令 3 个选项，单击可以切换；后面 3 个按钮用来实现程序窗口的最小化、最大化（或还原）和关闭操作。

3. 功能区

功能区位于 Word 窗口顶端的带状区域，包含了用户使用 Word 程序时需要的几乎所有功能。完成各项功能的命令分别保存在 9 个选项卡标签中，即文件、开始、插入、设计、布局、引用、邮件、审阅和视图，如图 4-2 所示。

为了使用时能够一目了然，并使文档界面显示更多文档内容，可根据需要将窗口上方的功能区和命令暂时隐藏，方便对文档的查阅。操作方法：Word 2016 为快速实现功能区的最小化提供了一个"折叠功能区"按钮∧，位于功能区右下角，单击该按钮，即可将功能区隐藏起来。想要再次显示功能区，单击标题栏右侧控制按钮——"功能区显示选项"按钮，在弹出的菜单中选择"显示选项卡和命令"选项，即可将功能区再次显示。

4．文档编辑区

文档编辑区是用户输入文字、插入图片的区域。在该区域中有一个不断闪烁的竖线，称为插入点光标（当前光标），输入的文字或插入的对象出现在插入点光标后面。插入点可以通过在新的插入点处单击鼠标重新定位，也可以用键盘上的光标移动键在文档中任意移动。在插入点处定义了字体、字号、字的颜色等，输入的文字就会以定义好的方式出现。

5．标尺栏

Word 提供了水平标尺和垂直标尺，可以通过设置将它们进行显示或隐藏。在"视图"功能区，选中"显示"组中的"标尺"命令，便会在编辑区的上方出现水平标尺，左侧出现垂直标尺。利用水平标尺可以设置制表位、改变段落缩进、调整版面边界以及调整表格栏宽等。在页面视图中可以利用垂直标尺调整页的上、下边界，表格的行高及页眉和页脚的位置。

6．状态栏

状态栏位于 Word 2016 应用程序窗口的最底部，通常会显示页码以及字数统计等。

如果需要改变状态栏显示的信息，在状态栏空白处单击鼠标右键，在弹出的快捷菜单中选择自己需要显示的状态，如选择"行号"，前面有对钩就表示会显示在状态栏中。返回到 Word 2016 中，就可以看到状态栏中显示出了行号。

4.2.4　Word 文档视图方式

为了满足对各种文档编辑的需要，Word 提供了 5 种在屏幕上显示文档的视图方式。

打开 Word 文档，切换至"视图"功能区，可以选择所需的视图方式；也可以用文档窗口右下方的视图显示按钮进行快速切换。但这里只有 3 种视图按钮，从左到右分别为阅读视图、页面视图、Web 版式视图。

下面介绍 Word 中的 5 种视图方式。

1．阅读视图

阅读视图是一种特殊的查看模式，该模式使得在屏幕上阅读扫描文档更为方便。在激活阅读视图后，将显示当前文档并隐藏大多数屏幕元素，包括功能区等。

在该视图中，页面左下角将显示当前屏数和文档能显示的总屏数。单击视图左侧的"上一屏"按钮和右侧的"下一屏"按钮，可进行屏幕显示的切换。

2．页面视图

页面视图是使用最多的视图方式。在页面视图中，可进行编辑排版，设置页眉页脚、多栏版面，还可以处理文本框、图文框或者检查文档的最后外观，具有"所见即所得"的真实打印效果。并且可对文本、格式以及版面进行最后的修改，也可拖动鼠标来移动文本框及图文框项目。

在页面视图中有明显的表示分页的空白区域，将鼠标指针移动到页面的底部或顶部，光标变为时双击，能隐藏页面两端的空白区域。在该区域再次双击鼠标，可以使空白区域重新显示。

3. Web 版式视图

Web 版式视图是显示文档在 Web 浏览器中的外观。例如，文档将显示为一个不带分页符的长页，并且文本和表格将自动换行以适应窗口的大小。在 Web 版式视图中，可以像浏览器一样显示页面，可以看到页面的背景、自选图片或其他在 Web 文档及屏幕上查看文档时常用的效果。当打开一个 Web 文档时，系统会自动切换到该视图方式。

4. 大纲视图

在建立一个较长的文档时，可以在大纲视图模式下先建立文档的大纲或标题，然后再在每个标题下插入详细内容。大纲视图可以将文档的标题分级显示，使文档结构层次分明，易于编辑。还可以设置文档和显示标题的层级结构，并可折叠和展开各种层级的文档。

利用大纲视图，移动、复制文本，重组长文档都很容易。在大纲视图下，功能区中会出现"大纲"选项卡，该选项卡提供了大纲操作的命令按钮，包括标题的升级或降级，降为正文文字，移动大纲的标题，显示或隐藏标题下层文字，显示各级标题，显示全部标题及文本，显示文本每段的第一行以及显示字符的格式等内容，如图 4-3 所示。在"大纲级别"下拉列表中选择选项可以更改当前标题的大纲级别。

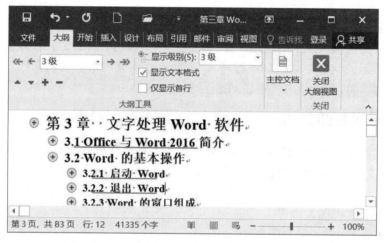

图 4-3　大纲视图

5. 草稿视图

草稿视图取消了页面边距、分栏、页眉页脚和图片等元素，仅显示标题和正文，是最节省计算机系统硬件资源的视图方式。

4.3　创建及编辑 Word 文档

4.3.1　创建新文档

启动 Word 2016 后，新建文档的默认文件名为"文档 1"。这时可以在空白文档编辑区中输入文本或插入图形，最后保存为 Word 文档；也可以利用 Word 提供的多种模板构成所需格式的文档文件。

1．创建空白文档

要使用 Word 2016 对文档进行编辑操作，就要先学会如何新建文档，下面给出在 Word 中创建空白文档的几种方法。

（1）启动 Word 2016，在开始界面中单击"空白文档"即可新建 Word 文档。

（2）在桌面上或文件夹中创建 Word 文档。在计算机桌面上（或者打开"文件资源管理器"窗口，选择需要创建 Word 文档的文件夹）右击，在弹出的快捷菜单中依次选择"新建"→"Microsoft Word 文档"选项，即可看到新建的 Word 文档图标，双击该文档图标可启动 Word 2016 打开该文档，并对文档进行编辑。

2．利用 Word 文档模板建立文档

新建文件时，可利用图 4-4 中所示的 Word 提供的多种文档模板快速建立 Word 文档。

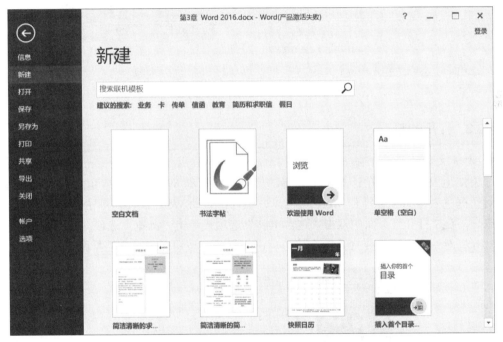

图 4-4　Word 文档模板

从图 4-4 中可以看到，系统除了为用户提供了"空白文档"模板外，还提供了书法字帖、欢迎使用 Word、简洁清晰的求职信、简洁清晰的简历等模板。不同的模板具有不同的文档格式，用户使用这些模板可以快速地制作一个指定类型的文档。系统还提供了很多文档的"制作向导"，引导用户一步一步地去完成文档的制作。

Word 将具有统一格式的文档制作成模板，这些模板（扩展名为.dotx）中保存了文档的格式，用户只需在其中填写自己所需的内容。例如，信函的格式都是以称呼开头，然后是问候、正文、祝词、姓名落款以及写信的日期。用户只需按照这样的固定格式将自己的内容填入即可。用户也可以制作自己的模板保存到模板文件夹中，以备后用。

在 Word 2016 中，用户选择 Word 的设计模板来创建文档的方法为：打开 Word 2016 后，切换到"文件"选项卡，然后单击"新建"按钮，选择需要的模板。例如单击"简洁清晰的简历"图标，Word 将创建一个具有"简洁清晰的简历"基本格式的新文档，如图 4-5 所示。

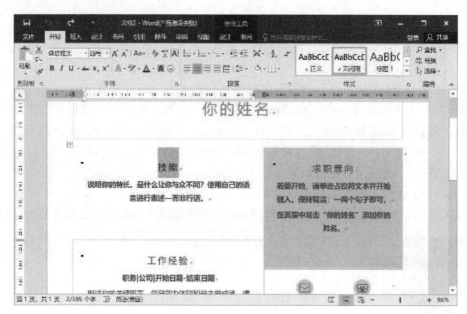

图 4-5　创建一个指定格式的文档

4.3.2　打开文档

1．打开文档的基本方法

如果知道 Word 文档在计算机中存储的位置，在启动 Word 2016 应用程序后可通过"打开"对话框进入存储位置打开 Word 文档，方法为：启动 Word 2016，单击"文件"中的"打开"选项，在"打开"页面中双击"这台电脑"选项或单击"浏览"选项，如图 4-6 所示，弹出"打开"对话框，选择要打开的文档，单击"打开"按钮即可将文档打开。

图 4-6　"打开"页面

2．快速打开文档

Word 会记录最近打开过的文件，可供用户选择并将其快速打开。同时，可以通过"选项"对话框设置列表中列出的最近使用文档的数目。快速打开文档的方法为：启动 Word 2016，单击"文件"中的"打开"选项，在"打开"页面中选择"最近"选项，界面右侧将给出"最近打开的文档"列表，单击想要打开的文档即可将其打开。

3. 设置最近使用文档列表显示的数目

执行"文件"中的"选项"命令打开"Word 选项"对话框，单击"高级"选项卡，在"显示此数目的'最近使用的文档'"微调框中输入数字，这里输入的数字将决定"最近使用的文档"列表可以显示的数目，如图 4-7 所示。

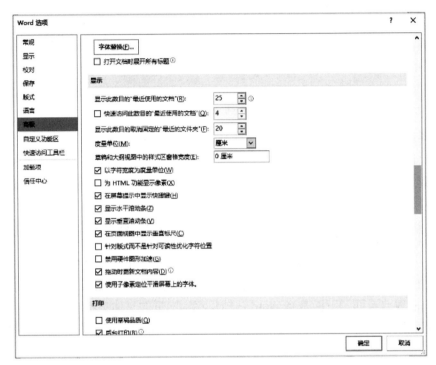

图 4-7　"Word 选项"对话框

4.3.3　保存文档

1. 使用"保存"命令保存文档

文档输入或编辑结束后，需要将输入的内容保存在指定磁盘中，以便以后使用。使用"保存"命令或"保存"按钮保存文档，方法为：执行"文件"中的"保存"命令或者单击"快速"工具栏中的"保存"按钮，可以保存编辑修改的文档。

2. 使用"另存为"命令保存文档

在 Word 中，要对新建的文档进行保存操作，通常会使用"另存为"命令，方法为：选择"文件"中的"另存为"命令，弹出如图 4-8 所示的"另存为"对话框，在其中双击"此电脑"选项或者单击"浏览"选项，按照对话框中的要求选择文档要保存的位置，设置文件名和保存类型，设置完成后单击"保存"按钮保存文档。使用"另存为"命令将产生一个新文件。

3. 退出 Word 或关闭窗口时保存文档

当选择"文件"中的"关闭"命令或者单击 Word 应用程序窗口中的"关闭"按钮时 Word 都会询问用户是否保存对当前编辑文件的修改，用户回答"是"便可保存被编辑的文件。

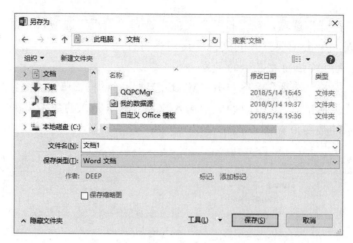

图 4-8   "另存为"对话框

4. 文件的自动保存

Word 允许用户设定文件的自动保存。选择"文件"中的"选项"命令，弹出"选项"对话框，单击"保存"选项卡，用户可以设置"保存自动恢复信息时间间隔"，这样 Word 就会定时自动保存正在编辑的文件。

在编辑文档过程中应随时进行文件的保存，以免因停电或误操作使工作遭到损失。

5. 将 Word 文档保存为网页

为了让 Word 文档能在互联网或局域网上发布，我们可以将其转为 Web 页面形式。Microsoft Office 的多个应用，如 Word、Excel、PowerPoint、Access，都支持将文件保存为 HTML 格式的 Web 页面。下面是将 Word 文档保存为网页的具体步骤：

打开 Word 文档，单击"文件"中的"另存为"选项，弹出"另存为"对话框，如图 4-8 所示。在"保存类型"下拉列表中选择将文档保存为"网页"，此时对话框会出现"更改标题"按钮。单击"更改标题"按钮打开"输入文字"对话框，如图 4-9 所示，输入页标题后单击"确定"按钮关闭对话框，打开您的 Word 文档。

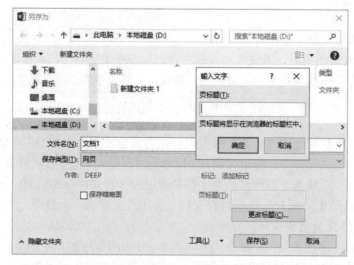

图 4-9   "输入文字"对话框

4.3.4　文本输入

1．输入普通文本

创建新文档后，在文档编辑区的闪烁光标处（即插入点）就可以输入文本。文本形式可以是中文、英文、标点、符号、数字等。

如果输入的是英文字母或数字，可直接通过键盘输入。如果要输入中文，则要先选择一种熟悉的中文输入法，然后进行汉字的输入。

从插入点开始输入文字，输入到所设页面的右边界时，Word 自动将"插入点"移到下一行，而不用按 Enter 键，只有在一个段落的结尾处才需按 Enter 键，按 Enter 键后将产生一个段落标记。如果在一个段落中的输入还没有到达行尾就想另起一行，可以通过组合键 Shift+Enter 实现。

2．"插入"与"改写"方式的切换

在 Word 中，文本的输入有"改写"和"插入"两种模式。进行文档编辑时，如果需要在文档的任意位置插入新的内容，可以使用插入模式进行输入，这种方式是 Word 默认的输入方式。如果对文档中某段文字不满意，则需要删除已有的相应内容，然后再在插入点位置重新输入新的文字，此时快捷的操作方法是使用改写模式。文档中插入和改写文字的使用方法如下：

（1）插入模式。在文档中单击鼠标将插入点光标放置到需要插入文字的位置，用键盘输入需要的文字将文字插入指定的位置。

（2）改写模式。在文档中单击鼠标，将插入点光标放置到需要改写的文字前面，按下键盘上的 Insert 键将插入模式变为改写模式。在文档中输入文字，输入的文字将逐个替代其后的文字。

再次按下 Insert 键即可恢复为插入模式。

3．符号的输入

在 Word 2016 文档中输入符号和输入普通文本有些不同，虽然有些输入法带有一定的特殊符号，但是 Word 的符号样式库提供了更多的符号供文档编辑使用，直接选择这些符号就能插入到文档中，方法为：打开文档，将光标置于要插入符号的位置，功能区切换到"插入"，单击"符号"组中的"符号"按钮，在列表中直接单击某个符号即可完成插入操作，或者再单击"其他符号"命令，弹出"符号"对话框，可以选择样式库中的更多符号。

4.3.5　Word 文档的编辑

一篇好的文档要经过认真的编辑、修改才能完成。在 Word 中，提供了一系列便捷的工具供用户选择使用，可极大地提高工作效率。

1．选定文本

在编辑文档过程中，为了加快编辑速度，通常要采用复制、移动等操作，而这些操作的前提是要选定操作的文本对象。在 Word 中，被选定的文本呈"反白"显示。

在 Word 文档中，选定文本一般都是使用鼠标来完成的。用鼠标选定文字或图片既方便又快捷，如连续单行或多行选定、全部文本选定等。使用鼠标选定文本的方法见表 4-1。

表 4-1　使用鼠标选定文本的方法

选定目标	操作方法
连续单行/多行选取	将光标定位到想要选取文本内容的起始位置，按住鼠标左键拖曳至该行（或多行）的结束位置，松开鼠标左键
选定图片	单击图片
选定一个单词/词语	鼠标双击该单词/词语
选定一句（以句号结束）	按住 Ctrl 键，单击句子中的任意位置
选定大块文本（尤其是跨页文本）	鼠标指针置于选定文本的开始处，按住 Shift 键，同时单击文本末尾
选定一行文本	在选择条上单击鼠标，箭头所指的行被选中
选定一段文本	在选择条上双击，或在段落中任意位置连续三击鼠标，箭头所指的段落被选中
选定整篇	在选择条中连续三击鼠标，或按住 Ctrl 键，并单击文档选择条的任意位置

选定全部文本的方法为：打开 Word 文档，将光标定位到文档的任意位置，功能区切换至"开始"，单击"编辑"组中的"选择"按钮，在其下拉列表中选择"全选"命令，此时即可选定文档的全部文本内容。

2．移动和复制文本

在 Word 中，移动和复制文本的方法很多，既可以使用工具按钮，也可以使用快捷键，还可以使用鼠标直接拖动。其中，前两种方法都是在选定文本的前提下选择"剪切/Ctrl+X"（移动操作）或"复制/Ctrl+C"（复制操作）命令，然后在目标位置执行"粘贴/Ctrl+V"命令。这几种方法的共同之处在于执行了"剪切"或"复制"命令后首先将被选定对象放入"剪贴板"中，这样移动或复制的内容可以被多次粘贴使用，同时也更适合对长距离跨页文本的操作。而用鼠标拖动的方法实现移动或复制操作不需要使用剪贴板，具体操作步骤如下：

（1）选定文本。

（2）鼠标指针指向选定文本，按住鼠标左键并拖动到目标位置，释放鼠标左键，被选定文本就从原来位置移动到了新的位置。

如果要复制文本，应该在拖动鼠标的同时按住 Ctrl 键，到达目标位置后，先松开鼠标左键，再松开 Ctrl 键，选定的文本就复制到了新的位置。

3．文本粘贴的类型与功能

粘贴就是将剪切或复制的文本粘贴到文档中其他的位置。选择不同的粘贴文本类型，粘贴的效果将不同。粘贴的类型主要包括了保留源格式、合并格式和只保留文本 3 种，见表 4-2。

表 4-2　各种粘贴类型的功能介绍

粘贴类型	功能
保留源格式	将粘贴后的文本保留其原来的格式，不受新位置格式的控制
合并格式	不仅可以保留原有格式，还可以应用当前位置中的文本格式
只保留文本	只粘贴文本内容，应用新位置的格式

4．删除文本或图形

使用 Word 2016 编辑文档时，经常需要删除文本或图形等对象。删除文本的操作非常简单，一般是选择文本后直接删除即可。删除文本有以下 3 种方式：

（1）删除选定文本。在文档中选择需要删除的文字，按 Delete 键或 Backspace 键即可将选择的文本删除。或者使用右键快捷菜单中的"剪切"命令，也可以删除已选定的文本内容。

（2）使用 Backspace 键删除光标前的文字。在文档中单击将插入点光标放置到需要删除的文字的后面，按 Backspace 键一次插入点光标前面的一个字符将被删除。

（3）使用 Delete 键删除光标后的文字。在文档中单击鼠标，将插入点光标放置到需要删除的文字的前面，按 Delete 键一次插入点光标后面的一个字符将被删除。

5．字数统计

若要了解文档中包含的字数，可用 Word 进行统计。Word 也可统计文档中的页数、段落数和行数，以及包含或不包含空格的字符数。操作步骤如下：

（1）选定要统计字数的文本，可同时选择文本的多个部分进行统计，且所选部分不需要相邻。如果不选定任何文本，Word 将统计整篇文档的字数。

（2）将功能区切换至"审阅"，在"校对"组中单击"字数统计"，Word 会显示页数、字数、段落数、行数和字符数等。若要在统计信息中添加文本框、脚注和尾注信息，可选中"包括文本框、脚注和尾注"复选项。

6．查找和替换

在编辑篇幅较长的文档时，如果发现某个词使用不当，且多次使用，想要将其修改为更恰当的词语，只靠用户的人为操作是非常困难的。Word 提供的查找和替换功能可以帮助用户进行词汇的快速查找和替换。

将功能区切换至"开始"，在"编辑"组中选择"查找"命令，打开查找的"导航"窗格，输入查找文本，在正文中会突出显示查找结果。替换文本时，选择"替换"命令，弹出如图 4-10 所示的"查找和替换"对话框，输入替换文本，单击"替换"按钮可以替换已查找到的文字，然后继续查找下一个；不替换时单击"查找下一处"按钮继续查找；单击"全部替换"按钮可以不经确认替换所有找到的与查找内容相符的文字。

图 4-10　"查找和替换"对话框

如果要查找或替换的内容是文字与格式的组合，则需单击"更多"按钮，在弹出的如图 4-11 所示的对话框中分别对查找内容或替换内容进行格式设置，如设置字体、字号、文字颜色等，再进行替换。

图 4-11　"查找和替换"对话框中的"更多"选项

4.3.6　撤销、恢复和重复

Word 在运行时会自动记录最近的一系列操作，因此，在编辑文档的过程中，如果出现错误操作，可以使用撤销或恢复命令来改正错误，使用重复命令来重复有用的操作。例如当移动了一段文本后发现移动是不恰当的，可以执行"快速访问工具栏"中的"撤销"命令撤销刚刚完成的移动操作。如果经过斟酌又认为被撤销的操作是正确的，可以执行"快速访问工具栏"菜单中的"恢复"命令，恢复刚才撤销的操作。而且，只有执行了"撤销"命令，"恢复"命令才能成为可执行的命令。

另外，如果执行了很多步操作后发现有错误，可以单击"撤销"按钮旁的下拉箭头，在弹出的下拉列表中拖动鼠标选择要撤销的操作，将撤销最近的多次操作。

而"恢复"操作是单击一次恢复一次，一旦没有能恢复的操作，"恢复"按钮自动转换为"重复"按钮，将重复最后恢复的命令操作。例如，最后恢复的是删除操作，那么单击"重复"按钮就会执行删除操作。

4.3.7　文档的打印及导出

1. 预览打印文档的打印效果

为了保证输出文档达到满意的效果，有必要在打印前进行打印预览来查看文档页面的整体效果。

打印预览是模拟显示将要打印的文档，可以显示缩小的整个页面，能查看到一页或多页。Word 中预览打印文档的打印效果的方法如下：

打开 Word 文档，切换到"文件"选项卡，单击"打印"按钮，文档窗口中将显示所有与文档打印有关的命令选项，在最右侧的窗格中将能够预览打印效果。拖动"显示比例"滚动条上的滑块能够调整文档的显示大小，单击"下一页"按钮和"上一页"按钮能够进行预览的翻页操作。

2．文档的打印设置

文档设置完成并且对预览效果满意后，就可以对文档进行打印了。在 Word 2016 中，可以直接在"打印"命令列表中作进行打印页面、页数和份数等设置，具体方法如下：

（1）打开需要打印的 Word 文档，切换到"文件"选项卡，单击"打印"按钮打开"打印"列表窗格，如图 4-12 所示。在中间窗格的"份数"数量框中设置打印份数，单击"打印"按钮即可开始文档的打印。

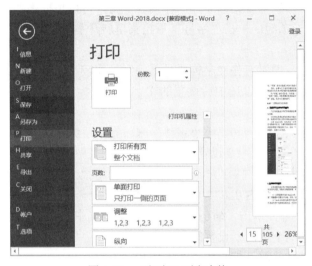

图 4-12　"打印"列表窗格

（2）Word 2016 默认的是打印文档中的所有页面，单击"打印所有页"按钮，在打开的列表中选择相应的选项，可以对需要打印的页进行设置，如果选择"打印当前页"选项就会只打印当前页。

（3）在"打印"命令的列表窗格中提供了常用的打印设置按钮，如设置页面的打印顺序、设置页面的打印方向以及设置页边距等，用户只需要单击相应的选项按钮，在下级列表中选择预设参数即可。如果需要进行进一步设置，可以单击"页面设置"按钮打开"页面设置"对话框来进行设置，设置完成后单击"确定"按钮即可。

4.4　Word 文档排版

Word 文档的排版是对字符、段落、文档的格式进行处理。包括对文字应用不同的字形或字体、改变字的大小、调整字符间距、修改段落的编排、修改页面设置等操作。

4.4.1　设置字符格式

字符格式的设置包括选择字体、字号、粗体、斜体、下划线、字体颜色等。

1．设置字体和字号

字体是指文字的形体，例如宋体、楷体、黑体等，它们是系统中已经安装了的字体。字号是指文字的大小。如果要对已输入的文字设置字体、字号，则需首先选定要设置字体的文字，再选定所需的字体、字号；如果在输入文字前设置了字体、字号，则按选定的字体、字号进行输入。

在 Word 2016 中，可以使用"开始"功能区"字体"组中的"字体"和"字号"列表来设置文字的字体和字号，同时也可以进入"字体"对话框中对文字的字体和字号进行设置。文档中文字字体和字号的设置方法有下述 3 种。

方法一：通过选项组中的"字体"和"字号"列表进行设置。

（1）打开 Word 文档，选中要设置的文字，在功能区中切换至"开始"选项卡，在"字体"选项组中单击"字体"下拉菜单展开字体列表，用户可以根据需要来选择字体。

（2）在"字体"选项组中单击"字号"下拉菜单展开字号列表，用户可以根据需要来选择字号。

在设置文字字号时，如果有些文字需要设置的字号比较大，如 60 号字，在"字号"列表中没有这么大的字号，此时可以选中待设置的文字，将光标定位到"字号"框中，直接输入60，然后按 Enter 键即可。

方法二：使用"增大字体"和"缩小字体"来设置文字大小。

（1）打开 Word 文档，选中要设置的文字，在功能区中切换至"开始"选项卡，在"字体"选项组中单击"增大字体"按钮 A⌃，选中的文字会增大一号，用户可以连续单击该按钮，将文字增大到需要设置的大小为止。

（2）如果要缩小字体，单击"缩小字体"按钮 A⌄，选中的文字会缩小一号，用户可以连续单击该按钮，将文字缩小到需要设置的大小为止。

方法三：通过"字体"对话框设置文字字体和字号。

（1）打开 Word 文档，选中要设置的文字，在功能区中切换至"开始"选项卡，在"字体"选项组中单击"字体"对话框启动器 ⌄ 打开"字体"对话框，如图 4-13 所示。

图 4-13　"字体"对话框

（2）在"中文字体"框中可以选择要设置的文字字体，如"华文行楷"，接着可以在"字号"框中选择要设置的文字字号，如"三号"，设置完成后单击"确定"按钮。

在"字体"对话框中，除了可以设置字体、字号以外，还可以在"字形"框中对字形进行设置；在"所有文字"栏中可用"字体颜色""下划线线型""下划线颜色"和"着重号"对文字进行修饰；对"效果"栏中的内容可选择性地进行设置。例如，在设置字形时可以利用"效果"选项来设置字形的效果。当选择了"删除线"后，所选取的字符就会产生删除线的效果；如果选择"上标"选项，Word 会把所有选取的部分设置为在基准线的上方；如果选择"隐藏"选项，则可将文件中有关的文字或附注隐藏起来；假如想把隐藏的文字或附注再度显示出来，可以单击工具栏上的"显示/隐藏编辑标记"图标，则可重现被隐藏的文字或附注。

字母的大小写转换功能是针对英文而言的，当选取此选项后，被选取的英文字母大、小写会相应地转变成小、大写，但字体和字号不会改变。选取"全部大写字母"后，被选取的英文字母会全部转换成大写。

2. 设置字形和颜色

在一些特定的情况下，有时需要对 Word 文档中文字的字形和颜色进行设置，这样可以区分该文字与其他文字的不同。文档中文字字形和颜色的具体设置方法有下述两种。

方法一：通过选项组中的"字形"按钮和"字体颜色"列表设置。

● 设置文字字形。打开 Word 文档，选中要设置的文字，在功能区中切换至"开始"选项卡，如果要让文字加粗显示，在"字体"选项组中单击"加粗"按钮；如果要让文字倾斜显示，在"字体"选项组中单击"倾斜"按钮，即可看到设置后的效果。

● 设置文字颜色。单击"字体颜色"按钮，展开字体颜色调色板。选择一种字体颜色，如蓝色，即可应用于选中的文字。

● 如果要还原文字字形，再次单击设置的字形按钮即可。如上面设置了"倾斜"字形，只需要再单击"倾斜"按钮，即可还原。除了字体颜色调色板中的颜色外，用户还可以选择"其他颜色"命令打开"颜色"对话框，如图 4-14 所示，在其中自行选择颜色。

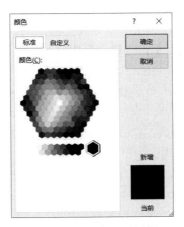

图 4-14　"颜色"对话框

方法二：通过"字体"对话框设置文字字形和颜色。

打开 Word 文档，选中要设置的文字，打开"字体"对话框，如图 4-13 所示，在其中的"字形"框中可以选择要设置的文字字形，如加粗、倾斜，接着可以单击"字体颜色"下拉按钮，展开字体颜色调色板，从中选中要设置的字体颜色，如橙色。设置完成后单击"确定"按钮即可将设置应用于选中的文字。

3．设置文字下划线

在 Word 文档中有些特殊的文字，如文档头、目录标题等，为了突出显示它们，可以为这些文字设置下划线效果。文档中文字下划线的设置方法如下：

（1）直接使用提供的下划线样式。打开 Word 文档，选中要设置的文字，在功能区中切换至"开始"选项卡，在"字体"选项组中单击"下划线"下拉菜单，在展开的下划线列表中显示了 Word 2016 默认提供的下划线样式，单击其中一种样式即可将其应用于选中的文字，如图 4-15 所示。

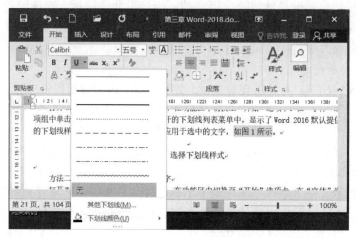

图 4-15　选择下划线样式

（2）自定义下划线效果。打开 Word 文档，选中要设置的文字，在功能区中切换至"开始"选项卡。在"字体"选项组中单击"下划线"按钮，在展开的下划线列表中单击"其他下划线"选项，弹出"字体"对话框（图 4-13）。在其中单击"下划线线型"下拉按钮，展开下划线线型列表，从中选中一种线型；单击"下划线颜色"下拉按钮，展开下划线颜色设置列表，选中一种下划线颜色。设置完成后单击"确定"按钮。

4．文字底纹及突出显示

在 Word 文档中为了突出显示一些重要的文字，可以为这些文字设置突出显示或底纹效果，设置方法如下：

（1）设置文字的突出显示效果。打开 Word 文档，选中要设置的文字，在功能区中切换至"开始"选项卡。在"字体"选项组中单击"以不同颜色突出显示文本"按钮展开颜色列表，从中选择一种突出显示颜色，如青绿，单击一下即可应用于选中的文字，为文字添加突出显示效果。

（2）设置文字的底纹效果。选中要设置底纹的文字，在"字体"选项组中单击"字符底纹"按钮，即可设置灰色底纹。不过此按钮只能为文字设置灰色底纹，而无法设置其他颜色。

5．字符间距的设置

Word 中"字符间距"的设置包括字符间的水平间距、垂直间距和字符本身的扩展或收缩，3 种设置都可以在"字体"对话框的"高级"选项卡中来完成，如图 4-16 所示。

图 4-16　"字体"对话框的"高级"选项卡

- "缩放"设置是对文本自身的扩展或收缩，也就是可以把文字设置为扁体字或长体字，它和功能区中"字符缩放"按钮的功能相同。在缩放的下拉列表中有不同的缩放比例，比例为 100%时是 Word 默认的基准字体形状，超过 100%时将扩大字体，变成扁体字，小于 100%则收缩字体，成为长体字。
- "间距"指字符间的水平间距。它有 3 种类型：标准、加宽、紧缩，当选择了"加宽"或"紧缩"后，在右侧的"磅值"增量框中设置具体的磅值，以设置字符间距离加大或缩小的程序。磅值越小，字符间距就越小，即字符越紧缩。反之，字符间距就越大。
- "位置"是字符相对于垂直方向基准线的位置，有标准、提升、降低 3 种类型，其中"标准"就是正常的基准位置，在此基础上，可以提升或降低文字的位置，并且提升或降低的多少可以通过右侧的"磅值"文本框来调整，磅值越大，字符提升或降低的位置距离标准位置就越远。

6. 格式的复制

当输入了一段文字并对这段文字的格式进行了精心的设置后，若希望以后输入的文字段落也采用同样的格式时（如果对每一段都去重新设置，显然会很费时），可使用功能区"开始"选项卡中"格式刷"按钮，实现方法为：先选定一段具有统一格式（如字体、字形等）的文字，再在"开始"选项卡中单击或双击最左侧"剪贴板"组中的"格式刷"按钮，这时鼠标指针变为一个小刷子形状，它代表了一段字符的格式设置，然后用小刷子形状的鼠标指针刷过要采用同样格式的文字，被刷过文字的格式就变为想要的格式了。

使用格式刷时，如果单击"格式刷"按钮，格式刷使用一次就自动取消，还要使用相同格式时需再次单击格式刷；如果双击"格式刷"，则格式刷可以连续使用多次，也就是可以把一段文字的指定格式应用到多处文本，此时，格式刷不会自动取消，只有通过再次单击"格式刷"按钮才能取消。

4.4.2　设置段落格式

段落是文字、图片或图像及其他内容的集合，以回车符作为段落结束的标记。段落标记不仅标识一个段落的结束，还能对每个段落应用格式的编排。

对一个段落进行设置时，只要把光标定位在本段落中即可，不需要选定本段落。

1.　段落的缩进

缩进决定了段落到左右页边距的距离。在 Word 中，可以使用首行缩进、左缩进、右缩进和悬挂缩进来设置段落的缩进方式。如果要在文档中设置段落的左、右缩进，可以使用"左缩进"和"右缩进"功能来实现，设置方法有下述 3 种。

（1）使用缩进工具按钮。首先选择要缩进的段落，然后在"开始"选项卡的"段落"组中选择下列某一操作：

- 如果要把段落缩进到下一个制表位，则单击"增加缩进量"按钮。
- 如果要把段落缩进到上一个制表位，则单击"减少缩进量"按钮。
- 此外，可使用快捷键的方式进行缩排，要缩进到下一个制表位时，按 Ctrl+M 组合键；若要缩进到上一个制表位，按 Ctrl+Shift+M 组合键。

（2）使用标尺缩进。如果使用标尺，先选择想要缩进的段落，然后在水平标尺上把缩进标记拖到所希望的位置，如图 4-17 所示。

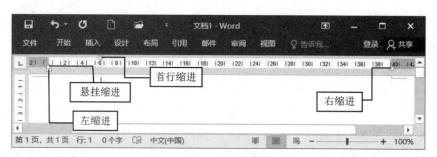

图 4-17　使用标尺缩进示意图

- 首行缩进：单击或选择段落，用鼠标左键按住首行缩进标记，这时从首行缩进标记向下出现一条虚线，向右拖拉到所需的位置时释放左键，首行缩进完成。
- 悬挂式缩进：单击或选择段落，用鼠标左键按住悬挂式缩进标记，拖拉到所需的位置时释放左键，这时本段落中除首行外的所有行向里缩进到游标所定的位置。
- 左缩进：单击或选择段落，用鼠标左键按住左缩进标记向右拖动，拖动时水平标尺左端的游标都跟着移动，拖到所需的位置时释放左键，该段所有行（包括首行）的左边都缩进到新的位置。
- 右缩进：单击或选择段落，用鼠标将右缩进标记拖放到所需位置，这样各行的右边向左缩进到新位置。

（3）在"段落"对话框中设置左右缩进。打开 Word 文档，功能区切换至"开始"，在"段落"组中单击右下角的"段落"对话框启动器🔲，弹出"段落"对话框，如图 4-18 所示。在"缩进"栏的"左侧"框中设置左缩进值，如 2 字符；在"右侧"框中设置右缩进值，如 2 字符。设置完成后单击"确定"按钮，光标所在的段落自动完成左右缩进。

Word 文档在排版过程中要遵循下列原则：

- 不要用 Space 键控制段落首行的缩进。
- 不要用 Enter 键作为一行的结束（Enter 键只能作为段落的结束）。
- 段落之间距离不要用 Enter 键进行调整，否则会影响 Word 的自动调整缩进和段落间的距离。

2. 段落的对齐

段落对齐指的是文本内容相对于文档左右边界是否对齐，Word 提供了 5 种段落对齐的方式。

- 左对齐：文本在文档的左边界对齐。
- 两端对齐：是最常用的段落对齐方式，尤其适用于正文的设置。使用该方式的文本除了最后一行外，其余行文本的左右两端分别向文档的左右边界对齐。
- 居中对齐：文本居于文档左、右边界的中间。
- 右对齐：文字向右边界对齐。
- 分散对齐：段落中每行文本在左右边距之间均匀分布。

Word 中默认输入的文档内容都是以左对齐显示的，这往往不符合文档的排版要求。这时就需要对文档的内容进行对齐方式设置。设置对齐的方法如下：

首先选择想要进行设置的段落，然后在功能区中切换至"开始"，在"段落"组中单击一种对齐方式按钮，如果想居中对齐文本则单击"居中"按钮；或者在"段落"组中单击"段落"对话框启动器打开"段落"对话框（图 4-18），选择"缩进和间距"选项卡，在"对齐方式"下拉列表中选择适合的对齐方式。

图 4-18　"段落"对话框

3. 段间距和行间距

在 Word 文档中，文档头与段落之间、段落与段落之间，行间距与段落间距并非都保持一致。有时调整为不同的行间距与段间距会使文档的阅览效果更好。

（1）设置段间距。如果要在 Word 文档中设置段落与段落之间的间距，可以通过设置段间距来实现，设置段间距有下述两种方法。

方法一：快速设置段前、段后间距。

打开 Word 文档，将光标定位到要设置段间距的位置。功能区切换至"开始"，在"段落"组中单击"行和段落间距"按钮，展开列表菜单。如果要设置段前间距，可以选中"增加段落前的空格"；如果要设置段后间距，可以选中"增加段落后的空格"。

方法二：自定义段前、段后的间距值。

打开 Word 文档，将光标定位到要设置段间距的位置。功能区切换至"开始"，在"段落"组中单击"段落"对话框启动器□打开"段落"对话框（图 4-18）。在"间距"栏下的"段前"和"段后"框中可以自定义段前、段后的间距，设置完成后单击"确定"按钮。

在设置"段前"和"段后"间距时，有时候会发现间距单位是"磅"，而不是"行"。遇到这样的情况，只是因为设置单位不一样，但设置效果是一样的。这里"一行"等价于"6 磅"，依次类推。

（2）设置行距。行距是指一行底部到下一行底部之间的距离。Word 的行距是以磅为单位设置的。更改行距将会影响选定段落或包含插入点段落中的所有文本行。改变行距的操作方法有下述两种。

方法一：通过选项组中的命令按钮设置行间距。

打开 Word 文档，将光标定位到要设置行间距的段落中。功能区切换至"开始"，在"段落"组中单击"行和段落间距"按钮。展开下拉菜单，根据需要选择对应的行距，如 1.5 倍行距（默认为 1.0 倍行距）。选中后直接将 1.5 倍行距应用到光标所在的段落中。

方法二：通过"段落"对话框设置行间距。

打开 Word 文档，将光标定位到要设置行间距的段落中。功能区切换至"开始"，在"段落"组中单击"行和段落间距"按钮展开下拉菜单，选择"行距选项"命令，弹出"段落"对话框，在"间距"栏下的"行距"框中选择所需的行距，如 1.5 倍行距。设置完成后单击"确定"按钮。

行距的变化量取决于每行中文字的字体和磅值。若一行中包含一个比周围文字大的文字（或图片、公式），Word 会自动增大该行行距。

4. 边框和底纹的设置

为了使段落更加醒目和美观，可以为段落或页面设置边框和底纹，方法如下：

（1）设置边框或页面边框。首先选定段落或文字，然后在功能区中切换至"开始"选项卡。在"段落"选项组中单击"边框和底纹"按钮，弹出如图 4-19 所示的"边框和底纹"对话框。在其中通过"边框"选项卡可以为选定的段落或文字设置边框，通过"页面边框"选项卡可以为整个页面设置边框。

（2）设置底纹。单击"底纹"选项卡，如图 4-20 所示，可以为选定的段落或文字设置底纹。

图 4-19　"边框和底纹"对话框

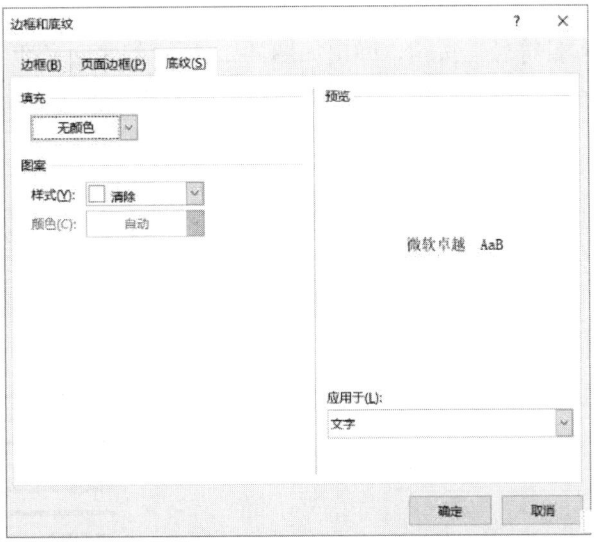

图 4-20　"底纹"选项卡

5．创建和删除首字下沉

为了增强文章的感染力，有时把文章开头的第一个字放大数倍，这就是首字下沉。在 Word 中，可以很轻松地实现首字下沉。习惯上首字下沉是对一个段落的第一个字母或汉字进行的操作，但也可以把首字下沉格式应用于第一个单词或一个单词中的前几个字母。Word 的首字下沉包括下沉和悬挂两种方式。设置首字下沉的方法有下述两种。

方法一：通过选项组中的"添加首字下沉"列表设置。

打开 Word 文档，将插入点光标放置到需要设置首字下沉的段落中。功能区切换至"插入"，在"文本"组中单击"首字下沉"按钮，在打开的下拉列表中选择"下沉"命令，段落将获得首字下沉效果。

方法二：通过"首字下沉"对话框设置。

　　在"首字下沉"下拉列表中选择"首字下沉选项"命令，弹出"首字下沉"对话框，如图4-21所示。在其中首先单击"位置"栏中的选项设置下沉的方式，这里选择"下沉"选项，在"字体"下拉列表中选择段落首字的字体，在"下沉行数"增量框中输入数值设置文字下沉的行数，在"距正文"增量框中输入数值设置文字距正文的距离。完成设置后单击"确定"按钮。

　　要删除下沉的首字，首先单击包含首字下沉的段落，然后在图4-21中的"位置"框中选择"无"，再单击"确定"按钮。

　　6. 段落的项目符号与编号

　　（1）设置项目符号。"项目符号"是为文档中某些并列的段落所加的段落标记，这样可以使文档的层次分明，条理清楚，如在段落的段首加上一个■符号作为这些段落的标记（即该段落的项目符号）。

　　一般来说，加项目符号的段落与排列次序无关，可以使用Word提供的"项目符号"列表来实现，具体实现方法为：打开Word文档，将光标定位到要设置项目符号的位置，功能区切换至"开始"，在"段落"组中单击"项目符号"按钮展开项目符号选择列表菜单，用户可以根据需要选择对应的项目符号，选中后直接将项目符号应用到光标所在的段落前。

　　如果用户对预设的项目符号都不满意，可以自己定义项目符号。方法是在"项目符号"列表中单击"定义新项目符号"按钮，弹出如图4-22所示的"定义新项目符号"对话框，在其中重新选择项目符号。在这里还可以设置项目符号的字体、位置，预览设置后的效果。

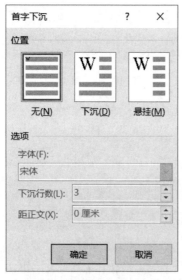

图4-21　"首字下沉"对话框　　　　　　图4-22　"定义新项目符号"对话框

　　（2）设置编号。对于与排列次序有关的段落，一般用加编号的方法对选定的段落以数字、字母或有序的汉字等来进行标记。如果要设置编号，可以使用Word提供的"编号"列表来实现，方法为：打开Word文档，将光标定位到要设置编号的位置，功能区切换至"开始"，在"段落"组中单击"编号"按钮展开编号选择列表，用户可以根据需要选择对应的编号，选中后直接将编号应用到光标所在的段落前。

　　除了使用"段落"组中的"项目符号"和"编号"命令来设置项目符号和编号外，还可以通过单击鼠标右键，在弹出的下拉菜单中选择"项目符号"和"编号"命令来实现。

4.4.3　页面的编辑

文档最终是以页面的形式打印输出的。因此，页面的美观尤为重要，输出文档之前首先要进行页面的设置和编辑。

1. 页面设置

新建文档页面属性的默认值分别为：A4 纸张，上、下边距为 2.54 厘米，左、右边距为 4.17 厘米，页眉为 1.5 厘米，页脚为 1.75 厘米。但是，用户可以根据自己的需求修改默认的页面设置数据，在创建文档之前或文档输入结束后进行，具体操作方法如下：

（1）功能区切换至"布局"，在"页面设置"组中有页边距、纸张大小、纸张方向等按钮，可以实现对页面的设置；或者单击"页面设置"对话框启动器打开"页面设置"对话框，在其中也可以完成页面数据的设置。

（2）在"页边距"选项卡中可以设置上、下、左、右的页边距，即页面文字四周距页边的距离、装订线的位置、页眉页脚的位置、是否对称页面、是否拼页打印等，在预览框中可以看到调整页边距后的结果。

（3）在"纸张大小"选项中可以选择纸张的大小，或自定义纸张的宽度和高度。

（4）在"纸张方向"选项中可以选择纸张的使用方向。

2. 插入分页符及页码

（1）插入分页符。在 Word 中有两种常用的分隔符：分页符和分节符。前者用于进行文档的强制分页，后者用于把文档分成不同的节。例如，编排一本书稿时，当一章内容编排完了，而本章的最后一页还不满一页，即还不到自动分页的位置，而下一章需要另起一页时，必须进行强行分页，即在本章的末尾插入分页符。如果每一章都采用各自的页面设置，例如不同的页眉和页脚，页码格式等，这时就要用到分页符。插入分页符的方法为：把插入点定位到文档中强制分页的位置，功能区切换至"插入"，选择"分页"命令，这时在页面视图上可以看到插入点分到了下一页。

（2）插入页码。页码是页面上标明次序的编码或其他数字，用以统计书籍的面数，便于读者检索。页码是一本书稿中不可缺少的，它既可以出现在页眉上，也可以出现在页脚中。下面介绍插入页码的方法。

- 功能区切换至"插入"选项卡，选择"页眉与页脚"组中的"页码"命令，在弹出的下拉列表中选择一个选项，如"页面顶端"，在弹出的子列表中选择一种格式，如"普通数字 1"（图 4-23）；如果要设置页码的格式，可以选择页码列表中的"设置页码格式"命令，在弹出的"页码格式"对话框（图 4-24）中进行相应的设置。
- 在"编号格式"下拉列表中列出了阿拉伯数字、罗马数字、字母、中文数字等 10 种格式的页码，从中任选一种。
- 如果要在页码中包含文章的章节号，则选择"包含章节号"复选项，在"章节起始样式"下拉列表中选择用哪一级标题的章节号。
- 在"使用分隔符"下拉列表中选择章节编号和页号之间的连接符（共有 5 种连接符）。
- 在"页码编号"栏中，如果文档已经分开，选择"续前节"，则本节将是上一节的继续，否则本节从头开始编排页码，在"起始页码"框中可以规定起始页码。
- 要删除页码时，可以在"页码"下拉列表中选择"删除页码"命令。

图 4-23　"页码"下拉列表　　　　　　　图 4-24　"页码格式"对话框

3. 插入页眉和页脚

在很多书籍和文档中经常在每一页的顶部出现相同的信息，如书名或每章的章名，在每一页的底端出现页码或日期时间等信息，这可以用添加页眉和页脚的方法实现。添加的页眉和页脚可以打印出来，但只有在页面视图下才能看到。

（1）插入页眉。功能区切换至"插入"，单击"页眉"按钮打开"页眉"样式列表，选择一种页眉样式，然后进入页眉编辑状态，这时可以输入页眉的内容。输入结束单击"关闭页眉和页脚"按钮。

（2）插入页脚。方法与设置页眉类似，只要在"插入"选项卡中单击"页脚"按钮，即可完成页脚的设置。

（3）删除页眉或页脚。打开"页眉"或"页脚"样式列表，选择"删除页眉"或"删除页脚"命令就可以将页眉或页脚删除。

设定奇偶页不同的页眉和页脚的方法：切换到"布局"选项卡，在"页面设置"组中单击"页面设置"对话框启动器 ，在弹出的"页面设置"对话框中选择"版式"选项卡，如图 4-25 所示，在"页眉和页脚"一栏勾选"奇偶页不同"复选项，则可以在奇偶页上定义不同的页眉和页脚。在这里还可以设定"首页不同"的页眉和页脚，还可以对页眉和页脚距边界的位置进行设置（按照要求输入数值），设置好后单击"确定"按钮。

可在页眉或页脚编辑状态选择"页眉和页脚工具"的"设计"选项卡切换页眉和页脚编辑状态，单击"导航"组中的"转至页眉"或"转至页脚"按钮，或通过键盘上编辑键区的上下箭头来切换。编辑完成后单击"关闭"组中的"关闭页眉和页脚"按钮返回主文档编辑区。

4. 插入脚注与尾注

脚注和尾注一般用于文档的注释。脚注通常出现在页面的底部，作为当前页中某一项内容的注释，例如对某个名词的解释；尾注出现在文档的最后，通常用于列出参考文献等。

图 4-25　"页面设置"对话框

- 插入脚注的方法：把插入点定位在插入注释标记的位置，然后将功能区切换至"引用"选项卡，选择"插入脚注"命令，则在插入点位置以一个上标的形式插入了脚注标记，标记为数字。接着可以输入脚注的内容。脚注在页面上会占用版心区域，脚注和正文之间用一短线分隔。在输入脚注内容时，如果内容太多，当前页放不下，系统会自动将剩下的内容放到下一页脚注区的开始位置，下一页的脚注分隔将采用长线条，以示区别。
- 插入尾注的方法：把插入点定位在插入注释标记的位置，然后将功能区切换至"引用"选项卡，单击"插入尾注"命令，则在插入点位置以一个上标的形式插入了尾注标记，标记为希腊字母。接着可以输入尾注的内容。尾注和正文之间用一短线分隔。

5．分栏和分节符

（1）分栏。在书籍和报纸中经常用到分栏技术，以便使页面更加美观和实用，如图 4-26 所示。分栏可以应用于一页中的全部文字，也可以应用于一页中的某一段文字。

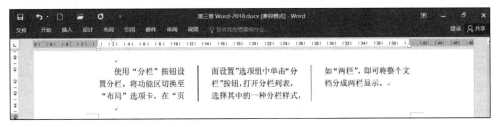

图 4-26　文本的分栏效果

1）使用"分栏"按钮设置分栏。将功能区切换至"布局"，在"页面设置"组中单击"分栏"按钮打开分栏列表，选择其中的一种分栏样式，如"两栏"，即可将整个文档分成两栏显示。

2）使用"分栏"对话框设置分栏。单击分栏列表中的"更多分栏"，弹出"分栏"对话框，如图 4-27 所示。在其中的"预设"框中选择所需的分栏，也可以在"栏数"框中选择栏数；在"宽度和间距"栏中设置每个栏的宽度、间距；选择"分隔线"复选项可以在栏间显示分隔线；在"预览"框中可以看到页面分栏的情况。如果在进入"分栏"对话框前已选定了要分栏的文字段落，则"应用于"框中将为"所选的文字"；如果在"应用于"框中选择"插入点之后"，则从插入点开始直到文档末尾全部分栏排版。对于已经分节的文档可以选择"本节"，即只对当前节分栏。如果勾选"开始新栏"复选项，从插入点（或从本节起始处）换页后再分栏，否则从插入点处或从本节起始处分栏。

（2）添加分节符。Word 中的分节符可以改变文档中一个或多个页面的版式和格式，如将一个单页页面的一部分设置为双页页面。使用分节符可以分隔文档中的各章，使章的页码编号单独从 1 开始。另外，使用分节符还能为文档的章节创建不同的页眉和页脚。文档中添加分节符的方法为：打开 Word 文档，将光标定位到要插入分节符的位置。功能区切换至"布局"，在"页面设置"组中单击"分隔符"按钮，在弹出的下拉列表的"分节符"栏中选择"下一页"选项，如图 4-28 所示，插入点光标后的文档将被放置到下一页。

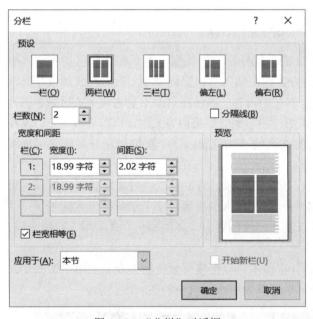
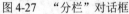

图 4-27 "分栏"对话框

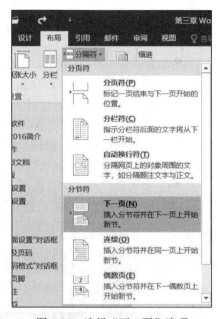

图 4-28 选择"下一页"选项

"分节符"栏中的"下一页"选项用于插入一个分节符，并在下一页开始新的节，常用于在文档中开始新的章节；"连续"选项用于插入一个分节符，并在同一页上开始新的节，"连续"分节符的作用主要是帮助用户在同一页面上创建不同的分栏样式或使文档具有不同的页边距；"偶数页"选项用于插入分节符，并在下一个偶数页上开始新节；"奇数页"选项用于插入分节符，并在下一个奇数页上开始新页。

6. 插入批注与删除批注

批注是对文档进行的注释，由批注标记、连线以及批注框构成。当需要对文档进行附加说明时，就可插入批注，可通过特定的定位功能对批注进行查看。当不再需要某条批注时，也可将其删除。文档中添加批注的方法如下：

打开 Word 文档，将插入点光标放置到需要添加批注内容的后面，或选择需要添加批注的对象。功能区切换至"审阅"，在"批注"组中单击"新建批注"按钮，此时在文档中将会出现批注框。在批注框中输入批注内容即可创建批注，如图 4-29 所示。

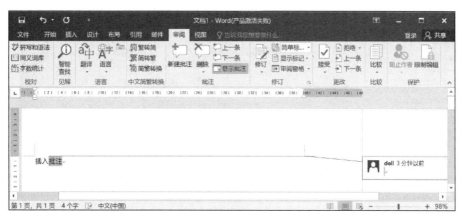

图 4-29 输入批注内容

也可以在"插入"选项卡中插入批注。将功能区切换至"插入"，在"批注"组中单击"批注"按钮，然后在批注框中输入批注内容即可。

若要删除批注，则需要将插入点光标放置到批注框中，在"审阅"选项卡的"批注"组中单击"删除"按钮，当前批注将会被删除。

4.4.4 应用及创建样式

样式是为了编辑方便，将字符的各种设置、段落组合与版面布局等组合在一起，是一组使用唯一名字标识的格式。

用户可以使用 Word 自带的段落和字符样式，也可以创建自己的样式。段落样式包含影响段落外观的格式，如缩进、行间距、文本对齐方式等；字符样式包含影响文本字符的格式，如字体和字号、字间距及字符颜色等。将所形成的样式用一个名称保存起来，可以供以后创建相同格式的文件时使用。合理地使用样式，可以节省时间，迅速地创建出想要的文件。

1. 应用样式设置文本格式

为了快速设置文档中的标题、正文、引用、参考文献等内容的格式，Word 内置了相应的样式，用不同的名称来命名，以方便用户使用。使用样式的具体操作方法为：打开 Word 文档，选择文本内容或者将光标置于段落中（如应用标题样式），功能区切换至"开始"，在"样式"组中单击样式列表中的某个样式，如"标题 1"选项，即可将文本设置为一级标题的样式。

2. 新建样式

在 Word 文档中，除了系统提供的样式外，用户还可以将一些常用的个性化格式定义为一种样式，在需要时直接应用将会方便很多。新建样式的方法如下：

（1）打开 Word 文档，功能区切换至"开始"选项卡，单击"样式"组中的"样式"按钮打开"样式"窗格，如图 4-30 所示，该窗格提供了 Word 内置的样式供用户使用。需要自己创建样式时，可以单击"样式"窗格左下角的"新建样式"按钮 ⚃，弹出"根据格式设置创建新样式"对话框，如图 4-31 所示。

图 4-30　"样式"窗格　　　　　图 4-31　"根据格式设置创建新样式"对话框

（2）在"根据格式设置创建新样式"对话框中对样式进行设置。这里的"样式类型"下拉列表框用于设置样式使用的类型；"样式基准"下拉列表框用于指定一个内置样式作为设置的基准；"后续段落样式"下拉列表框用于设置应用该样式的文字的后续段落的样式。如果需要将该样式应用于其他的文档，可以选择"基于该模板的新文档"单选按钮；如果只需要应用于当前文档，可以选择"仅限此文档"单选按钮。设置完成后单击"确定"按钮。

（3）创建的新样式将添加到"样式"窗格的列表中和功能区"样式"组的样式库列表中。

3．使用内置样式创建目录和自定义目录

目录通常应用于书稿等出版物中，它将文档的各级标题的名称以及标题的对应页码显示出来，便于对文档整体结构、内容的了解。但是，按章节手动输入目录是效率很低的方法，对于已经设置好章节标题的文档，Word 可以按照文档中的各级标题自动生成目录，方法有下述两种。

方法一：使用"目录"组中的"目录"按钮设置。

在 Word 文档中，单击鼠标将插入点光标放置在需要添加目录的位置。功能区切换至"引用"，单击"目录"组中的"目录"按钮，在下拉列表中选择一款自动目录样式，如图 4-32 所示，在插入点光标处将会获得所选样式的目录。

方法二：使用"目录"对话框设置。

（1）功能区切换至"引用"选项卡，单击"目录"组中的"目录"按钮，选择下拉列表中的"自定义目录"选项，如图 4-32 所示。

图 4-32　目录样式列表

（2）在弹出的"目录"对话框（图 4-33）中可以对目录的样式进行设置，如制表符的样式等。

图 4-33　"目录"对话框

4. 创建封面

Word 2016 新增了文档封面生成功能，用户可以很轻松地自定义文档的外观，各种预定义的样式可以帮助用户创建专业级外观的封面。同时，实时预览功能可以让用户尝试各种各样的格式选项，而不需要真正地更改文档。为文档创建封面的方法为：打开 Word 文档，在"插入"选项卡的"页面"组中单击"封面"按钮，在下拉列表中选择需要使用的封面样式，如图 4-34 所示。

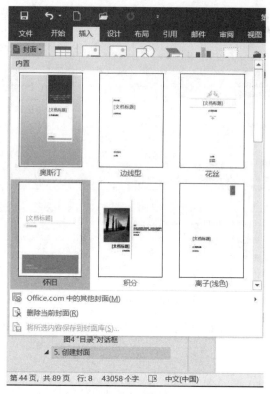

图 4-34　选择需要使用的封面样式

选择的封面被自动插入文档的首页，分别在封面的不同文本框中输入相应的内容。单击封面中的图形打开"格式"选项卡，使用选项卡中的命令可以更改图形的样式。

4.5　表 格 处 理

表格是建立文档时较常用的组织文字形式，它将一些相关数据排放在表格单元格中，使数据看上去一目了然。Word 提供了丰富的表格处理功能，包括表格的创建、表格的编辑、表格的格式化、表格的计算和排序等。

4.5.1　创建表格

表格由一个个的单元格构成，在单元格中可以插入数字、文字或图片。在 Word 中可以建立一个空表，然后将文字或数据填入表格单元格中，或将现有的文本转换为表格。

1. 使用"插入表格"对话框创建表格

功能区切换到"插入"选项卡，在"表格"组中单击"表格"三角按钮，在下拉列表中选择"插入表格"命令，弹出如图 4-35 所示的"插入表格"对话框，在其中设置要插入表格的列数和行数，单击"确定"按钮插入所需表格到文档。

2. 使用"插入表格"按钮创建表格

功能区切换到"插入"选项卡，在"表格"组中单击"表格"三角按钮，在其下拉列表中拖动光标选择所需表格的行数与列数，如图 4-36 所示，释放鼠标左键即可插入表格。

图 4-35　"插入表格"对话框　　　　　　图 4-36　"插入表格"下拉列表

3. 绘制表格

功能区切换到"插入"选项卡，在"表格"组中单击"表格"按钮，选择"绘制表格"命令，鼠标指针变成铅笔形状，拖动笔形鼠标指针绘制表格水平线、垂直线、斜线；使用橡皮擦工具可以将多余的行边框线或列边框线擦掉；双击文档编辑区任何位置，或取消"绘制表格"或"擦除"按钮的选定，即可结束手动制表。

4. 将文本转换为表格

Word 可以将已经存在的文本转换为表格。进行转换的文本应该是格式化的文本，即文本中的每一行用段落标记符分开，每一列用分隔符（如空格、逗号或制表符等）分开，操作方法如下：

（1）选定添加段落标记或分隔符的文本。

（2）在图 4-36 所示的"插入表格"下拉列表中单击"文本转换成表格"按钮，弹出"将文本转换为表格"对话框，单击"确定"按钮，Word 能自动识别出文本的分隔符并计算表格列数，即可得到所需的表格。

例如，将下面添加段落标记和分隔符的文本转换为表格，按上述操作步骤操作即可。

姓名，数学，语文，外语

王光，95，88，99

石佳，96，88，90

郑大，90，93，89

4.5.2　表格的编辑

表格的编辑修改操作包括单元格、行、列、表格的选定，表格中的行、列、单元格的插入与删除，单元格的合并与拆分，表格的拆分、合并和删除等。

表格的各种编辑操作可以利用图 4-37 所示的"表格工具/布局"选项卡下的各组命令来实现。表格的各种操作也必须遵从"先选定，后操作"的原则。

图 4-37 "表格工具/布局"选项卡

1. 表格的选取

（1）使用"选择表格"按钮进行选取。将插入点置于表格任意单元格中，出现如图 4-37 所示"表格工具/布局"选项卡，在"表"组中单击"选择表格"按钮 ⌕ 选择▾，在弹出的列表中有选择单元格、选择列、选择行、选择表格命令，选择相应命令完成对行、列、单元格或者整个表格的选取。

（2）使用"鼠标"操作进行选取。选定一个单元格，把光标放到单元格的左下角，鼠标变成黑色的箭头，按下左键可选定一个单元格，拖动可选定多个单元格。

- 选定一行或多行：在左边文档的选定区中单击，可选中表格的一行，这时按下鼠标左键，并上下拖动即可选定表格的多行乃至整个表格。
- 选定一列或多列：当鼠标指针移到表格的上方时指针就变成了向下的黑色箭头，这时按下鼠标左键，并左右拖动即可选定表格的一列、多列乃至整个表格。
- 选定整个表格：将插入点置于表格任意单元格中，待表格的左上方出现一个带方框的十字架标记 ⊞ 时，将鼠标指针移到该标记上，单击鼠标即可选取整个表格。

2. 插入操作

将插入点置于表格内，选择"表格工具"中的"布局"选项卡，利用图 4-37 所示的"行和列"组中的各个命令按钮可以实现插入与删除行、列、单元格，以及删除表格等操作。

（1）插入行。选定表格中的一行或连续的多行，选择"表格工具"中的"布局"选项卡，在"行和列"组中单击"在上方插入"（或"在下方插入"）按钮，则在选定行的上方（或下方）插入一个或多个空行，插入空行的行数与所选定的行数相同。

（2）插入列。选定表格内相邻的一列或多列，选择"表格工具"中的"布局"选项卡，在"行和列"组中单击"在左侧插入"（或"在右侧插入"）按钮，则在所选列的左侧（或右侧）插入了同等数量的空列。

（3）插入单元格。选定多个连续单元格，如图 4-38（a）所示，切换到"表格工具"的"布局"选项卡，在"行和列"组中单击"表格插入单元格"对话框启动器 ◪，弹出"插入单元格"对话框，如图 4-39 所示。若选择"活动单元格右移"单选项，则在所选定的单元格的左侧插入同等数量的单元格，如图 4-38（b）所示。若选择"活动单元格下移"单选项，则在所选定的单元格的上方插入了同等数量的单元格，如图 4-38（c）所示。

3. 删除操作

（1）删除行或列。选定表格内相邻的多行，切换到"表格工具/布局"选项卡，单击"行和列"组中的"删除"按钮，弹出"删除"下拉列表，列表中有删除单元格、删除行、删除列、删除表格等命令，如图 4-40 所示。此时若选择"删除行"命令，则选定行被删除；若选择"删除列"命令，则选定列被删除。

（a）单元格插入前　　（b）活动单元格右移　　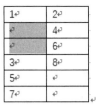（c）活动单元格下移

图 4-38　插入单元格示例

图 4-39　"插入单元格"对话框　　　　图 4-40　"删除"下拉列表

（2）删除单元格。选定多个连续单元格，如图 4-41（a）所示。如上所述选择"删除"下拉列表中的"删除单元格"命令，弹出"删除单元格"对话框，如图 4-42 所示，选择"右侧单元格左移"单选项，则删除所选的单元格后，其右侧的单元格依次左移，如图 4-41（b）所示。

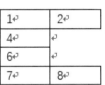

（a）单元格删除前　　（b）单元格删除后

图 4-41　删除单元格示例　　　　图 4-42　"删除单元格"对话框

（3）删除表格。删除表格指将整个表格及表格中的内容全部删除，操作方法有下述 3 种。

方法一：将插入点置于表格内，切换到"表格工具/布局"选项卡，在"行和列"组中单击"删除"按钮打开下拉列表，选择"删除表格"命令，则插入点所在的表格，无论内容还是框线都被删除。

方法二：选定表格，按 Ctrl+X 组合键，将其剪切到剪贴板中，即可实现表格的删除。

方法三：选定表格，单击右键，在弹出的快捷菜单中选择"删除表格"命令，也同样可以实现删除表格的操作。

（4）删除表格内容。选定整个表格，按 Delete 键，则表格内的全部内容都被删除，表格成为空表。

4. 合并与拆分单元格

（1）合并单元格。合并单元格指选中两个或多个单元格，将它们合成一个单元格，操作方法有下述两种。

方法一：选中要合并的单元格并右击，在弹出的快捷菜单中选择"合并单元格"命令，即可将多个单元格合并。

方法二：选中要合并的单元格，在图 4-37 所示的功能区中单击"合并"组中的"合并单元格"按钮，即可将多个单元格合并。

（2）拆分单元格。拆分单元格是合并单元格的逆过程，是将一个单元格分解为多个单元格，操作方法有下述两种。

方法一：选中要进行拆分的一个单元格并右击，选择"拆分单元格"命令，弹出"拆分单元格"对话框，如图 4-43 所示。在其中设置拆分后的行数或列数，即可将单元格拆分。

方法二：选中要进行拆分的一个单元格，在图 4-37 所示的"表格工具/布局"选项卡中单击"合并"组中的"拆分单元格"按钮，弹出如图 4-43 所示的"拆分单元格"对话框，在此进行相应设置完成拆分操作。

5. 调整表格大小、列宽与行高

（1）使用"自动调整"命令。选中整个表格后右击，选择"自动调整"命令，将弹出如图 4-44 所示的子菜单，其中有根据内容调整表格、根据窗口调整表格、固定列宽 3 个命令，选择不同的命令将使表格按不同的方式调整大小。

- 选择"根据内容调整表格"命令，可以看到表格单元格的大小都发生了变化，仅能容下单元格中的内容。
- 选择"根据窗口调整表格"命令，表格将自动充满 Word 的整个窗口。
- 选择"固定列宽"命令后，此时在向单元格中填入文字时，若文字长度超过表格宽度，则会自动加宽表格行，而表格列不变。
- 如果希望表格中的多列具有相同的宽度或高度，选定这些列或行，右击并选择"平均分布各列"或"平均分布各行"命令，列或行就自动调整为相同的宽度或高度。

图 4-43 "拆分单元格"对话框

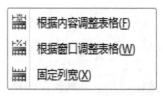

图 4-44 "自动调整"子菜单

（2）使用鼠标调整表格大小。

- 表格缩放：插入点置于表格中，把鼠标指针放在表格右下角的一个小正方形上，鼠标指针就变成了斜向调整状态，按下左键，拖动鼠标，就可以改变整个表格的大小。
- 调整行宽或列宽：插入点置于表格中，把鼠标指针放到表格的框线上，鼠标指针会变成横向或竖向调整状态，这时按下左键拖动鼠标，就可以改变当前框线的位置，按住 Alt 键，还可以平滑地拖动框线。
- 调整单元格的大小：选中要改变大小的单元格，用鼠标拖动它的列框线，改变的只是选定单元格的列框线的位置。

（3）使用"表格属性"命令指定单元格大小、行高或列宽的具体值。选中要改变大小的单元格、行或列，右击并选择"表格属性"命令，弹出如图 4-45 所示的"表格属性"对话框，在这里可以设置表格、单元格的大小，也可以设置表格的行高和列宽。

图 4-45　"表格属性"对话框

4.5.3　修饰表格

1. 调整表格位置

选中整个表格，功能区切换到"开始"选项卡，单击"段落"组中的居中、左对齐、右对齐等按钮即可调整表格的位置。

2. 表格中单元格文字对齐方法

表格中单元格文字有两种对齐方式，即水平对齐和垂直对齐。如需设置水平对齐，只需在选中内容后，切换到"开始"功能区，单击"段落"组中的居中、左对齐、右对齐等按钮即可完成设置；如需设置垂直对齐，需要在选中内容后右击，在弹出的快捷菜单中选择"表格属性"命令，在弹出的"表格属性"对话框中选择"单元格"选项卡，在"垂直对齐方式"里选择一种对齐方式即可。

3. 表格添加边框和底纹

选择单元格（行、列或整个表格），功能区切换到"表格工具/设计"选项卡，在"边框"组中单击"边框"下拉式菜单，选择"边框和底纹"命令，弹出"边框和底纹"对话框（图 4-46）。若要修饰边框，打开"边框"选项卡，按要求设置表格的每条边线的式样（可以制作斜线表头），再单击"确定"按钮。若要添加底纹，打开"底纹"选项卡，按要求设置颜色和"应用范围"，单击"确定"按钮。

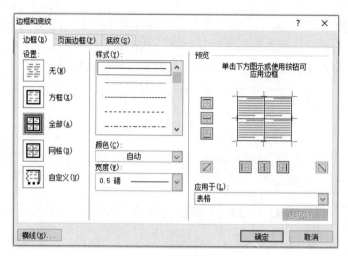

图 4-46 "边框和底纹"对话框

4. 应用表格样式

将插入点定位到表格中的任意单元格，功能区切换到"表格工具/设计"选项卡（图 4-47），在"表格样式"组中选择合适的表格样式，表格将自动套用所选的表格样式。或者单击旁边的"其他"按钮，打开下拉列表，为表格设置其他样式。

图 4-47 "表格工具/设计"选项卡

4.5.4 表格的计算与排序

1. 表格的计算

Word 可以快速地对表格中的行与列的数值进行各种数学运算，如加、减、乘、除、求和、求平均值等，操作步骤如下：

（1）在准备参与数据计算的表格中单击用于输出计算结果的单元格。

（2）功能区切换至"表格工具/布局"选项卡，单击"数据"组中的"公式"按钮 *fx* 公式，弹出"公式"对话框，如图 4-48 所示。

图 4-48 "公式"对话框

（3）在"公式"文本框中，系统会根据表格中的数据和当前单元格所在位置自动推荐一个公式，例如"=SUM(ABOVE)"，该公式用于计算当前单元格上方所有单元格的数据之和。用户可以单击"粘贴函数"下拉按钮选择合适的函数，例如平均数函数 AVERAGE()等。

（4）完成公式的编辑后，单击"确定"按钮，计算结果将显示在单元格中。

2. 表格排序

在使用 Word 制作和编辑表格时，有时需要对表格中的数据进行排序，操作步骤如下：

（1）将插入点置于表格中任意位置。

（2）功能区切换到"表格工具/布局"选项卡，单击"数据"组中的"排序"按钮，弹出"排序"对话框，如图 4-49 所示。

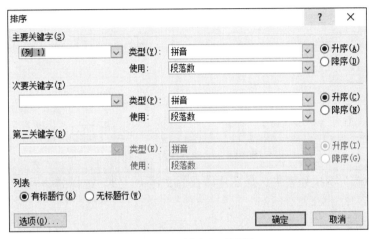

图 4-49　"排序"对话框

（3）在"排序"对话框中选择"列表"区的"有标题行"单选项（如果选中"无标题行"选项，则标题行也将参与排序）。

（4）在"主要关键字"区域选择关键字和排序依据，然后选择"升序"或"降序"选项，以确定排序的顺序。

（5）若需次要关键字和第三关键字，则在"次要关键字"和"第三关键字"区域分别设置排序关键字（也可以不设置）。单击"确定"按钮完成数据排序。

4.6　图片处理

Word 不仅可以处理文字、表格，还可以处理图片，使用户方便地编排出图文并茂的文档。

4.6.1　插入图片

在 Word 文档中插入图片不仅能使文档阅读起来不会枯燥，而且可以使 Word 文档的内容更加丰富。Word 允许用户在文档的任意位置插入常见格式的图片，如 BMP、JPG、CGM、GIF、PNG、WMF 等。

1. 插入以文件形式保存的图片

很多图片都是以文件形式保存的，如果要在文档中插入这些图片，具体操作步骤如下：

（1）打开 Word 文档，在需要插入图片的位置单击鼠标，将插入点光标定位到该位置。功能区切换至"插入"选项卡，在"插图"组中单击"图片"按钮，弹出"插入图片"对话框，如图 4-50 所示。

图 4-50　"插入图片"对话框

（2）在"位置"下拉列表中选择图片所在的文件夹，然后选择需要插入的图片，单击"插入"按钮。

2. 插入联机图片

为了使整篇 Word 文档看起来更加引人入胜，用户还可以在文本中插入一些联机图片来充实内容，吸引读者。Word 2016 系统里自带了大量的联机图片，用户可以从中选取需要的图片。搜索联机图片并插入的步骤如下（此操作要在连接网络状态下完成）：

（1）打开 Word 文档，功能区切换至"插入"选项卡，在"插图"组中单击"联机图片"按钮打开"联机图片"窗格，如图 4-51 所示。

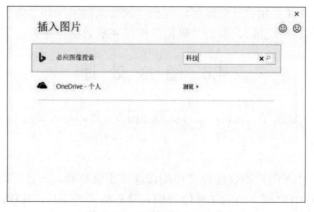

图 4-51　"联机图片"窗格

（2）在窗格的"必应图像搜索"文本框中输入要查找的图片的名称，单击搜索图标按钮，在搜索图片窗格的列表中将显示所有找到的符合条件的图像，选中所需的图片，单击"插入"

按钮，图片将被插入文档中。

（3）如果在搜索图片窗格中按住 Ctrl 键并单击多张图片，即可选中多张图片。选择完成后，单击"插入"按钮即可将这些选中的图片全部插入文档中。

4.6.2　修饰图片

在文档中插入了图片或剪贴画之后，可以对它们进行修饰，即调整色调、亮度、对比度、大小等多种属性，也可以对图片进行缩放和裁剪。对图片在文档中的位置、文字对图片的环绕方式等也可以进行修改，还可以在窗口内进行编辑或给图片加边框。

1. 旋转图片和调整图片大小

在 Word 文档中插入图片后，可以对其大小和放置角度进行调整，以使图片适合文档排版的需要。该操作可以通过拖动图片上的控制柄实现，也可以通过功能区设置项进行精确设置。旋转图片和调整图片大小的操作方法有下述两种。

方法一：直接使用鼠标调整图片大小及放置角度。

（1）调整大小。打开 Word 文档，选中要调整的图片，拖动图片框上的控制柄，可以改变图片的大小。

（2）调整角度。将鼠标指针放置到图片框顶部的圆形控制柄上，拖动鼠标将能够对图像进行旋转操作。

方法二：通过功能区设置项进行精确设置。

（1）选择插入的图片，功能区切换至"格式"，在"大小"组的"形状高度"和"形状宽度"增量框中输入数值，可以精确调整图片在文档中的大小。

（2）在"大小"组中单击"大小"按钮，弹出"布局"对话框，如图 4-52 所示。在其中可以修改"高度"和"宽度"的数值，调整大小。

图 4-52　"布局"对话框

　　技巧点拨：勾选"锁定纵横比"复选项后，无论是手动调整图片的大小还是通过输入图片宽度和高度值调整图片的大小，图片都将保持原始的宽度和高度比值；通过在"缩放比例"栏中调整"高度"和"宽度"的值，将能够按照原始高度和宽度的百分比来调整图片的大小；在"旋转"增量框中输入数值，将能够设置图像旋转的角度。

　　2．裁剪图片

　　有时候刚插入的图片并不符合使用要求，为使图片看起来更加美观，就需要对图片进行裁剪。较以前的版本，Word 2016 的图片裁剪功能更为强大，其不仅能够实现常规的图片裁剪，还可以将图片裁剪为不同的形状。下面给出 Word 2016 中裁剪图片的操作方法。

　　（1）在 Word 文档中选中要剪裁的图片，功能区切换至"格式"选项卡，单击"裁剪"按钮，图片四周出现裁剪框，用鼠标选定某个裁剪框上的控制柄并拖动，调整裁剪框包围图片的范围，如图 4-53 所示。

图 4-53　拖动裁剪框上的控制柄

　　（2）操作完成后，按 Enter 键或者在图片外区域单击鼠标，裁剪框外的图片将被删除。其他相关操作如下：

　　1）单击"裁剪"的下三角按钮，在下拉列表中单击"纵横比"选项，在下级列表中选择裁剪图片使用的纵横比，将按照选择的纵横比创建裁剪框。

　　2）单击"裁剪"的下三角按钮，在下拉列表中选择"裁剪为形状"选项，在弹出的列表中选择形状，图片被裁剪为指定的形状。

　　3）完成图片裁剪后，单击"裁剪"的下三角按钮，选择菜单中的"调整"选项，图片周围将被裁剪框包围，此时拖动裁剪框上的控制柄可以对裁剪框进行调整。

　　4）完成裁剪框的调整后，按 Enter 键确认对图片裁剪区域的调整。

　　3．为图片应用样式

　　在 Word 文档中插入的图片，默认状态下都是不具备样式的，而 Word 作为专业排版设计工具，考虑到用户美化图片的需要，提供了一套精美的图片样式以供用户选择。这套样式不仅包括图片外形的各种样式，还包括图片边框与阴影等效果。下面是为 Word 文档中应用图片样式的操作方法。

（1）打开 Word 文档，选中要调整的图片，在功能区切换到"格式"选项卡，在"图片样式"组中单击"快速样式"按钮，在展开的样式库列表中选择某个样式，如"棱台形椭圆，黑色"样式，此时就为图片添加了一个棱台形椭圆的黑色相框，如图 4-54 所示。

图 4-54　选择"棱台形椭圆，黑色"样式

（2）为了美化相框，可以更改相框的颜色。在"图片样式"组中单击"图片边框"按钮，可以在展开的颜色库中选择图片的边框颜色。

4．设置图片效果

选择图片，单击"图片效果"按钮，单击下拉列表中的选项，可以为图片添加特别效果。如这里打开"预设"选项的下级列表，在列表中给图片选择一款预设效果，如图 4-55 所示。

图 4-55　应用预设图片样式

在为图片添加特效或样式效果后，如果对获得的效果不满意，可以单击"调整"组中的"重设图片"按钮 ，将图片恢复到插入时的原始状态。

5．调整图片版式

图片的版式指的是图片与它周围的文字、图形之间的排列关系。在 Word 2016 中有 7 种排列方式，分别为嵌入型、四周型、紧密型环绕、穿越型环绕、上下型环绕、衬于文字下方、浮于文字上方。选择四周型，图片就会被文字从各个方向包围起来。选择上下型，图片的左右就不会有文字出现，也可把图片浮动于文字层的上面或者置于文字下面成为水印等效果。设置图片版式可以按照下述方法操作。

（1）打开 Word 文档，选中要调整的图片，功能区切换到"图片工具/格式"选项卡，在"排列"组中单击"环绕文字"按钮，在打开的如图 4-56 所示的下拉列表中选择一种环绕选项即可。

（2）选中要调整的图片并右击，在弹出的快捷菜单中单击"环绕文字"选项，也将弹出如图 4-56 所示的环绕方式列表，选择一种环绕方式即可。

（3）选中要调整的图片，单击图片右上角小图标，便可显示当前图片的环绕方式以及可供选择的其他文字环绕方式，如图 4-57 所示，单击选择一种环绕方式即可。

图 4-56　环绕方式列表　　　　　　　图 4-57　图片布局选项

4.6.3　绘制图形

1. 在文档中插入自选图形

Word 2016 为用户提供了丰富的自选图形，可以创建正方形、长方形、多边形、直线、椭圆和图注等图形对象。通过组合各种形状，还可创建流程图、地图或其他线性图。用户在文档中插入自选图形时要考虑图所要表达的效果，从而选择适当的图形进行插入，以达到图解文档的作用。图形对象在普通视图、大纲视图中是不可见的；若要绘制或修改图形对象，必须在页面视图中进行操作。

（1）插入自选图形，步骤如下：

1）打开 Word 文档，功能区切换到"插入"选项卡，单击"插图"组中的"形状"按钮，在打开的形状下拉列表中选择需要绘制的形状，如图 4-58 所示。

2）鼠标指针变成十字形，单击并拖动鼠标即可绘制已选择的图形。

3）拖动图形边框上的"调节控制柄"更改图形的外观形状。拖动图形边框上的"尺寸控制柄"调整图形的大小。拖动图形边框上的"旋转控制柄"调整图形的放置角度。

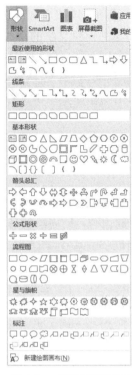

图 4-58　形状下拉列表

（2）设置自选图形格式，步骤如下：

1）选中自选图形，切换到"绘图工具/格式"功能区，在"形状样式"组中单击"形状填充"按钮 形状填充，可以设定填充颜色。

2）单击"形状轮廓"按钮 形状轮廓，可以设定轮廓颜色、线条粗细及线条虚实等。

（3）设置自选图形效果及添加自选图形文字，步骤如下：

1）选中自选图形，切换到"绘图工具/格式"功能区，单击"形式样式"组中的"设置形状格式"对话框启动器 ，弹出"设置形状格式"对话框，可以在此对填充与线条、效果、布局属性进行设置，如图 4-59 至图 4-61 所示。

图 4-59　填充与线条

图 4-60　阴影

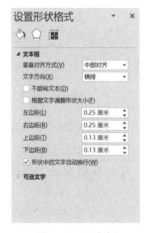

图 4-61　文本框

2）选中自选图形并右击，选择"添加文字"命令，输入文字内容，选取输入的文字，按要求设置字体格式，即可完成文字的添加和对文字的格式设置。

（4）组合自选图形和对其进行版式设置，步骤如下：

1）当添加多个自选图形时，为了排版方便，需要将多个自选图形组合在一起，具体方法为选取所有的自选图形并右击，在弹出的快捷菜单中选择"组合"命令，即可将所有的自选图形组合成一个对象。

2）右击组合对象，在弹出的快捷菜单中选择"其他布局选项"命令，弹出"布局"对话框，可在此设置文字环绕方式。

2．插入 SmartArt 图形

（1）插入 SmartArt 图形并添加文字。为了使文字之间的关联表示得更加清晰，经常会使用配有文字的图形进行说明。对于普通内容，只需绘制形状后在其中输入文字即可。如果要表达的内容间具有某种关系，则可以借助 SmartArt 图形功能。使用它可以快速创建出专业而美观的图示化效果。

在 Word 2016 中创建 SmartArt 图形时，需要选择一种 SmartArt 图形类型，如流程、层次结构、循环、关系。在文档中插入 SmartArt 图形并添加文本的步骤如下：

1）打开 Word 文档，将功能区切换到"插入"选项卡，单击"插图"组中的 SmartArt 按钮。

2）在弹出的"选择 SmartArt 图形"对话框中选择需要的 SmartArt 图形类型，如单击"层次结构"选项，在右侧的"层次结构"选项面板中单击"水平层次结构"图标，单击"确定"按钮，如图 4-62 所示。

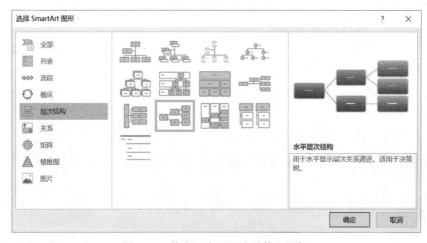

图 4-62　单击"水平层次结构"图标

3）在文档中插入 SmartArt 图形后单击标识为"文本"的文本框，输入相应的文本内容，或者打开"在此处键入文字"的对话框输入文本内容。

（2）编辑 SmartArt 图形。插入 SmartArt 图形后都是默认的图形个数，若图形数量不够，可以进行添加，方法有下述两种。

方法一：选中一个图形形状，单击"SmartArt 工具/设计"选项卡"创建图形"组中的"添加形状"下拉按钮，在弹出的下拉列表中选择添加形状的位置，如图 4-63 所示。

方法二：单击"SmartArt 工具/设计"选项卡"创建图形"组中的"文本窗格"按钮，或者单击 SmartArt 图形左侧的折叠按钮，弹出"在此处输入文字"对话框，选择需要添加形状的各个分支，如图 4-64 所示，按 Enter 键可在该分支后面添加相应形状，按 Delete 键可删除插入的形状。

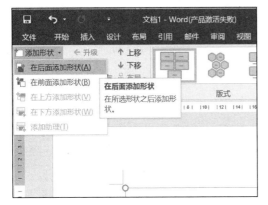

图 4-63　添加 SmartArt 图形形状方法一

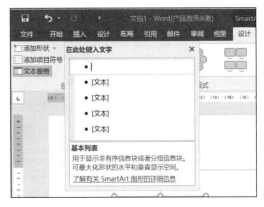

图 4-64　添加 SmartArt 图形形状方法二

（3）为 SmartArt 图形设置样式和颜色。Word 中默认的 SmartArt 图形样式为蓝底白字，如果觉得这样的样式过于单调，可对 SmartArt 图形进行美化，包括为图形设置样式和更改颜色等。SmartArt 图形设置样式和颜色的操作方法如下：

1）选中要进行美化的 SmartArt 图形，在"SmartArt 工具/设计"选项卡中单击"SmartArt 样式"组中的"其他"按钮，在展开的样式库中选择"优雅"样式，如图 4-65 所示。为图形应用样式后，图形看起来更具有美感。

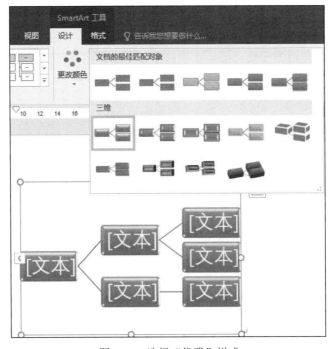

图 4-65　选择"优雅"样式

2）单击"SmartArt 样式"组中的"更改颜色"按钮，在展开的样式库中选择一种颜色方案，如选择"彩色"组中的"彩色-个性色"选项，更改图形的颜色，如图 4-66 所示。

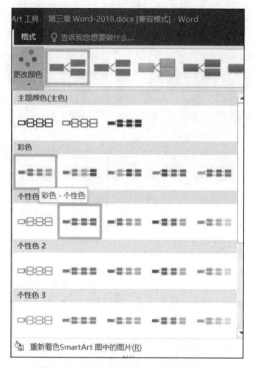

图 4-66　选择"彩色-个性色"选项

4.7　美　化　文　档

Word 提供了美化文档的一些功能，在文档中使用艺术字、首字下沉、创建水印字等美化文档的方法会使广告、报刊、杂志等更具特色。

4.7.1　插入艺术字

在 Word 文档编辑过程中，可以制作色彩绚丽、形状奇特的具有艺术效果的文字，并可对所制作的艺术字进行编辑和设置，使文档呈现不同的效果。

艺术字不同于普通的文字，它具有很多特殊效果。Word 文档将艺术字作为图形对象来处理，而不是文字。

1．插入艺术字

在文档中插入艺术字的操作方法如下：

（1）定位艺术字的插入位置，功能区切换至"插入"选项卡，单击"文本"组中的"艺术字"按钮，弹出艺术字样式下拉列表，如图 4-67 所示。

（2）从艺术字样式下拉列表中选择所需的样式，在文档编辑区即出现可输入文字的艺术字文本框，如图 4-68 所示。单击将文本插入点定位到其中，输入文字内容后，在艺术字文本框外部单击鼠标结束输入。

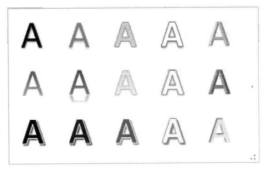

图 4-67　艺术字样式下拉列表

图 4-68　"输入艺术字文字"文本框

（3）选中输入的文字，则在艺术字上面出现如图 4-69 所示的设置艺术字字符格式的对话框，可以在此修改输入的艺术字的字体、字号、字形等。

图 4-69　设置艺术字字符格式

2．编辑艺术字

插入艺术字以后还可以对它进行各种修饰，操作方法如下：

（1）单击选中艺术字，功能区切换至"绘图工具/格式"选项卡，如图 4-70 所示。通过选项卡的各个组，可以对艺术字进行各种编辑操作。例如，在"形状样式"组中，可以修改艺术字文本框的颜色，为形状设置填充颜色、边框样式和颜色以及设置形状的特殊效果；在"艺术字样式"组中，可以重新设置艺术字的样式、颜色，以及艺术字的文本效果等；在"文本"组中，可以改变文本的方向和对齐方式，也可以为文本添加链接；在"排列"组中，可以对艺术字的位置、环绕方式、文字旋转等进行设置；在"大小"组中，可以对艺术字的大小进行设置。

图 4-70　"绘图工具/格式"选项卡

（2）单击"大小"组右下角的"布局"对话框启动器，弹出"布局"对话框，如图 4-71 所示，在这里也可对艺术字位置及文字环绕方式等进行设置。

图 4-71   "布局"对话框

4.7.2   创建水印

在文档排版中，经常需要在文档中以一层淡淡的图画作为背景来修饰文档内容，增加文档的感染力。在 Word 中也可以设置出这样的效果，并称这种效果为"水印"。

在 Word 2016 中为文档创建水印的操作步骤如下：

（1）切换到"设计"功能区，在"页面背景"组中单击"水印"按钮，出现如图 4-72 所示的水印的相关选项卡。

图 4-72   水印的相关选项卡

（2）在图 4-72 中有一些默认水印，还有 Office.com 中的其他水印、自定义水印、删除水印等选项。我们一般都是采用自定义水印，所以选择"自定义水印"命令。

（3）选择"自定义水印"命令后会弹出一个"水印"对话框，其中有一些选项，可以添加图片水印或文字水印，如图 4-73 所示。

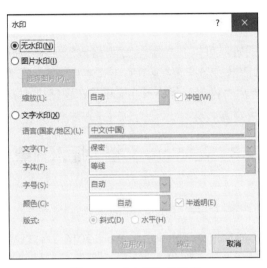

图 4-73　"水印"对话框

（4）选择"图片水印"单选项，单击"选择图片"按钮，会加载一些网络水印，如果想添加自己计算机上的照片，就选择下面的"脱机工作"选项，选择相应的路径即可。选择好作为水印的图片，单击"插入"按钮。

（5）插入水印图片后，可以通过"缩放"下拉列表调整其大小，也可以设置是否冲蚀，然后单击"确定"按钮。

（6）添加文字水印也是同样的操作方法。选择"文字水印"单选项，输入文字，通过单击对应选项选择想要的各种效果，然后单击"确定"按钮实现插入。

（7）水印插入后如果想要删除或编辑，方法为：再次进入"设计"选项卡，选择"水印"命令，在弹出的对话框中选择"删除水印"命令；进入页眉页脚编辑状态也可以选择水印，然后根据需要进行更改或删除。

4.7.3　插入文本框

通过文本框，用户可以将文本很方便地放置到 Word 文档页面的指定位置，而不必受到段落格式、页面设置等因素的影响，可以像处理一个新页面一样来处理文字，如设置文字的方向、格式化文字、设置段落格式等。文本框有两种，一种是横排文本框，一种是竖排文本框。Word 内置有多种样式的文本框供用户选择使用。

1．插入文本框

用户可以先插入一个空文本框，再输入文本内容或者插入图片。在"插入"功能区的"文本"组中单击"文本框"按钮，选择合适的文本框类型，然后返回 Word 文档窗口，在要插入文本框的位置拖动出大小适当的文本框后松开鼠标，即可完成空文本框的插入，最后输入文本内容或者插入图片。

2. 设置文本框格式

在文本框中处理文字就像在一般页面中处理文字一样，可以在文本框中设置页边距，同时也可以设置文本框的文字环绕方式等。

插入文本框以后，还可以对它的大小、样式、位置等进行设置。只需单击选中文本框，将功能区切换至"绘图工具/格式"选项卡，通过选项卡的各个组即可以对文本框进行各种编辑操作。

例如要设置文本框格式时，可以在"绘图工具/格式"选项卡的"形状样式"组中单击右下角的"设置形状格式"对话框启动器▣，或者右击文本框边框，在弹出的快捷菜单中选择"设置形状格式"命令，都将弹出"设置形状格式"窗格。在窗格中主要可以完成填充与线条、边框与文字效果、布局属性等设置。

4.8　在 Word 文档中插入对象

4.8.1　在文档中插入图表

图表可以将数据直观、形象地展示出来。在 Word 2016 中可以插入多种图表类型，包括柱形图、折线图、饼图、条形图、面积图等。

1. 插入图表

在 Word 中，可以直接插入图表。单击"插入"选项卡，在"插图"工具组中单击"图表"按钮，弹出"插入图表"对话框，选择插入图表的类型，如图 4-74 所示。

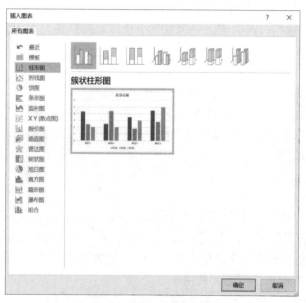

图 4-74　"插入图表"对话框

插入图表的同时会自动打开一个嵌入的 Excel 表格数据，如图 4-75 所示。图表是依据表格数据产生的，没有数据也就没有图表的展示对象。编辑 Excel 表格中的数据，就相当于编辑了图表，图表会随着 Excel 表格中数据的变化而变化。

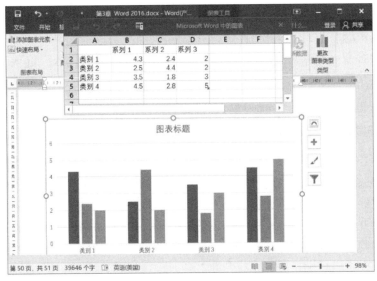

图 4-75　嵌入的 Excel 数据表

2. 设置图表样式

插入图表后系统会打开相应的"图表工具"选项卡，其中包含"设计"和"格式"两个选项卡，与表格样式的设置相同，在"图表工具/设计"选项卡中也有一个供选择的图表样式库，用户可以按需要进行选择。

在"图表工具/格式"选项卡中还包含了设置图表形状样式的"形状样式"工具组和设置图表中字体的"艺术字样式"工具组，选择想要设置的对象，即可进行相应的样式设置。

4.8.2　插入数学公式

毕业论文、数学试卷等文档中常常需要创建一些数学公式，如积分公式、求和公式等，在 Word 2016 中，可以直接选择并插入所需公式，方便用户快速完成文档的制作。

Word 的"公式工具/设计"选项卡中集合了许多符号和模板，如图 4-76 所示，可以很方便地编辑公式。

图 4-76　"公式工具/设计"选项卡

插入公式的方法有下述 3 种。

方法一：将插入点置于公式插入位置，使用快捷键"Alt+="，系统自动在当前位置插入一个公式编辑框，同时出现如图 4-76 所示的"公式工具/设计"选项卡，单击相应按钮在编辑框中编写公式。编辑完的公式示例如图 4-77 所示。

$$x = \frac{-b \pm \sqrt{b^2 - 4ac}}{2a}$$

图 4-77　编辑完的公式

方法二：功能区切换到"插入"，在"符号"组中单击"公式"按钮π，插入一个公式编辑框，然后在其中编写公式。

方法三：将插入点移到需要插入公式的文档位置，切换至"插入"选项卡，在"符号"组中单击"公式"下三角按钮，在弹出的下拉列表中显示了常用的公式，可选择一个公式直接插入。

4.8.3 邮件合并

"邮件合并"用于批量生成邮件文档，结合固定内容的主文档和包含特定信息的数据源（如 Excel、Access 数据表），以提高工作效率。具体操作中，主文档有统一内容，而数据文件则包含如学生姓名、成绩等特定信息。

进行邮件合并，首先需要一个包含信息的数据表，如 Excel 表；接着切换到"邮件"功能区并单击"开始邮件合并"按钮（图 4-78），选择"邮件合并分步向导"，按照右侧"邮件合并"窗格的步骤提示进行操作即可完成合并。

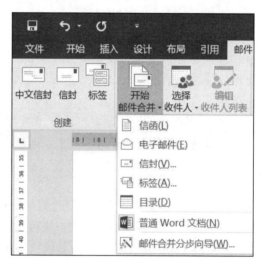

图 4-78 单击"开始邮件合并"按钮

4.9 WPS 文字简介

WPS 文字是 WPS Office 套件的核心组成部分，主要面向文字处理任务。与 Microsoft Word 相似，它提供了强大的文本编辑、排版、格式化和其他高级功能。从简单的文档编写到专业的书籍、报告和手册设计，WPS 文字都可以胜任。近年来，金山还进一步加强了 WPS 文字的云服务功能，使得在多设备之间的文件同步和协作编辑变得更加便捷。

在前面的章节中，我们已经深入地探讨了 Word 的各种功能和应用技巧。接下来，我们将转向 WPS 文字的介绍。虽然这两款软件在核心功能上有很多相似之处，但 WPS 文字也有其独特的特点和优势。为了确保大家能够熟练掌握并高效地使用这两款软件，我们会简洁明了地指导大家如何在 WPS 文字中实现各种操作。

4.10　WPS 文字基础入门

4.10.1　文档的创建与保存

1. 新建文档

启动 WPS Office 的方法为：双击桌面上的 WPS Office 图标，或者选择"开始"→WPS Office→WPS Office。打开后，单击"新建"，选择文字、表格、演示，然后单击"+"按钮，如图 4-79 所示。

图 4-79　新建文档

创建新的 WPS 文档的其他方法还有以下 4 种：

方法一：在 WPS 内，单击左上角的 WPS 图标，选择"新建"。

方法二：在 WPS 内，单击标题栏右边的按钮，进入新建文档。

方法三：在 WPS 内，按 Ctrl+N 键。

方法四：在桌面或文件夹中右击空白处，选择"新建"→"DOCX 文档"，双击即打开。

2. 保存文档

创建新文档后，要保存在计算机中以便日后查看或编辑。要保存，单击左上的"保存"按钮，选择你想保存的位置，取个名字，确定文件类型，然后单击"保存"按钮，如图 4-80 所示。

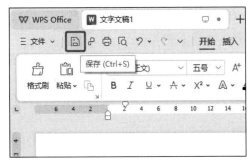
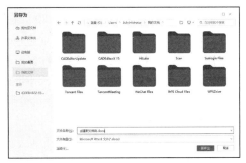

图 4-80　保存文档

编辑文档时，经常保存很重要，免得意外情况如断电导致信息丢失。如果直接保存，就会替换原先的文件。要另存为新文件，单击左上角的"文件"，选择"另存为"即可。

3. 打开文档

要编辑已保存在计算机中的文档，通常可以直接找到它所在的位置，然后双击文档图标即可。但在 WPS 中，还有以下两种更便捷的方法（图 4-81）：

（1）菜单方法：在 WPS 界面中，单击左上角的"文件"按钮，从下拉菜单中选择"打开"。这时会出现一个对话框，列出你的文件和文件夹。在这里，找到你要打开的文档，选择并单击下方的"打开"按钮。

（2）快捷键方法：如果你熟悉键盘操作，直接在 WPS 界面中按 Ctrl+O 组合键也可以直接调出上面提到的"打开"对话框，接着选择文档打开即可。

图 4-81　打开文档

4.10.2　WPS 文档编辑

1. 输入文本内容

编辑文档时，你会注意到一个闪烁的竖线，这是光标插入点，标明你即将输入的文字位置。我们经常需要移动光标插入点来输入或修改内容。这可以通过以下方式实现：

（1）使用鼠标：把鼠标指针移到文档里，当它变为"Ⅰ▔"形状时，单击鼠标左键，光标就会出现在你单击的地方。

（2）使用键盘：

1）用方向键（↑、↓、→或←）来移动光标。

2）End 键使光标移到行末，Home 键使光标移到行首。

3）Ctrl+Home 组合键让光标跳到文档开头，而 Ctrl+End 让光标跳到文档末尾。

4）用 Page Up 键可以向上翻页，而 Page Down 键向下翻页。

开始输入后，光标会跟随文字向右移。当输入满一行时，它会自动跳到下一行。要新起一段，按 Enter 键。如有错字，用 Back Space 键删掉它前面的字符，或选中文字后按 Delete 键删除。

2. 选择文本内容

编辑文本（如复制、移动、删除或格式设置），首先需要选择你想编辑的内容。下面给出一些常见的选择方式。

（1）选择连续文本：把光标放在文本开始处，按住鼠标左键并拖到结束处。选择部分会有灰色背景。

（2）选择词组：双击你要选择的词。

（3）选择一行：移到行的最左边，鼠标变为 ⚡ 形状，然后单击。

（4）选择多行：和选择一行类似，但按住鼠标左键拖上下即可。

（5）选择段落：移到段落的最左边，鼠标变为 ⚡ 形状，然后双击。

（6）选择矩形区域：按 Alt 键，同时按住鼠标左键并拖动选择。

（7）选择整篇文档：移到段落最左边，鼠标变为 ⚡ 形状，三击鼠标，或者直接按 Ctrl+A。

这些方法使你可以灵活、准确地选择文档内容进行编辑。

3. 复制文本

编辑文档时，复制和粘贴是提高效率的关键。要复制文档中的文本，可以采用以下 3 种方法：

（1）使用功能命令：选中想复制的文本，单击"开始"选项卡上的"复制"按钮。把光标移到想粘贴的位置，单击"粘贴"按钮。

（2）使用快捷菜单：选中想复制的文本，右击选中的文本，然后选择"复制"。把光标移到想粘贴的位置并右击，然后选择"粘贴"。

（3）使用键盘快捷键：选中想复制的文本，按 Ctrl+C 键来复制；把光标移到想粘贴的位置，按 Ctrl+V 键来粘贴。

4. 移动文本

编辑文档时，在文档中重新调整文本的位置时可以使用剪切和粘贴功能来实现，常用方法有以下 3 种：

（1）使用功能命令：选中要移动的文本部分，单击"开始"选项卡中的"剪切"按钮；把光标移到想将文本移动到的新位置，单击"粘贴"按钮，文本会出现在新位置。

（2）使用快捷菜单：选中想移动的文本并右击，在弹出菜单中选择"剪切"；把光标移到想粘贴的位置并右击，在弹出的菜单中选择"粘贴"。

（3）使用键盘快捷键：选中想移动的文本，按 Ctrl+X 键进行剪切；把光标移到想粘贴的地方，按 Ctrl+V 键来粘贴。

5. 无格式粘贴文本

当我们复制或剪切文本时，通常会连同其格式（如字体、大小、颜色等）一起复制。但有时，我们只想粘贴文本内容，而不带其格式。这时可以使用"无格式粘贴"功能。在进行了复制或剪切操作之后，找到并单击"粘贴"按钮旁边的下拉箭头。在展开的选项中选择"只粘贴文本"，如图 4-82 所示。

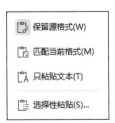

图 4-82　无格式粘贴文本

6.　查找与替换功能的使用

当需要确定文档中某个词汇或句子的位置时，查找功能是一个极佳的工具。如果你意识到某个词或词组输入得不恰当，则还可以利用替换功能快速进行更正，从而极大地提高工作效率。

为了在文档中定位特定文本或进行特定修改，可以按照以下步骤使用查找功能：

（1）启动查找命令：单击"开始"选项，选择并单击"查找替换"选项。

（2）输入要查找的内容：在弹出的"查找和替换"对话框的"查找"选项卡的"查找内容"文本框中输入希望查找的文本，然后单击"查找下一处"按钮。

（3）查看查找结果：一旦找到匹配的内容，系统会自动将导航到该内容所在的位置并高亮显示它。如果希望继续查找其他匹配项，只需再次单击"查找下一处"按钮即可，如图4-83所示。

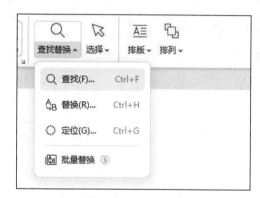

图4-83　查找功能

当文档中有许多重复的文本需要进行修改时，利用替换功能能够帮你高效地进行统一更改，操作步骤如下（图4-84）：

（1）启动替换功能：打开"开始"选项卡，单击"查找替换"→"替换"选项。

（2）设定替换内容：在"查找和替换"对话框中，选择"替换"选项卡，在"查找内容"文本框中输入希望替换的原文本，在"替换为"文本框中输入希望用来替换的新文本，单击"全部替换"按钮。

（3）确认替换结果：系统会弹出一个提示框，提示替换的结果（例如替换了多少处文本），单击"确定"按钮以完成操作。

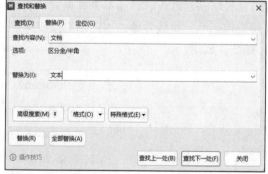

图4-84　替换功能

7. 撤销与恢复功能的使用

在文档编辑中，有时会执行错误的操作，利用撤销与恢复功能可以帮助我们快速纠正。

撤销操作方法有以下两种：

（1）通过工具栏：单击快速访问工具栏中的"撤销"按钮（图 4-85）可撤销最近的一个操作；如需撤销多个操作，则重复单击该按钮。

（2）使用快捷键：按 Ctrl+Z 组合键可以撤销上一次的操作，多次按下这个组合键将逐步撤销先前的操作。

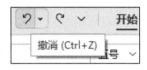

图 4-85　"撤销"按钮

恢复操作方法有以下两种：

（1）通过工具栏：单击快速访问工具栏中的"恢复"按钮（图 4-86）可以恢复刚刚被撤销的操作；如果要恢复多个被撤销的操作，只需连续单击这个按钮。

（2）使用快捷键：按 Ctrl+Y 组合键可恢复之前撤销的操作，连续按下这个组合键将逐步恢复被撤销的操作。

图 4-86　"恢复"按钮

4.11　WPS 文档文本格式、排版与打印

在制作文档时，整齐的结构、精心设计的文本和段落都能为读者带来愉悦的阅读体验，使内容更为吸引人。因此，对文档的精心编排和设计显得尤为关键。WPS 提供了丰富的文本格式化工具，帮助我们为文本设置各种格式，使其既清晰又具有吸引力。

4.11.1　文档文本格式

1. 字体设置

默认情况下，当在 WPS 中输入文本时，会看到使用的是"宋体"，五号大小，以及黑色的颜色。但这只是默认设置，用户完全可以根据自己的需求进行自定义。

字体选择：尽管系统预装的中文字体可能满足日常需要，但在某些特殊情况下，例如制作海报或杂志时，我们可能需要一些特别的字体来增加设计感。此时，用户可以选择下载并安装其他字体。安装后，这些字体将显示在 WPS 的"字体"下拉列表中。

2. 字号调整

字号是描述文字大小的一种方式，WPS 提供了下述两种方法来描述字号。

（1）中文表示法：从"初号"到"七号"，其中"五号"与 10.5 磅是相等的。

（2）磅表示法：用户可以直接输入或选择磅值来设置字号。例如，"初号"等于 42 磅，但如果需要更大的字号，可以选择更高的磅值。

3. 字体颜色

为了给文档增添活力，改变字体颜色是一个很好的方法。在"字体颜色"下拉列表中，WPS 为用户提供了一系列预设的颜色。如果这些预设颜色不符合用户的需求，还可以选择"其他字体颜色"来自定义颜色。

快速应用："字体颜色"按钮上的下划线表示当前选定的颜色。更改了颜色后，此下划线的颜色也会相应地变化。想再次使用这个颜色时，只需单击该按钮即可。

4. 加粗与倾斜的应用

为了突出文本或给予其特殊强调，可以选择加粗或倾斜文本。

- 加粗：选中文本，单击"开始"选项卡中的"加粗"按钮。
- 倾斜：选中文本，单击"倾斜"按钮。

若需撤销这些效果，选中文本后再次单击相应按钮即可。

5. 删除线与着重号的应用

为明确文本意图或强调内容，可以使用删除线和着重号（图 4-87）。

- 删除线：表示要删去的内容，选中文本，单击"开始"选项卡中的"删除线"按钮。
- 着重号：用于强调，选中文本，单击"删除线"旁的下拉按钮，选择"着重号"。

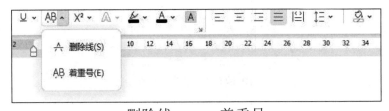

图 4-87　"删除线"按钮和"着重号"按钮

6. 上标与下标的应用

在描述单位或公式时，经常需要使用上标或下标，如 m^2 或 X_2，设置方法（图 4-88）如下：

- 上标：输入字符，选中字符，单击"开始"选项卡中的"上标"按钮。
- 下标：输入字符，选中字符，单击"下标"按钮。

7. 下划线的应用

下划线是一种强调文本的有效方法，设置方法（图 4-89）如下：

- 基础下划线：选中文本，单击"开始"选项卡中的"下划线"按钮。
- 自定义样式：单击"下划线"旁的下拉按钮，选择线形和颜色。
- 空白下划线：为手填区域预留，输入若干空格，选中空格，单击"下划线"按钮。

8. 调整字符间距的应用

为优化文档的可读性，调整字符间距是一个有效手段，使文字既可以更紧凑也可以更疏散。操作步骤（图 4-90）如下：

（1）打开字体设置：选中需要调整的文本并右击，在弹出的快捷菜单中选择"字体"命令。

图 4-88　"上标"按钮与"下标"按钮　　　　图 4-89　"下划线"按钮

图 4-90　调整字符间距

（2）配置字符间距：在"字体"对话框中转至"字符间距"选项卡，在"间距"下拉菜单中选择如"加宽"等选项，根据需要在"值"框中设置具体距离或保持默认。

4.11.2　WPS 文档段落格式

在文档的布局中，段落是最基础的编辑单位。调整其对齐方式、缩进、行距和间距能够确保文档的逻辑性和整体美观性。合理的段落格式设置使得文档更具条理和清晰度

1. 段落缩进的应用

段落缩进能够增强文档的层次结构，提升读者的阅读体验，如图 4-91 所示。存在以下 4 种常见的缩进方式：

（1）左缩进：调整段落与页面左侧的距离。

（2）右缩进：调整段落与页面右侧的距离。

（3）首行缩进：仅调整段落的首行与页面左侧的距离，常见的做法是缩进两个字符。

（4）悬挂缩进：除首行外，段落其他行与页面左侧的距离。这种方式常用于特定的格式，如杂志和报纸。

要设置段落缩进，执行以下操作：定位到想要设置的段落或选中它，右击并选择"段落"命令，在弹出的"段落"对话框的"缩进和间距"选项卡中可以根据需要进行左右缩进设置，或者选择"首行缩进"和"悬挂缩进"等特殊格式。

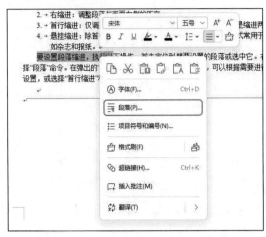
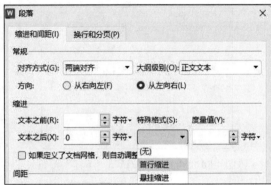

图 4-91　段落缩进

2．段落对齐的应用

段落的位置可以通过不同的对齐方式来调整，常见的对齐方式有以下 5 种：

（1）左对齐：段落与文档左侧边缘对齐。

（2）居中对齐：段落在文档中居中显示。

（3）右对齐：段落与文档右侧边缘对齐。

（4）两端对齐：段落两侧与文档左右两侧边缘对齐。

（5）分散对齐：文本在段落中均匀分布。

要调整段落的对齐，将光标放在目标段落或直接选中段落，然后单击"开始"选项卡中的相应对齐按钮 ≡ ≡ ≡ ≡ |≡| ，如图 4-92 所示。

图 4-92　段落对齐

3．段落间距与行距的应用

为保持文档结构的清晰和美观，段落的间距与行距的调整显得尤为重要。简单来说，间距涉及两个段落间的空白，而行距关注段落内部各行之间的距离。

间距主要包括段前距和段后距，它们常被用于区分标题与其周围的文本内容，调整方法为：定位到目标段落或选中段落，右击并选择"段落"命令，进入"缩进和间距"选项卡，"间距"部分可以分别设定"段前"和"段后"距离。

行距决定段落内两行文本之间的间隔，对于正文部分尤为关键，调整方法为：定位或选中段落，进入"段落"对话框，"缩进和间距"选项卡中的"间距"部分可以通过"行距"来设定具体数值或模式，如图 4-93 所示。

4. 段落的边框与底纹效果的应用

在文档编辑过程中，为使重点内容更为醒目或增加文档的审美观感，常会为段落添加边框和底纹效果。

设置段落底纹：选择要为其设置底纹效果的段落，单击"开始"选项卡中的"底纹颜色"下拉按钮，在所显示的下拉菜单中选取所需的颜色，如图 4-94 所示。

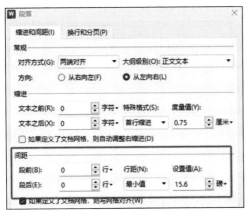

图 4-93　段落间距与行距

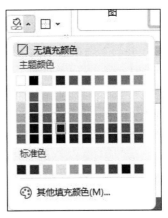

图 4-94　底纹颜色

设置段落边框：选择要为其设置边框的段落，单击"开始"选项卡中的"边框"下拉按钮，在弹出的下拉菜单中单击"边框和底纹"命令（图 4-95），弹出"边框和底纹"对话框（图 4-96），首先会看到"设置"组别，在其中可以单击"方框"命令来选择特定的边框样式，进一步地可以调整边框的线型、颜色、宽度来满足特定的设计需求。

图 4-95　边框和底纹

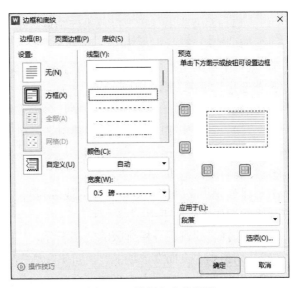

图 4-96　边框和底纹设置

完成所有的设置后只需单击"确定"按钮便可应用所选的边框样式。

4.11.3 WPS 文档特殊版式的应用

文档在进行排版设计时，经常需要设置特殊版式以增强其视觉吸引力和条理性。下面就来详细介绍这些特殊版式的设置方法。

1. 项目符号与编号的应用

为揭示文本间的结构和层次关系，常在文档中的关键要点之前附加项目符号或编号。

（1）项目符号的使用。当处理并列结构的段落内容时，采用项目符号可使文档的段落结构更为明确。将项目符号添加至段落的步骤如下：

1）选择希望添加项目符号的段落。

2）单击"开始"选项卡中的"项目符号"按钮。默认项目符号为实心圆点，如需其他样式，可单击"项目符号"按钮旁的下拉按钮，在此下拉菜单中用户不仅可以选择不同的符号样式，还可以通过"自定义项目符号"命令进行个性化设置。

（2）编号的使用。在创建新段落时，若段落以"1.""一、"或"A."等编号开始，那么按 Enter 键时系统会默认为新段落自动生成连续的编号。对于已完成的段落，若需要添加编号，步骤如下：

1）选择希望添加编号的段落。

2）在"开始"选项卡中单击"编号"按钮。系统默认为段落提供的编号样式是阿拉伯数字后跟小数点。如有其他编号样式需求，可以单击"编号"按钮旁的下拉按钮，并在其中列出的选项中进行选择。

2. 首字下沉的应用

首字下沉是对段落的特殊修饰方式，它主要是把段落的首个文字以不同字号和字体进行放大并采用下沉效果，从而使其显著地突出于其他文本，这种排版手法在报刊和杂志中特别常见。设置首字下沉的步骤如下：

（1）选择希望应用首字下沉效果的字符。

（2）切换至"插入"选项卡，单击"首字下沉"按钮，调整下沉样式：

1）选择下沉类型：在弹出的"首字下沉"对话框中，在"位置"选项组中选取下沉类型。这里推荐选择"下沉"命令。

2）定制下沉效果：在"选项"组中，可以设定下沉字符的字体和下沉行数。

3）应用设置：完成所有设置后，单击"确定"按钮即可实现首字下沉的效果，如图 4-97 所示。

3. 分栏排版的应用

分栏排版是将文档的内容按照两列或多列的方式进行布局，从而提高文档的视觉吸引力。分栏排版的操作步骤如下：

（1）选择需要进行分栏排版的文档部分。

（2）切换到"页面"选项卡，单击"分栏"下拉按钮。

（3）在展开的下拉列表中直接选择需要的分栏方式，如两栏或三栏等。

（4）如果需要更精细的分栏设置，可以单击"更多分栏"命令，在弹出的"分栏"对话框中可以在"预设"选项组中选择其他分栏方式，"栏数"数值框中允许用户自定义分栏数量，

"宽度和间距"选项组提供了对各栏宽度和间距的调整功能，若需要在各栏之间添加分隔线可以勾选"分隔线"复选项，如图4-98所示。

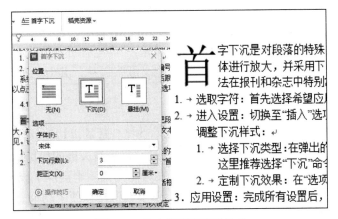

图4-97　首字下沉和应用效果

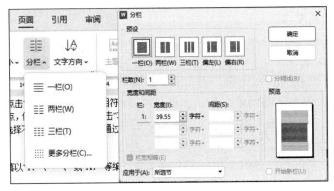

图4-98　分栏设置

4. 竖排文档的应用

在编制古文、古诗或其他特定内容时，竖排文档的排版方式被广泛采用。文档设置竖排格式的步骤如下：

（1）切换到"页面"选项卡。

（2）单击"文字方向"下拉按钮，在弹出的下拉列表中可以选择"垂直方向从右往左"或"垂直方向从左往右"（图4-99），完成上述选择后文档页面会进行一个90°的旋转，此时所有文档内的文字将按照选择的方向进行竖直排列。

4.11.4　WPS文档页面布局和打印

在准备打印文档之前，为确保其打印效果的规范性与美观度，需要进行一系列的页面配置，涉及纸张尺寸、页边距、页面边框和背景等因素。

图4-99　文字方向设置

1. 纸张大小的设置

页面配置关乎文档整体页面的各项参数设定，如纸张尺寸、页边距、纸张方向。这些配置确保文档的版面布局满足特定需求。纸张尺寸代表文档页面的具体尺寸。在实际打印中，为避免尺寸误差，文档的纸张尺寸应与实际打印纸的尺寸一致。例如，大部分标准文档选择 A4 尺寸作为默认设置，但有时可能需要调整以适应其他特定尺寸。

进入"页面"选项卡，单击"纸张大小"下拉按钮，在展开的列表中可以选择常规的纸张类型，若预设中未列出所需尺寸则选择列表底部的"其他页面大小"选项，在弹出的"页面设置"对话框中，"纸张"选项卡允许用户自行定义纸张尺寸，其中"宽度"和"高度"数值框分别代表页面的宽和高。

2. 页边距的设置

页边距是指文档内容到页面四周的空间距离。选择合适的页边距，不仅使文档的视觉效果更佳，而且在创建页眉、页脚、页码或考虑装订时它也起到关键的作用。

单击"页面"选项卡中的"页边距"按钮，在弹出的列表中提供了一系列预设的页边距选项供选择。如果默认设置无法满足需求，旁边提供了数值框以便手动调整上、下、左、右的页边距数值。对于需要进一步细化页边距的文档，可以在"页边距"下拉列表中选择"自定义页边距"，在弹出的对话框中为用户提供了更多细节的调整选项。

对于像书籍这样需要内外边距对称的文档，建议在设置中启用"对称页边距"，这样可以独立地为内外页边距进行配置

3. 纸张方向的设置

纸张方向决定了文档的高宽比例，通常有"纵向"和"横向"两个选项。默认的方向大多数时候是"纵向"，但在某些场景，如制作幻灯片或横版表格时，"横向"更为合适。

在"页面"选项卡中单击"纸张方向"按钮，在展开的选项中可以选择"纵向"或"横向"以确定页面的方向。

选择合适的纸张方向不仅影响文档的整体布局，还可以更好地展示内容，确保其在屏幕展示或打印输出时的效果达到预期。

4. 页面背景色的设置

文档不必总是呈现传统的白色背景。通过调整背景可以为文档增添色彩和个性。

单击"页面"选项卡，再单击"背景"选项，在弹出的菜单中选择适合的颜色为文档添加背景。

除此之外，文档背景也可以更为多样化。例如可以选择"渐变色"以为文档提供渐变效果，选用"纹理"和"图案"为页面背景提供更加丰富的视觉效果。这些高级设置可以在"背景"菜单的"其他背景"子选项中找到。

更改页面背景不仅可以增强视觉吸引力，还可以使文档更具个性化和创意。

5. 文档打印的设置

完成文档的编辑后，为确保实际打印与屏幕显示的内容一致，建议先进行预览，进而再执行打印操作。打开目标文档，单击左上角的"文件"选项，在下拉菜单中选择"打印"→"打印预览"选项，进入预览界面，仔细查看文档的呈现形式，确认无误后选择"退出预览"。

在准备打印时请确保打印机已开启并处于联机状态，接着打开想要打印的文档，单击左上角的"文件"选项，在下拉菜单中选择"打印"，在打开的"打印"界面中根据需求选择合适的打印机，同时设定打印的页数范围和副本数量，设置完毕后单击"开始打印"按钮，文档将发送至所选的打印机进行打印，如图 4-100 所示。

图 4-100　打印设置

4.12　丰富 WPS 文档

4.12.1　插入图形

1. 绘制与调整自定义形状

WPS 文档的强大工具集允许用户快速添加各类形状，包括但不限于线条、矩形、心形和旗帜等。为在文档中添加形状，在"插入"选项卡中单击"形状"按钮，在弹出的下拉列表中挑选想要的形状，在文档的相应位置按下鼠标左键并拖动即可按需创建形状。创建形状后，通过拖动形状边缘的小白点来调整其尺寸。为旋转形状，使用上方的旋转控制点。

除线条外，可以在大多数形状中添加文本。右击所选形状，从下拉菜单中选择"添加文字"，然后在形状内部输入想要的文本，完成后单击形状外部的任意位置来固定你的更改。

2. 调整图形的视觉效果

图形插入文档后，可以进一步优化其外观样式。这包括修改边框、填充和特效等。WPS 文档提供了预设的样式选择，同时也允许用户进行详细的手动调整。

（1）选择预设样式。WPS 文档为用户提供了多种预先设计的图形样式。应用这些样式的方法为：选中目标图形，转到"绘图工具"选项卡，功能区将展示一系列的样式缩略图，单击下拉菜单可以查看并选择所需的预设样式，也可以通过单击图形旁的"形状样式"按钮来迅速选择一个样式。

（2）手动调整样式。如果预设样式无法满足需求，WPS 文档允许手动调整图形的样式。这包括但不限于填充颜色、边框颜色和各种特效。

- 填充和轮廓：选择图形后单击"绘图工具"选项卡中的"填充"按钮，可以选择不同的填充颜色，通过"轮廓"按钮可以设置边框颜色，如图 4-101 所示。

- 特效：在"效果设置"选项卡中可以为图形添加各种特效，例如"设置阴影"子按钮为图形添加阴影效果，"阴影效果"子按钮可以设置阴影样式，"阴影颜色"子按钮可以为图形设置阴影颜色。此菜单中还提供了其他特效选项，如设置三维效果，如图 4-102 所示。

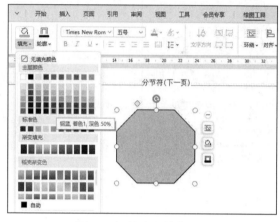

图 4-101　填充和轮廓设置

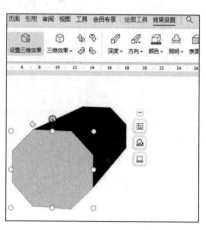

图 4-102　特效设置

3. 图形的排列与组合

在 WPS 文档中处理多个图形时经常出现图形交错或重叠的情况，为优化这些图形的显示和操作需要调整图形的层级顺序或将它们组合为一个整体。

右击想调整的图形，选择"置于顶层"将图形移至所有其他图形的前面，或选择"置于底层"使它位于所有其他图形之后，若需要微调则可选择"上移一层"或"下移一层"。

将图形组合为一个整体：切换到"开始"选项卡并单击"选择"下拉按钮，从菜单中选择"选择对象"，光标会变成一个特殊的形状，通过单击并拖动来选择一个或多个图形，然后右击并选择"组合"选项，如图 4-103 所示。

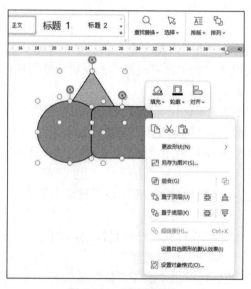

图 4-103　图形的组合

4. 文本框的使用

在制作广告或传单时文本框是一种常用的工具，允许在文档的特定位置插入文本。切换到"插入"选项卡并单击"文本框"按钮，拖动鼠标即可在文档中创建合适大小的文本框并开始输入文本，完成后可以调整文本框大小或将其移动到所需的位置。

作为一种特殊的图形，文本框的操作与其他图形相似，可以设置其填充颜色、边框颜色和其他外观效果，方法是选中文本框并切换到"绘图工具"选项卡完成这些设置。

需要注意的是，文本框有两种模式：横排和竖排。单击"文本框"下拉列表并选择"竖向"即可创建文字呈竖直排列的文本框。

5. 艺术字的使用

艺术字以其独特的效果在广告、海报、传单和文档标题中经常被采用，以实现引人注目的视觉效果。插入艺术字的方法为：切换到"插入"选项卡并单击"艺术字"下拉按钮，在下拉列表中选择所需的艺术字样式（图 4-104），文档中会出现一个文本框，显示占位文字"请在此放置您的文字"，删除占位文字后填入所需文本。

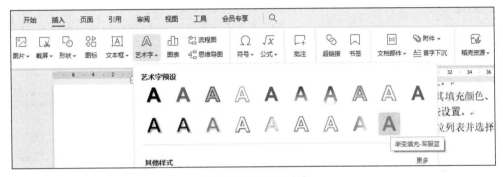

图 4-104 插入艺术字

6. 插入数学公式

编写数学试卷或教案时，WPS 文档提供了公式编辑功能，以方便输入复杂的公式。切换到"插入"选项卡并单击"公式"按钮，弹出"公式编辑器"，在其中单击各运算符选项组按钮，从下拉列表中选取所需的运算符，编辑完成后选择"文件"并单击"退出并返回到文档"，此时公式会出现在文档中。若需再次编辑，只需双击该公式即可重新进入"公式编辑器"。

4.12.2 插入图片

要在文档中插入图片，先将光标放在适当的位置，接着在"插入"选项卡中单击"图片"按钮，选择想要的图片后单击"打开"按钮。

1. 调整图片大小

图片大小可以通过拖动图片四周的白色圆点来调整，或者在"图片工具"选项卡内输入具体的高度值或宽度值。若需要裁剪图片，可以在"图片工具"选项卡中单击"裁剪"按钮，然后调整图片至所需的大小。

2. 调整图片效果

图片插入后，可以为其添加多种效果。在"图片工具"选项卡中，单击"颜色"按钮可以选择"灰度"来去色，单击"图片效果"按钮可以选择添加阴影、倒影、柔化边缘效果。

3. 图文混排

为了实现图片与文本的和谐搭配，需要理解图片的环绕方式，即文字如何围绕图片排列。在"图片工具"选项卡中单击"环绕"按钮可以看到多种环绕方式，也可以单击图片旁的"布局选项"按钮进行选择。主要的环绕方式如下：

- 嵌入型：图片作为一个字符插入，与文字处于同一行，位置固定。
- 四周型环绕：文字紧密地环绕图片四周，图片位置可调整。
- 衬于文字下方：图片在文字下方，位置可任意移动。
- 浮于文字上方：图片在文字上方，位置也可任意移动。

根据需要，选择合适的环绕方式。

4.12.3 插入表格

在文档中，如果要展示数据或制作表单，可以使用 WPS 文档的插入表格功能，这样能有效地丰富文档内容。

1. 创建表格

要在 WPS 文档中添加表格，首先将光标放在期望的位置，接着切换到"插入"选项卡，单击"表格"按钮，弹出的下拉菜单中提供了多种插入表格的方式，如图 4-105 所示。

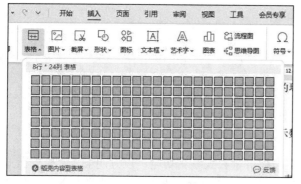

图 4-105　创建表格

（1）快速插入：在下拉菜单中会看到一个 8 行 24 列的示例表格，可以通过移动鼠标来选择想要的行和列，然后单击即可添加到文档中。

（2）通过对话框：在下拉菜单中选择"表格"→"插入表格"选项，弹出"插入表格"对话框，在其中可以设定表格的行数、列数和列宽，设置好后单击"确定"按钮。

根据具体需求，选择合适的方法添加表格。

2. 行高和列宽的调整

创建了表格后，可以采用以下方式修改行高和列宽：

- 行高调整：鼠标移至两行之间，当出现双箭头指针时按住并拖动直到看到所需的位置，然后释放。
- 列宽调整：鼠标移至两列之间，当出现双箭头指针时按住并拖动到期望宽度后释放。

此外，选中表格后进入"表格工具"选项卡，单击"自动调整"，然后从弹出的菜单中选择"平均分布各行"或"平均分布各列"可以使所有行或列的尺寸均匀。

3．添加与移除行或列

编辑表格时，可能需要添加或移除某些行或列。

插入行或列（图 4-106）：

（1）使用功能区：定位到需要添加的行或列的附近，然后进入"表格工具"选项卡，单击在上方插入行、在下方插入行、在左侧插入列、在右侧插入列。

（2）使用快捷菜单：右击需要添加的行或列的附近，从弹出的快捷菜单中选择"插入"并选择所需的操作。

图 4-106　插入行

删除行或列：

（1）使用功能区：定位到要删除的行或列，进入"表格工具"选项卡，单击"删除"并从下拉列表中选择。

（2）使用快捷菜单：右击要删除的行或列，选择"删除单元格"，然后在弹出的对话框中选择适当的操作。

4．单元格的合并与拆分

在处理表格时，有时需要将多个单元格视为一个单元格或者将已合并的单元格再次拆分成多个独立的单元格，此时可以利用"表格工具"选项卡中的功能来实现。

（1）合并单元格：选择希望合并的单元格，在"表格工具"选项卡中单击"合并单元格"按钮；或者右击选择的单元格，然后在弹出的快捷菜单中选择"合并单元格"选项。

（2）拆分单元格：选择要拆分的已合并单元格，在"表格工具"选项卡中单击"拆分单元格"按钮，在弹出的对话框中设置要拆分成的行数和列数，单击"确定"按钮。

5．单元格的对齐设置

表格中的文本或数据可以根据不同的需求在单元格中进行不同的对齐。系统默认的对齐方式是"靠上两端对齐"，但用户可以根据需要进行调整。

（1）使用功能区设置对齐：选择要调整的单元格，进入"表格工具"选项卡，单击"对齐方式"下拉列表并从中选择所需的对齐方式。

（2）使用快捷菜单设置对齐：右击要设置的单元格，在弹出的快捷菜单中选择"单元格对齐方式"子菜单，从子菜单中选择所需的对齐命令。

6. 表格的样式美化

在文档中，美观的表格不仅仅是为了展示数据，更是能够提高文档的整体质感。WPS 文档为用户预设了一系列的表格样式，方便用户快速应用。同时，也提供了自定义边框和底纹的功能，使得表格更加丰富多彩。

（1）应用预设的表格样式：将光标定位于所需的表格，进入"表格样式"选项卡，在左侧选项组中根据需要勾选例如首行填充、隔行填充等特征，在表格样式列表中选择喜欢的样式进行应用。

（2）清除表格样式：在"表格样式"列表中，选择最左上角的"无样式"选项即可快速清除当前表格的所有样式。

（3）手动设置底纹效果：选中需要设置底纹的单元格，在"表格样式"选项卡中单击"底纹"下拉按钮，在下拉列表中选择所需的填充颜色。

（4）调整单元格中的字体颜色：为了和背景色协调，考虑深色背景配浅色文字，反之亦然。

（5）自定义单元格边框样式：选中需要调整的单元格，切换到"表格样式"选项卡，单击"边框"下拉按钮，从下拉列表中选择"边框和底纹"，在弹出的"边框和底纹"对话框中可以自由定制边框的样式。

7. 表格的删除

删除整个表格，方法为：将光标定位到表格内部，右击表格左上角的标志，从弹出的快捷菜单中选择"删除表格"；或者单击该标志以选中整个表格，然后按 BackSpace 键。如果只删除表格中的数据，但保留表格结构，则只需选中表格并按 Delete 键。

4.13　WPS 文档的编排

4.13.1　运用样式优化文档布局

在编排长篇的文档时，经常需要为多个段落设置统一的段落格式。此时，利用样式可以简化这个过程，避免了烦琐的重复设置。

1. 默认的样式使用与调整

WPS 文档默认提供了一系列常用的样式。要查看这些样式，只需在"开始"选项卡中单击"新样式"按钮的右下角，这将打开"样式和格式"面板。这里列出了所有内置样式，如标题 1、标题 2、标题 3、标题 4、正文。这些标题样式设计供文档的不同层级标题使用。

当创建一个新的文档并开始输入时，默认输入的文本是"正文"样式，即"宋体、五号、两端对齐、无缩进、无间距"的基本格式。若想更改为其他样式，只需把光标放在相应段落或选择多个段落，然后单击想要应用的样式。

如果内置的样式不完全符合用户需求，则可以修改它们。只需将鼠标悬停在要修改的样式名称上，单击出现在其右侧的下拉箭头并选择"修改"，弹出"修改样式"对话框，在其中允许调整各种格式设置。对话框中提供了许多基本的格式设置选项，如果需要更多的设置，可以单击"格式"按钮进行进一步定制。

此外，"修改样式"对话框中的"后续段落样式"功能确保在结束一个段落并按下 Enter

键后新的段落将默认使用选择的样式。

2. 创建与管理文档样式

虽然文档提供了许多内置样式，但有时可能需要定制特定的样式以满足特殊需求。为创建一个新的样式，可以进入"样式和格式"面板，然后单击"新样式"按钮，在弹出的对话框中为新样式命名并设置所需的字体和段落格式，单击"确定"按钮后新的样式就会添加到文档中。

如果决定不再使用某个自定义样式，则可以删除它，方法是单击想删除的样式名称旁边的下拉按钮，从下拉菜单中选择"删除"选项。需要注意的是，文档的内置样式是不能被删除的。

3. 文档结构图的使用

处理长篇文档时，了解其整体目录结构并在章节间轻松跳转显得尤为重要。若仅仅通过滚动来浏览内容，效率低且不方便。此时，文档结构图提供了一个便捷的方法来浏览和导航整个文档，特别是对于多页的内容。

要访问这一功能，转到"视图"选项卡并单击"文档结构图"按钮，将打开一个窗格来展示已应用标题样式的所有文本。在此窗格中，可以通过单击各级标题前的三角标志来展开或折叠子标题。为快速访问某一部分，只需单击相应的标题，系统即会自动跳转到该部分的页面位置，如图 4-107 所示。

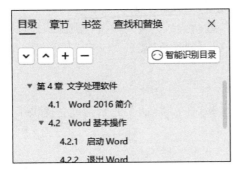

图 4-107　文档结构图

4. 利用格式刷复制段落样式

在处理含有多个需要应用相同样式的段落的文档时，除了利用"样式"窗格逐一为各段落设置样式外，还可以采用格式刷来简化操作。首先将光标放置在已设定样式的样本段落内，接着转到"开始"选项卡并单击"格式刷"按钮，此时光标会变为一个特定的形状，然后单击目标段落，样式即被迅速复制到该段落。

4.13.2　页眉与页脚

页眉与页脚是文档布局中的关键元素，为读者提供重要的参考信息。页眉位于文档页面的上方区域，经常展示如文档标题、章节名等关键信息。相应地，页脚位于页面的下方，常用来展示页数等相关信息。

1. 编辑页眉与页脚

编辑文档时，页眉与页脚区域可通过双击直接进入编辑状态，此时可以在这两个区域中添加或修改内容。编辑页眉和页脚的方法与编辑正文相同，除了键入文本，还能添加如图片、文本框、形状等对象。编辑完成后，双击正文部分或单击"关闭"按钮可退出编辑状态。编辑模式激活时，工具栏会自动切换到专门的"页眉和页脚"工具栏。在这个工具栏中，提供了多种功能：

- 页眉横线：可以为页眉添加不同的横线样式。
- 页眉页脚选项：提供了个性化设置，如为文档的首页或奇偶数页分别设置不同的页眉和页脚样式。
- 日期和时间：快速向页眉或页脚添加当前的日期和时间。
- 图片：在页眉或页脚中直接插入所需的图片。
- 页眉页脚切换：允许在页眉和页脚之间轻松切换。
- 页眉顶端距离与页脚底端距离：用于调整页眉或页脚的位置，更改它们与页面顶部或底部的距离。

2. 编辑页码

在多页文档中，为便于整理和查找，经常需要加入页码。要给文档加入页码，首先进入页眉或页脚编辑模式，然后单击"页眉和页脚"工具栏中的"页码"按钮，从下拉列表中选择适当的页码位置。

插入页码后，系统会自动导航至页码位置，此时页码已被添加至文档并默认使用"小五"字号。如需调整字号，只需选择页码并在"开始"工具栏中更改字号。

一旦页码被插入，上方会出现 3 个选项：重新编号、页码设置、删除页码。可以通过这些选项重新设置起始页码、调整页码样式和位置、删除页码。

4.13.3　封面与目录的制作

在 WPS 文字中，长文档经常需要附带目录和封面，这两个元素为读者提供了文档的初步印象和导航工具。

1. 制作封面

为文档添加专业的封面可以显著提高其整体的专业度和视觉吸引力。尤其是当涉及正式场合，如个人简历、学术研究、商业策划书或其他正式文档时，一个精心设计的封面为文档留下的第一印象是至关重要的。WPS 文字为用户提供了一系列预先设计的封面模板，让初学者和不熟悉设计的用户也能够创建出专业级别的封面。

首先确保将光标放在文档的开始位置，然后转到"插入"选项卡，单击"封面"下拉按钮，这里用户可以从一系列预设计的封面模板中选择一个，选择后模板会在文档的首部插入，用户只需根据模板提示单击并修改标题、副标题、作者名等预留的文本区域即可，完成编辑后保存并预览以确保封面的布局和内容都如意。

2. 制作目录

文档中的目录可以方便地展示文档的标题结构和相应的页码。为了制作目录，首先需要确保文档中的各个标题都已使用标题类样式，例如标题 1、标题 2、标题 3，这些样式可以在"样式和格式"窗格中找到。只有应用了这些标题样式的段落才会被认为是目录的标题。与此相反，"正文"和其他非标题样式则不会被纳入目录。

制作目录前要确保所有标题都已正确设置，然后将光标放到希望插入目录的位置，转到

"引用"选项卡，单击"目录"按钮并选择不同的目录样式。完成这些步骤后，文档的目录就会自动生成。如需更精细的目录设置或调整，可以选择"目录"按钮下拉列表中的"自定义目录"选项，并根据需要在弹出的对话框中进行设置，如图 4-108 所示。

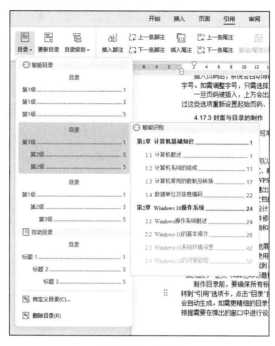

图 4-108　目录

4.13.4　文档修订与批注

在处理专业或重要的文档时，审阅和反馈是确保内容质量和准确性的关键步骤。为了便于这一过程，文档处理软件通常提供了修订和批注功能。这些工具允许审阅者对文档进行高亮、添加评论或标注，明确指出需要修改或关注的部分。这种方式不仅提供了对原始内容的清晰反馈，还为作者提供了一个方便的方式来跟踪和处理这些建议和更改。通过这种方式，多个参与者可以更有效地合作，确保文档的最终版本达到最高的质量标准。

1. 文档修订功能

在复杂的文档协作环境中，文档修订功能提供了对文档更改的跟踪能力。用户可通过"审阅"选项卡来访问此功能。通过"审阅"选项卡中的"修订"按钮可以启动此功能。一旦启动，文档中的所有更改都将被清晰地标记，从而使读者能够辨认出哪些部分已被修改。

（1）处理修订：文档的作者或其他审阅者可能需要对标记的修订进行决策，选择是接受还是拒绝这些更改。

（2）接受修订：

- 逐项接受：用户可以单击特定的修订，然后使用"审阅"选项卡中的"接受"功能，只对选中的修订进行操作。
- 批量接受：如果用户想要接受文档中的所有更改，可以选择"接受"按钮下拉列表中的"接受所有修订"选项。

（3）拒绝修订：

- 逐项拒绝：用户可以单击特定的修订，然后使用"审阅"选项卡中的"拒绝"功能，只对选中的修订进行操作。
- 批量拒绝：如果用户不希望接受文档中的某些更改，可以选择"拒绝"按钮下拉列表中的"拒绝所有修订"选项。

2. 文档批注功能

文档批注功能为协作者提供了一个交流和分享意见的平台。

（1）插入批注：当审阅者想在文档中分享自己的观点时，他们可以轻松地添加批注。首先定位到文档的相关位置或选择相关文本，然后进入"审阅"选项卡，选择"插入批注"。这将在文档的边缘创建一个与所选文本相关的批注框，审阅者可以在其中输入他们的评论。

（2）处理批注：文档的作者或其他协作者查看批注后，可以采取多种方式进行互动：

- 回复：针对批注提出的问题或建议，作者可以直接在批注下方进行回复，实现双向交流。
- 标记为已解决：如果某个批注提到的问题已经得到解决，可以将其标记为"已解决"，以便其他协作者知道此问题已得到处理。
- 删除批注：如果某个批注不再相关或已被处理，可以选择删除它，以使文档保持整洁。

第 5 章　演示文稿软件 PowerPoint 2016

PowerPoint 是 Microsoft 公司 Office 办公系列软件中的一个组件，专门用于创作演示文稿（由多张幻灯片组成）。它能够制作出集文字、图形、图像、声音、视频剪辑等多媒体元素于一体的演示文稿，把作者所要表达的想法、主张、成果、项目等信息组织在一组图文并茂的画面中，通过会议或网络与他人交流。

PowerPoint 幻灯片广泛运用于各类会议、产品展示、学校教学、毕业答辩、公司培训、成果发布、专题讨论、网页制作、商业规划、项目管理、集体决策等场合。其特点是易学、好用、方便。有了这套软件的帮助，可以轻松、快速地制作出高质量的演示文稿。

本章讲解演示文稿的操作、幻灯片的操作、幻灯片内容的编辑、幻灯片的放映等内容。

5.1　PowerPoint 2016 的工作界面

5.1.1　PowerPoint 2016 的启动

通过"开始"菜单启动。单击"开始"按钮，从弹出的"开始"菜单中执行"所有程序"→PowerPoint 2016 命令，启动 PowerPoint 2016。在默认设置状态下，启动 PowerPoint 后将显示 PowerPoint 在"普通"视图下的主界面。

PowerPoint 2016 软件启动后，选择"创建空白演示文稿"后的界面如图 5-1 所示。PowerPoint 创建的文件称为演示文稿（.pptx 文件），默认的文件名为演示文稿 1.pptx。

图 5-1　选择"创建空白演示文稿"后的界面

5.1.2 PowerPoint 2016 的窗口组成

启动 PowerPoint 2016 后，将显示如图 5-2 所示的启动界面。

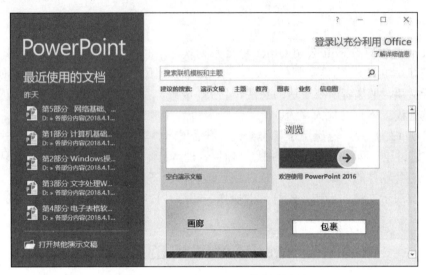

图 5-2 PowerPoint 2016 的启动界面

单击"空白演示文稿"或其他模板，则出现如图 5-3 所示的 PowerPoint 2016 工作窗口（即主界面）。工作窗口主要包括 4 个部分，分别是标题栏、功能区、幻灯片编辑区、状态栏。

图 5-3 PowerPoint 2016 的工作窗口

5.1.3 标题栏

PowerPoint 的标题栏显示应用程序和演示文稿的标题。图 5-3 标明了当前应用程序的名称是 PowerPoint，标题栏中的"演示文稿 1"是正在编辑的文件名，PowerPoint 文件的扩展名是pptx。标题栏中包含的内容如图 5-4 所示。

控制菜单框

快速访问工具栏　　　　　　　　标题　　　　　　　　控制按钮

图 5-4　PowerPoint 窗口的标题栏

标题栏有 4 个组成部分，从左到右分别是控制菜单框（左侧空白部分）、快速访问工具栏、标题、控制按钮。

5.1.4　功能区

功能区是应用程序窗口中最重要的部分之一，它可以完成本软件的所有功能。功能区由多个选项卡组成，如图 5-5 所示。每个选项卡中包含了不同的工具按钮，选项卡位于标题栏的下方，单击各个选项卡标签即可切换到相应的选项卡。

| 文件 | 开始 | 插入 | 设计 | 切换 | 动画 | 幻灯片放映 | 审阅 | 视图 | 开发工具 | PDF工具 |

图 5-5　"功能区"的内容

常用的选项有"文件"菜单、"开始"选项、"插入"选项、"设计"选项、"切换"选项、"动画"选项、"幻灯片放映"选项、"审阅"选项、"视图"选项。

1. "文件"菜单

"文件"菜单（图 5-6）：以整个演示文稿为单位进行操作。例如，文件的新建、打开、保存、关闭等操作都是以演示文稿为单位进行的操作。

图 5-6　"文件"菜单

2. "开始"选项

"开始"选项（图 5-7）：提供了 PowerPoint 的常用功能，主要包括常用的排版、编辑等操作。

图 5-7　"开始"选项

3. "插入"选项

"插入"选项（图 5-8）：向幻灯片中加入相应的内容，例如文本框、图片、图表等的插入。

图 5-8　"插入"选项

4. "设计"选项

"设计"选项（图 5-9）：对文件页面进行设置，统一页面的外观。

图 5-9　"设计"选项

5. "切换"选项

"切换"选项（图 5-10）：专门用于给幻灯片添加动画。

图 5-10　"切换"选项

6. "动画"选项

"动画"选项（图 5-11）：专门用于给幻灯片中的对象添加动画。

图 5-11　"动画"选项

7. "幻灯片放映"选项

"幻灯片放映"选项（图 5-12）：对幻灯片的放映进行设置及放映幻灯片。

图 5-12　"幻灯片放映"选项

8. "审阅"选项

"审阅"选项（图 5-13）：对文件的其他内容进行设置，例如拼写检查、新建批注等操作。

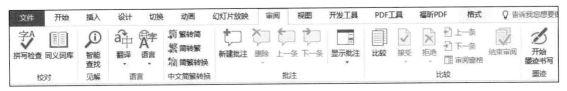

图 5-13　"审阅"选项

9. "视图"选项

"视图"选项（图 5-14）：对文件的内容进行显示或隐藏等方面的操作，例如改变演示文稿的显示方式、改变显示比例及窗口的切换等操作。

图 5-14　"视图"选项

5.1.5　幻灯片编辑区与状态栏

1. 幻灯片编辑区

幻灯片编辑区又称为文档窗口（图 5-15），是用户用于输入/编辑幻灯片及幻灯片内容的区域。

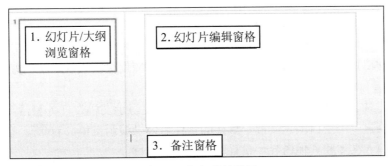

图 5-15　幻灯片编辑区

文档窗口由以下 3 个区域组成：

（1）幻灯片/大纲浏览窗格：显示幻灯片的大纲，用于操作幻灯片。

（2）幻灯片编辑窗格：用于操作幻灯片中的对象。

（3）备注窗格：用于操作备注。

2. 状态栏

状态栏在窗口的底部，显示当前的所有状态信息。状态栏的内容如图 5-16 所示。

幻灯片 第 1 张，共 1 张　　　　备注　　批注　　　　　　　　　　　　　　 - ━━━━━ + 　34%

图 5-16　状态栏

5.1.6　PowerPoint 2016 的退出

退出 PowerPoint 2016 回到 Windows 桌面的方法有以下 4 种：

（1）单击 PowerPoint 2016 窗口中标题栏右侧的"关闭"按钮。

（2）单击 PowerPoint 2016 窗口中标题栏左侧的边缘，在弹出的快捷菜单中选择"关闭"命令，或直接双击标题栏左侧的边缘。

（3）右击 PowerPoint 2016 窗口中标题栏的任意位置，在弹出的快捷菜单中选择"关闭"命令。

（4）按 Alt+F4 组合键。

5.2　演示文稿的基本操作

演示文稿是由若干张幻灯片按一定的排列顺序组成的文件。使用"文件"菜单即可完成对演示文稿的基本操作。"文件"菜单中的操作内容（图 5-6）是以整个演示文稿（.pptx）为单位进行操作的。

在"文件"菜单中经常使用的功能有新建、打开、保存、关闭、打印等。

5.2.1　创建演示文稿（Ctrl+N）

PowerPoint 2016 创建演示文稿的方法主要有以下两种：

（1）使用"空白演示文稿"创建演示文稿。

（2）使用"模板"创建演示文稿。

1. 使用"空白演示文稿"创建演示文稿

空白演示文稿是一种形式最简单的演示文稿，没有应用模板设计、配色方案和动画方案，可以自由设计。

在"文件"选项卡中选择"新建"命令打开"新建演示文稿"任务窗格，选择"空白演示文稿"命令创建一个空白演示文稿。默认的文件名为"演示文稿 1.pptx"。在"空白演示文稿"上，可以输入文本和其他内容，设置版式背景等项目。

该演示文稿的内容包含一张空白的幻灯片，版式是"标题幻灯片"，默认的视图是"普通视图"。

如果对演示文稿的内容和结构比较熟悉，可以从空白的演示文稿出发进行设计。在空白演示文稿中可以充分使用颜色、版式和一些样式特性。对于想充分发挥自身创造力的用户来说，创建空白演示文稿具有最大程度的灵活性。

2. 使用"模板"创建演示文稿

新建文件时，可利用 PowerPoint 2016 中提供的多种模板快速建立文件。用户使用这些模板可以快速地制作出一个指定类型的演示文稿。

PowerPoint 提供了多种多样的模板，使用模板创建比较专业的演示文稿，对于不太专业的设计者来说是一个不错的选择。

5.2.2　打开演示文稿（Ctrl+O）

打开演示文稿，就是将外存中的演示文稿调入内存，可以一次性打开多个演示文稿。

对于磁盘上已有的演示文稿，可以用"文件"菜单中的"打开"命令打开文件。另外，在"文件"菜单的"打开/最近"中列出的文件名是最近访问过的 PowerPoint 演示文稿，只需单击文件名即可打开这些文件。

5.2.3　保存演示文稿（Ctrl+S）

保存演示文稿，就是将内存中的演示文稿存入外存。一次只能保存一个演示文稿。演示文稿输入或编辑结束后，需要将内容保存在指定磁盘中，以便以后使用。保存文件的方法有下述 4 种。

1. 用"保存"命令或"保存"按钮保存文档

选择"文件"菜单中的"保存"命令或单击"快速访问工具栏"中的"保存"按钮，即可保存文件。

2. 用"另存为"命令保存文档

选择"文件"菜单中的"另存为"命令，在弹出的"另存为"对话框中可以进行保存操作。

按照要求，可以将正在编辑或输入的文件以指定文件名和指定文件格式保存在指定磁盘的指定位置。保存演示文稿可用的文件格式见表 5-1。

表 5-1　保存演示文稿可用的文件格式

保存类型	扩展名	用于
PowerPoint 演示文稿	pptx	保存为默认的 Microsoft PowerPoint 演示文稿
PowerPoint 97—2003演示文稿	ppt	保存为 97—2003 版本的 Microsoft PowerPoint 演示文稿
Windows 图元文件	wmf	将幻灯片保存为图片
GIF（图形交换格式）	gif	将幻灯片保存为网页上使用的图形
JPEG（文件交换格式）	jpg	将幻灯片保存为网页上使用的图形
PNG（可移植网络图形格式）	png	将幻灯片保存为网页上使用的图形
大纲/RTF	rtf	将演示文稿大纲保存为大纲文档
PowerPoint 模板	potx	将演示文稿保存为模板
PowerPoint 放映	ppsx	保存为总是以幻灯片放映演示文稿方式打开的演示文稿

3. 退出 PowerPoint 或关闭窗口时保存文件

当选择"文件"菜单中的"退出"命令或单击 PowerPoint 应用程序窗口或文档窗口的"关

闭"按钮时，PowerPoint 都会询问用户是否保存对当前文件的修改，用户回答"是"便可保存被编辑的文件。

4. 文件的自动保存

PowerPoint 允许用户设定文件的自动保存。选择"文件"菜单中的"选项"命令，弹出"PowerPoint 选项"对话框，单击"保存"选项，弹出"PowerPoint 选项"对话框，在其中用户可以设置"自动保存时间间隔"，这样 PowerPoint 就会定时自动保存正在编辑的文件。

5.2.4　关闭演示文稿（Ctrl+F4）

关闭演示文稿，就是将内存中的 PowerPoint 演示文稿关闭。但是，执行此命令后，只关闭一个 PowerPoint 演示文稿，并不关闭 PowerPoint 软件。

5.2.5　打印演示文稿（Ctrl+P）

在幻灯片视图、大纲视图、备注页视图和幻灯片浏览视图中都可以进行打印工作。在"文件"选项卡中选择"打印"命令将显示"打印"界面，如图 5-17 所示。

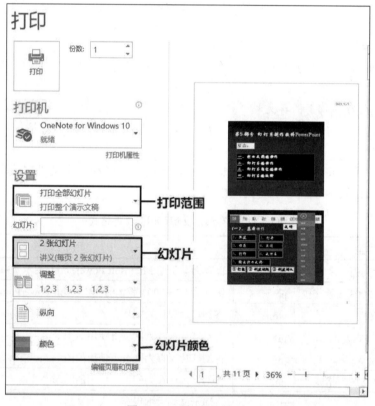

图 5-17　"打印"界面

"打印"界面分为两个部分：左侧是"打印设置"部分，右侧是"打印预览"部分。

1. 打印范围的设置

选择"打印"界面左侧"设置"中的"打印范围"选项，可以设置的打印范围有打印全部幻灯片、打印所选幻灯片、打印当前幻灯片、自定义幻灯片。

2．幻灯片的设置

选择"打印"界面左侧"设置"中的"幻灯片"选项，将出现如图 5-18 所示的"打印幻灯片"界面。

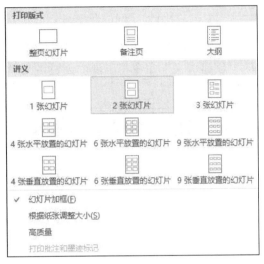

图 5-18　"打印幻灯片"界面

5.2.6　导出演示文稿

在"文件"菜单中选择"导出"命令将显示"导出"界面，如图 5-19 所示。

图 5-19　"导出"界面

1．打包

在某些情况下需要在其他计算机上演示创作的演示文稿，而计算机内没有安装 PowerPoint 软件或安装的版本低，不能播放这个演示文稿。这时就可以将演示文稿和所附带的多媒体文档打包，刻成光盘或直接存储在便携式计算机内，这样进行演示时就不必考虑其他计算机上安装了什么软件。

选择"导出"界面中的"将演示文稿打包成 CD"命令，按向导提示便可完成打包。将打包好的文件刻到光盘或复制到 U 盘上，即可直接在 Windows 环境中播放。

2．创建视频

将演示文稿创建成视频后，即可使用视频播放软件来播放该视频。

选择"导出"界面中的"创建视频"命令将出现"创建视频"界面，选择"创建视频"命令，创建出的视频文件格式为.wmv。

3．创建讲义

将演示文稿创建成讲义后，即可在 Word 中使用该文件。

选择"导出"界面中的"创建讲义"命令将出现"创建讲义"界面，在其中选择"创建讲义"命令便可创建出讲义文件。

5.3　演示文稿的其他操作

演示文稿的其他操作包括页面的相关操作、演示文稿视图等。

5.3.1　页面的相关操作

可以通过"幻灯片大小"和"页眉和页脚"两个功能完成页面的操作。

1．幻灯片大小

要对一个演示文稿中的所有幻灯片统一设置页面，可以采用的方法为：选择"设计"选项（图 5-20）→"自定义"组→"幻灯片大小"→"自定义幻灯片大小"命令，弹出"幻灯片大小"对话框（图 5-21）；在其中能够完成的功能如下：

（1）设置幻灯片的大小。

（2）设置幻灯片的方向。

（3）设置幻灯片编号起始值。

图 5-20　"设计"选项

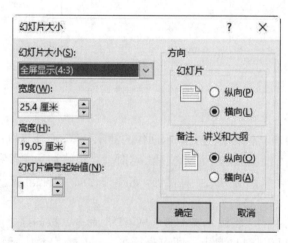

图 5-21　"幻灯片大小"对话框

2．页眉和页脚

要对所有幻灯片或部分幻灯片添加页眉和页脚，可以采用的方法为：在"插入"选项卡的"文本"组（图 5-22）中选择"页眉和页脚"命令、"日期和时间"命令或"幻灯片编号"命令，都会弹出"页眉和页脚"对话框（图 5-23），在此可对添加的页眉和页脚进行设置。

图 5-22　"插入"选项卡的"文本"组

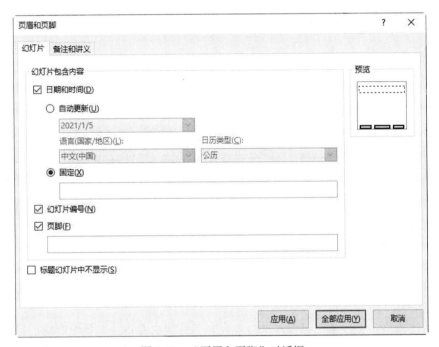

图 5-23　"页眉和页脚"对话框

5.3.2　演示文稿视图

PowerPoint 的人机交互工作环境是通过视图来建立的。视图提供了观看文档的不同方式。PowerPoint 提供的每种视图都包含有该视图下的特定工作区、工具栏及相关按钮和其他工具。要高效地使用它们来创建和修改演示文稿，就需要熟悉 PowerPoint 的视图方式。

PowerPoint 2016 提供了 5 种演示文稿视图，分别为普通视图、大纲视图、幻灯片浏览视图、备注页视图、阅读视图。

每种视图都有其特定的显示方式，在编辑演示文稿时选择不同的视图可以使文稿的浏览或编辑更加方便。

改变演示文稿视图的方法为：单击"视图"选项卡"演示文稿视图"组（图 5-24）中不同的视图按钮来选择不同的视图。

图 5-24　"演示文稿视图"组

1．普通视图

普通视图是一种最常用的视图方式，是 PowerPoint 的默认视图方式，如图 5-25 所示。在该视图下，窗口被分为 3 个区域：幻灯片导航窗格、幻灯片窗格和备注窗格。拖动窗格的边框可以调整窗格的尺寸。

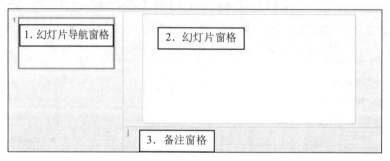

图 5-25　普通视图方式

（1）幻灯片导航窗格。幻灯片导航窗格集成了演示文稿中所有幻灯片的缩略图，方便查看演示文稿以及任何设计更改的效果，还能对幻灯片进行重新排列、添加或删除。通过窗格右侧的上下滚动箭头可滚动显示幻灯片缩略图的全部内容。

（2）幻灯片窗格。幻灯片窗格用来显示演示文稿中的单张幻灯片，查看幻灯片的文本和外观，是制作幻灯片的主要场所。可以在单张幻灯片中添加文本，插入图片、表格、图表、文本框、电影和声音，创建超链接，向其中添加动画。窗格右侧的滚动块用于在相邻的不同幻灯片之间进行切换。

（3）备注窗格。备注窗格可以添加与观众共享的演说者备注或其他信息，但在幻灯片放映时不显示备注信息。必须通过备注页视图在备注中插入图形。单击任务栏中的"备注"按钮可以显示/隐藏备注窗格。

包含内容的普通视图样式如图 5-26 所示。

2．大纲视图

大纲视图和普通视图的布局一样，只是把普通视图的幻灯片导航窗格变成了大纲窗格。大纲窗格中显示演示文稿中的文字部分，提供了集中组织材料、编写大纲的环境，也可以在其中重新排列幻灯片次序，选择需要调整的幻灯片，拖放到相应位置即可。

3．幻灯片浏览视图

在幻灯片浏览视图（图 5-27）中，可按照由小到大的编号顺序同时看到演示文稿中的所有幻灯片。这些幻灯片是以缩略图的形式显示的。这样，用户可以将演示文稿作为一个整体进行观看并可重新安排幻灯片的演示顺序。同时还能很容易地在各幻灯片之间进行添加、删除和移动操作以及切换动画。在幻灯片浏览视图中，不能直接编辑和修改幻灯片的内容，如果要修改幻灯片的内容，可双击某个幻灯片，切换到幻灯片编辑窗口后进行编辑。

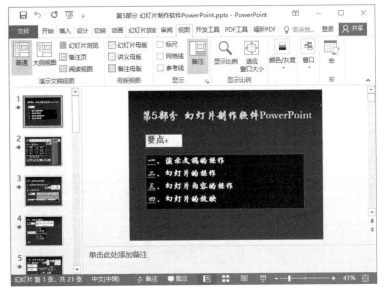

图 5-26 包含内容的普通视图

图 5-27 幻灯片浏览视图

4. 备注页视图

备注页视图用于输入和编辑备注信息，也可以在普通视图中输入备注信息。备注页分为两部分：上半部分是幻灯片的缩小图像，下半部分是文本预留区。可以一边观看幻灯片的缩略图一边在文本预留区内输入幻灯片的备注内容。备注页的备注部分可以有自己的方案，它与演示文稿的配色方案彼此独立，打印演示文稿时可以选择只打印备注页。

5. 阅读视图

在演示文稿窗口中，单击"视图"选项卡中的"阅读视图"按钮后，演示文稿将作为适应窗口大小的幻灯片放映查看，适用于不想使用全屏放映幻灯片的场合，可以在单独管理的窗口中同时放映两个演示文稿，并具有完整动画效果和完整媒体支持。

5.4　幻灯片的基本操作

演示文稿是由一张到多张幻灯片组成的。幻灯片的基本操作包括选定幻灯片、插入幻灯片、删除幻灯片、移动或复制幻灯片、撤销等。

对幻灯片进行操作的方法有以下两种：

（1）右击"幻灯片"，通过弹出的快捷菜单完成对幻灯片的相应操作。

（2）通过"开始"选项卡的"幻灯片"组（图 5-28）完成对幻灯片的常用操作。

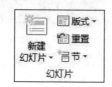

图 5-28　"幻灯片"组

5.4.1　选定幻灯片

在 PowerPoint 中，可以一次选中一张幻灯片，也可以同时选中多张幻灯片，然后对选中的幻灯片进行操作。

1. 选择单张幻灯片

在普通视图的"幻灯片导航"窗格中，或在大纲视图的"大纲"窗格中，或在幻灯片浏览视图中，单击需要的幻灯片即可选中该张幻灯片。

2. 选择编号相连的多张幻灯片

单击起始编号的幻灯片，然后按住 Shift 键，再单击结束编号的幻灯片，此时将有连续多张幻灯片被同时选中。

3. 选择编号不相连的多张幻灯片

按住 Ctrl 键的同时依次单击需要选择的每张幻灯片，此时同时选中被单击的多张幻灯片；按住 Ctrl 键，再次单击已被选中的幻灯片，则取消选择该幻灯片。

选定幻灯片后，在空白处单击即可取消先前的选定。

5.4.2　插入幻灯片

通常打开新演示文稿时都只会产生一张空白的幻灯片，一般作为一篇演示文稿的标题页，完成这张幻灯片的编辑工作后，就需要插入新的幻灯片来继续编辑，也就是演示文稿的内容页面的编辑。

1. 插入一张空幻灯片

选定某张幻灯片，选择"开始"选项→"幻灯片"组→"新建幻灯片"命令，或者从快捷菜单中选择"新建幻灯片"命令，即可在该幻灯片后插入一张幻灯片。在普通视图下，单击左边"幻灯片"标签下的某张幻灯片，再按 Enter 键，则在该幻灯片下方插入了一张幻灯片。

插入空幻灯片的默认版式是"标题和内容"版式。如果要修改版式，可选择"开始"选项→"幻灯片"组→"版式"命令，在"Office 主题"的 11 种版式中选择所需要的版式。

2. 复制本演示文稿中的一张或多张幻灯片

选定一张或多张幻灯片，选择"开始"选项→"幻灯片"组→"新建幻灯片"命令→"Office 主题"（图 5-29）→"复制所选幻灯片"命令，即可复制所选幻灯片后面的一张或多张幻灯片。

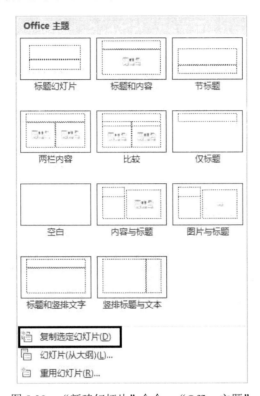

图 5-29　"新建幻灯片"命令→"Office 主题"

3. 复制其他演示文稿中的一张或多张幻灯片

选定某张幻灯片，选择"开始"选项→"幻灯片"组→"新建幻灯片"命令→"Office 主题"→"重用幻灯片"命令，在弹出的对话框中打开另一个演示文稿文件，从中选择所需要的幻灯片，插入到当前幻灯片的后面。

4. 从其他类型文件中产生一张或多张幻灯片

选定某张幻灯片，选择"开始"选项→"幻灯片"组→"新建幻灯片"命令→"Office 主题"→"幻灯片（从大纲）"命令，弹出"插入大纲"对话框，在其中选择一个大纲文件，可将大纲文件中的每个段落都生成一张幻灯片，插入到当前幻灯片的后面。

5.4.3　删除幻灯片

在编辑过程中如果有哪些幻灯片不合适就要将它们删除。

在普通视图的"幻灯片导航"窗格中，或大纲视图的"大纲"窗格中，或幻灯片浏览视图中，选定一张或多张幻灯片，然后在以下方法中选择一种将其删除：

（1）按 Delete 键或 Backspace 键。

（2）在快捷菜单中选择"删除幻灯片"命令。

（3）使用"剪切"命令。

5.4.4　移动或复制幻灯片

在 PowerPoint 中，支持以幻灯片为对象的复制操作，可以将整张幻灯片及其内容进行复制或者移动。可以在普通视图的"幻灯片导航"窗格中，或大纲视图的"大纲"窗格中，或幻灯片浏览视图中进行操作。

1. 移动幻灯片

在整理幻灯片时，如果需要调整幻灯片的顺序则要使用移动幻灯片功能。

移动幻灯片有以下两种方法：

（1）拖动幻灯片的图标或缩略图，将幻灯片移动到目标位置。

（2）选定要移动的幻灯片，选择"剪切"命令，在目标位置单击定位，再选择"粘贴"命令。

2. 复制幻灯片

编辑幻灯片时，如果下一张幻灯片的设计和当前编辑的幻灯片有很多相似的地方，则可以复制当前编辑的幻灯片，然后再进行修改。

复制幻灯片有以下两种方法：

（1）按住 Ctrl 键，拖动幻灯片的图标或缩略图，将幻灯片复制到目标位置。

（2）选定要复制的幻灯片，选择"复制"命令，在目标位置单击定位，再选择"粘贴"命令。

5.4.5　撤销

如果在插入幻灯片、删除幻灯片、移动/复制幻灯片后又想立即撤销这些操作，可单击"快速访问"工具栏中的"撤销"按钮或使用 Ctrl+Z 快捷键。假如要撤销多项操作，可单击"快速访问"工具栏中"撤销"按钮旁边的向下箭头，然后拖动并选定要撤销的操作。

5.5　幻灯片的高级操作

幻灯片的高级操作包括改变幻灯片版式、统一幻灯片外观（幻灯片主题、幻灯片背景）、进行动作跳转（超链接、动作、动作按钮）。

5.5.1　幻灯片版式

幻灯片版式是指幻灯片的内容在幻灯片上的排列方式，绝大多数幻灯片版式由占位符组成。占位符是幻灯片中带有虚线或影线标记边框的方框。

PowerPoint 2016 提供了如图 5-30 所示的内置幻灯片版式，每种版式都显示了需要添加文本或图形的各种占位符的位置，用户也可以创建满足自身需求的自定义版式。

改变幻灯片版式的方法为：选定要改变版式的幻灯片，选择"开始"选项卡→"幻灯片"组→"版式"命令（图 5-31），在"Office 主题"（图 5-30）的 11 种版式中选择所需要的版式。

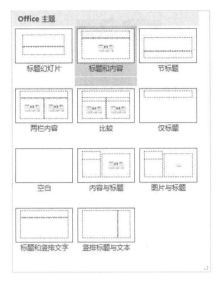

图 5-30　"幻灯片版式"窗格

图 5-31　"幻灯片"组→"版式"命令

5.5.2　幻灯片主题

主题是一组前景设置，其中包含颜色设置、字体选择和对象效果设置，它们都可用来创建统一的外观。演示文稿应用主题时，新主题的幻灯片母版将取代原演示文稿的幻灯片母版，应用主题之后，添加的每张新幻灯片都会拥有相同的自定义外观。用户可以修改任意主题以适应需要，或在已创建的演示文稿基础上建立新主题。

为了使整个演示文稿达到统一的效果，可以在演示文稿创建后通过"应用主题"给整个演示文稿设置统一的样式，具体操作为：打开要应用主题的演示文稿并切换到幻灯片视图下，在"设计"选项卡的"主题"组中右击任意一个主题，在弹出的快捷菜单中可以选择作为选定幻灯片或所有幻灯片的主题，如图 5-32 所示。

图 5-32　设置幻灯片主题

5.5.3　幻灯片背景

用户可以为幻灯片设置不同的颜色、图案、纹理等作为背景，不仅可以设置单张幻灯片背景，而且可以设置模板背景，从而快速改变演示文稿中所有幻灯片的背景。

如果要改变所有幻灯片的背景色，则在"设计"选项卡的"变体"组中单击"其他"下拉按钮，在弹出的下拉菜单中选择"背景样式"，弹出内置背景样式选项框，从中选择相应的背景样式即可应用到所有的幻灯片中。若要改变单张幻灯片的背景色，则右击需要的背景样式，在弹出的快捷菜单中选择"应用于所选幻灯片"命令，如图 5-33 所示。

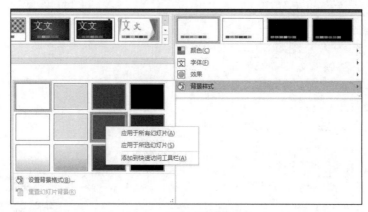

图 5-33   内置背景样式

5.5.4 创建超链接

用户可以在演示文稿中添加超链接，然后利用它跳转到不同的位置，如演示文稿的某一张幻灯片、其他文件、Internet 上的 Web 页等。

创建指向当前演示文稿中某个位置的超链接的方法为：选定当前幻灯片中的某段文字或某张图片，用于代表超链接的文本或对象，然后在"插入"选项卡的"链接"组中单击"超链接"按钮（图 5-34），或右击对象，在弹出的快捷菜单中选择"超链接"选项或用快捷键 Ctrl+K，弹出"插入超链接"对话框，按提示完成超链接的创建。

图 5-34   "插图"组和"链接"组

5.5.5 动作按钮

动作按钮是 PowerPoint 中预先设置好的一组带有特定动作的图形按钮。这些按钮被预先设置为指向前一张、后一张、第一张、最后一张幻灯片，播放声音及播放电影等链接，用户可以方便地应用这些预置好的按钮在放映幻灯片时实现跳转。

在幻灯片放映视图下，单击"动作按钮"或"图片按钮"图标可立刻切换到所设定的幻灯片上。

单击"插入"选项卡"插图"组（图 5-34）的"形状"中的"动作按钮"里的任意按钮（图 5-35），在幻灯片上拖曳出合适的大小后松开鼠标会自动弹出"操作设置"对话框。在其中单击"超链接到"单选项，在下拉列表中选择链接位置，再设置"播放声音"，单击"确定"按钮后即可将该按钮图标链接到所选定的某张幻灯片上。

图 5-35   动作按钮

5.6　幻灯片中对象的插入

幻灯片的内容是演示文稿的基础，把文稿内容编辑得简洁而富有感染力是制作好的幻灯片的前提。在幻灯片中可编辑的对象有文本、图片、表格、图表、视频等。

5.6.1　对象的插入方法

幻灯片内容的插入方法有两种：占位符和"插入"选项。

1．占位符

占位符是幻灯片中带有虚线或影线标记边框的方框，分为"标题"占位符和"内容"占位符两类（图 5-36）。

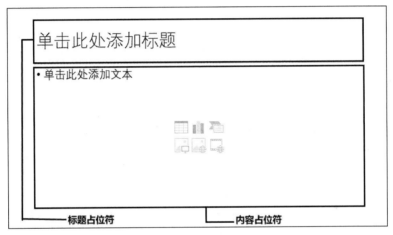

图 5-36　"占位符"类型

（1）标题占位符。标题占位符用于输入标题文本，通过单击标题占位符可以直接输入标题文字。

（2）内容占位符。内容占位符（图 5-37）可以输入文本，插入剪贴画、图片、表格、图表、视频文件、SmartArt 图形等内容。通过单击相应的内容占位符可以直接输入相应的内容。

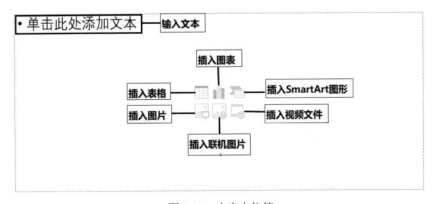

图 5-37　内容占位符

2. "插入"选项

"插入"选项如图 5-38 所示。可以通过"插入"选项向幻灯片中添加对象，常用的对象包括文本框、图像、表格、多媒体、图表等。

图 5-38   "插入"选项

5.6.2   输入文本

文本对象是演示文稿的基本组成部分，也是文稿中最重要的部分。合理地组织文本对象可以使幻灯片更好地传达信息。

1. 在占位符中输入文本

占位符是创建新幻灯片时出现的虚线方框，这些方框代表着一些待确定的对象。在占位符中有关于该占位符等待确定对象的说明。占位符是幻灯片设计模板中的主要组成元素，在占位符中添加文本和其他对象可以方便地建立规整美观的幻灯片。

在"幻灯片版式"中选择除"空白版式"外的其他任一种版式，幻灯片内会出现"单击此处添加标题"或"单击此处添加文本"的提示，表明在虚线框中可以输入文字了。

PowerPoint 将按显示的字体格式处理输入的文字。虚线框的范围为输入文字显示的范围，当输入的文字超出占位符宽度时，超出部分会自动转到下一行，按 Enter 键将开始输入新的文本行。

输入文本行数超出占位符范围时，文本会溢出占位符，此时需要自己动手调节范围的大小或重新设置字号使字变小。单击占位符外的空白区域可以结束输入。

2. 在文本框中输入文本

如果要在幻灯片上其他位置插入文本，则需使用文本框。文本框是一种可移动、可调整大小的文字或图形容器，其特征与占位符非常相似。使用文本框可以在幻灯片中放置多个文本块，可以使文字按不同的方向排列，打破幻灯片版式的制约，实现在幻灯片中的任意位置添加文字信息的目的。

在 PowerPoint 中可以插入横排文字和竖排文字两种形式的文本框，用户可以根据自己的需要进行选择。插入文本框及在文本框中输入文本的方法如下：

（1）单击"插入"选项卡"文本"组中的"文本框"按钮，在弹出的下拉列表中选择"横排文本框"或"竖排文本框"命令（图 5-39）。

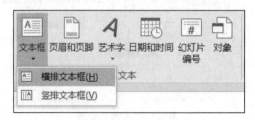

图 5-39   插入文本框

（2）在幻灯片中按住鼠标左键并拖动，即可绘制文本框，并且光标自动位于该文本框中。可以在文本框中输入文本，设置文本的字体、字号、字体颜色等属性。

（3）在幻灯片的空白处单击即可退出文本编辑状态。

5.6.3　插入表格

与页面文字相比，表格采用行列化的形式，更能体现内容的对应性及内在的联系。表格的结构适合表现逻辑性、抽象性强的内容。

在幻灯片中输入和编辑表格主要有下述两种方法。

第一种方法是选择带有表格的版式。

（1）在"开始"选项卡的"幻灯片"组中单击"版式"按钮，弹出下拉列表。

（2）选择其中含有"内容"的某一版式，单击幻灯片中间工具栏中的"插入表格"图标，弹出"插入图表"对话框，填入行数、列数，幻灯片中即会出现一张表格。

第二种方法是使用"插入"选项卡中的"表格"按钮。

（1）选择"插入"选项卡，单击"表格"组中的"表格"按钮，弹出"插入表格"下拉列表，在其中设置插入表格的行数和列数，即可在当前幻灯片中插入一个表格。

（2）在"表格工具"的"布局"和"设计"选项卡中可以设置表格的其他效果。

5.6.4　插入和编辑图形对象

用 PowerPoint 创建幻灯片时，可以使用图片来帮助说明某些内容。图片是一种视觉化的语言，对于一些难以用文字解释的内容如果使用图片来表达可以起到只可意会不可言传的效果。在幻灯片上使用图片，还可以避免观众因长时间面对单调的文字和数据而产生厌烦心理，丰富幻灯片的演示效果。

PowerPoint 2016 中的图形对象可以是来自本地或网络搜索的图片文件，也可以是使用"绘图"工具绘制的各种图形。

1. 插入图片

在 PowerPoint 2016 中插入图片有以下两种方法：

（1）选择带有内容或图片的版式，在幻灯片中间的工具栏中单击"图片"或"联机图片"图标，即可插入图片。

（2）在幻灯片上先选定要插入图片的位置，单击"插入"选项卡"图像"组中的"图片"或"联机图片"按钮，即可插入图片。

单击某张图片，按 Delete 键，即可删除该图片。

2. 绘制图形

利用"绘图"工具栏可以随心所欲地在空演示文稿内建立特殊的版式，插入多种图形对象，操作步骤如下：

（1）选择"开始"选项卡"幻灯片"组"版式"中的"空白"版式。

（2）在"开始"选项卡或"插入"选项卡中，单击"绘图"组中的"形状"按钮，在弹出的下拉列表中选择需要的图形插入到幻灯片中。

3. 编辑图形对象

选定图形对象，通过"绘图工具/格式"选项卡对图片和图形进行操作。图 5-40 和图 5-41

分别是图片的"格式"选项卡和图形的"格式"选项卡。

图 5-40　图片的"格式"选项卡

图 5-41　图形的"格式"选项卡

若要同时对多个图形进行操作，可以在幻灯片的空白位置处拖曳鼠标，让鼠标拖出的虚线框覆盖多个图形对象，松开鼠标后这些图形对象均被选中。

还可以用先单击选中第一个，按住 Shift 键，再选中其他对象的方法来选中多个图形对象。被选中的多个图形对象可以用"绘图"组中的"组合"按钮组合成一个图片进行操作。

5.6.5　幻灯片中插入图表

图表同其他图形对象一样，能比文字更直观地描述数据，而且定量精确。

幻灯片中插入图表主要有以下两种方法：

（1）在"幻灯片版式"中选择带有图表的版式，单击幻灯片工具栏中的"插入图表"图标。

（2）单击"插入"选项卡中的"图表"按钮。

下面介绍第二种方法的操作步骤。

（1）单击"开始"选项卡"幻灯片"组中的"版式"按钮，选择"空白"版式。

（2）单击"插入"选项卡"插图"组中的"插入图表"按钮，弹出如图 5-42 所示的"插入图表"对话框，选择一种图表，则在幻灯片中显示该图表。

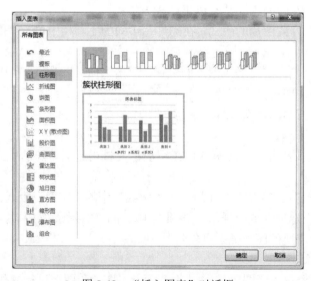

图 5-42　"插入图表"对话框

（3）修改示例数据表中的数据和文字，图表的形状和内容也随之变化。

（4）单击图表外的空白处，可关闭示例数据表。

（5）鼠标放在图表上并右击，可以在弹出的快捷菜单中选择相应的操作对图表进行修改。或者选择图表后，在"图表工具/设计/格式"选项卡中对图表进行修改。

5.6.6 建立多媒体幻灯片

PowerPoint 2016 可以播放视频文件和音频文件，让演示文稿更好地表达用户的意图。

1. 插入视频文件

方法一：

（1）在"内容版式"幻灯片中有 6 个工具按钮，单击"插入视频文件"按钮，系统弹出"插入视频"对话框，如图 5-43 所示，在其中列出了获得视频文件的 3 种方式：来自文件、YouTube、来自视频嵌入代码。

图 5-43 "插入视频"对话框

（2）单击"来自文件"选项，在弹出的对话框中选择需要的视频，单击"确定"按钮，即可插入所选择的视频。也可单击"搜索"按钮，内容列表框中即列出所搜索到的视频图标。

方法二：

（1）单击"插入"选项卡，选择"媒体"组中的"视频"按钮，会出现如图 5-44 所示的"视频"菜单。

图 5-44 "视频"菜单

（2）单击"联机视频"选项，在弹出的"插入视频"对话框 YouTube 右侧的搜索栏中输入要搜索的视频名称或视频类别，单击"搜索"按钮，如图 5-45 所示。

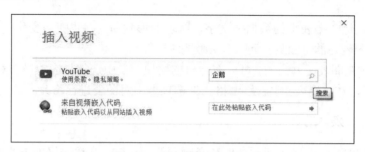

图 5-45　联机搜索视频方式

（3）系统将联机搜索相关视频，选择需要的视频即可。

如果有空内容占位符，影片插入到该内容占位符中，否则会自动放置在幻灯片中央。

2．视频文件的设置

插入视频后，可以对影片进行以下设置操作：

（1）将鼠标移到影片图标上，鼠标指针变成十字箭头状，拖动鼠标移动视频的位置。单击图标，出现尺寸控制点，将鼠标移到控制点上，可以改变图标的大小。选定影片图标后按Delete 键，会删除视频。

（2）通过"视频工具-格式/播放"选项卡可以对视频进行修改，图 5-46 所示是视频的"播放"选项卡。在"播放"选项卡中可以设置播放音量、播放方式，并可剪辑视频。单击"剪裁视频"按钮后弹出"剪裁视频"对话框，根据需要对视频进行相应的剪辑，如图 5-47 所示。

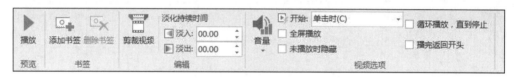

图 5-46　视频的"播放"选项卡

图 5-47　"剪裁视频"对话框

3．插入音频

（1）单击"插入"选项卡，选择"媒体"组中的"音频"命令，会出现如图 5-48 所示的"音频"菜单。

（2）单击"PC 上的音频"选项，弹出"插入音频"对话框，选择需要的音频文件，单击"插入"按钮，则声音文件插入到幻灯片中，"喇叭"图标代表音频文件。

（3）插入音频后，幻灯片的"喇叭"图标下会出现一个播放工具栏（图 5-49），通过该工具栏可以试听音频。

图 5-48　"音频"菜单

图 5-49　音频播放工具栏

4．音频的设置

在"音频工具-格式/播放"选项卡中可以对音频文件进行相应的设置。图 5-50 所示是音频的"播放"选项卡。若想把音频设置为背景音乐，则播放时选择"自动"播放，并把"跨幻灯片播放""循环播放，直到停止"和"放映时隐藏"3 个复选项选上。

图 5-50　音频的"播放"选项卡

图 5-51 所示是插入视频文件和音频文件后的幻灯片。

图 5-51　插入视频文件和音频文件后的幻灯片

5.7　对象的排版

对象的排版方法有两种：单个对象的排版、统一风格（母版）。

5.7.1　单个对象的排版

单个对象的排版主要包括文本格式的排版和段落格式的排版。两种排版可以使用"开始"选项卡（图 5-52）中的"字体"组和"段落"组完成。

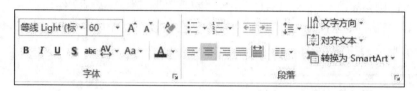

图 5-52　"开始"选项卡中的"字体"组和"段落"组

1. 设置文本格式

在演示文稿中，设置字体、字号、颜色等基本属性的方法与在 Word 中的设置方法基本相似。

方法一：选中需要设置的文本，在"开始"选项卡的"字体"组中分别单击"字体""字号"和"字体颜色"下拉按钮，设定字体、字号、颜色。

方法二：选中需要设置的文本，在"开始"选项卡的"字体"组中单击"字体"对话框启动器打开"字体"对话框（图 5-53），在其中完成相应的排版。

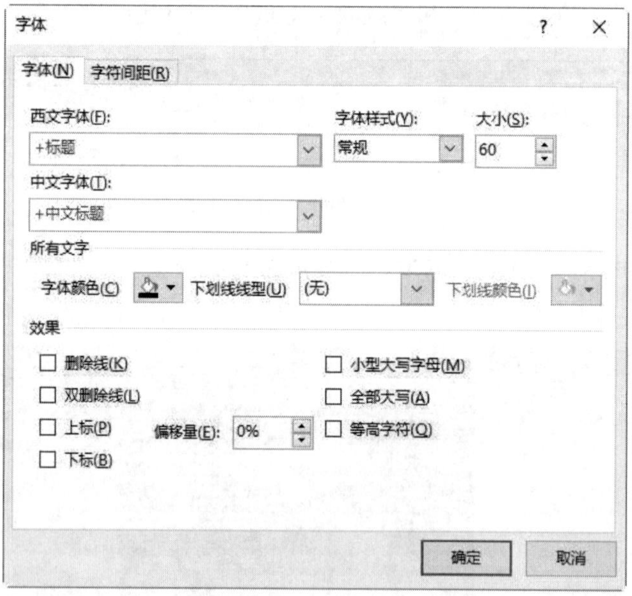

图 5-53　"字体"对话框

若要设置更多的效果，还可以切换到"绘图工具/格式"选项卡，在其中设定形状样式和艺术字样式等。

2. 设置段落格式

在 PowerPoint 2016 中可以使用"开始"选项卡中的"段落"组设定段落的格式。

（1）设置段落行距。行距即段落中行与行之间的距离，默认值为 1，表示正常行距。单击"开始"选项卡，在"段落"组中单击"行距"下拉按钮 ，在弹出的下拉列表中选择需要的行距倍数。

　　若"行距"下拉列表中没有需要的倍数值，可以选择"行距选项"命令，弹出如图 5-54 所示的"段落"对话框，在其中设置需要的行距。

图 5-54　"段落"对话框

　　（2）设置换行格式。在"段落"对话框中选择"中文版式"选项卡，如图 5-55 所示，勾选"按中文习惯控制首尾字符"复选项，可以使段落中的首尾字符按中文习惯显示；勾选"允许西文在单词中间换行"复选项，表示允许单行尾词被分为两部分显示；勾选"允许标点溢出边界"复选项，表示允许行尾的标点位置超过文本框显示而不会换到下一行。

图 5-55　"段落"对话框的"中文版式"选项卡

5.7.2　统一风格（母版）

　　母版的功能是为所有幻灯片设置默认的版式和格式信息，这些信息包括字体格式与文本位置、占位符大小和位置、主题与背景设计、通用的图形、表格等。使用母版可以对所有幻灯片的相关内容统一进行修改，减少重复性工作，提高工作效率。演示文稿中所有幻灯片的最初格式都是由母版决定的。

　　PowerPoint 2016 提供了 3 种类型的母版：幻灯片母版、讲义母版、备注母版。母版的调用方法为：在"视图"选项卡的"母版视图"组中选择需要的母版（图 5-56）。

图 5-56　"母版视图"组

1．幻灯片母版

幻灯片母版用于控制整个演示文稿的外观，包括颜色、字体、背景、效果和其他所有内容。用户可以在幻灯片母版上插入形状或徽标等内容，插入的内容会自动显示在所有幻灯片上。

幻灯片母版的调用方法为：选择"视图"选项→"母版视图"组→"幻灯片母版"命令，将弹出幻灯片母版编辑窗口（图 5-57）。对幻灯片母版的设置可以应用在所有幻灯片中。

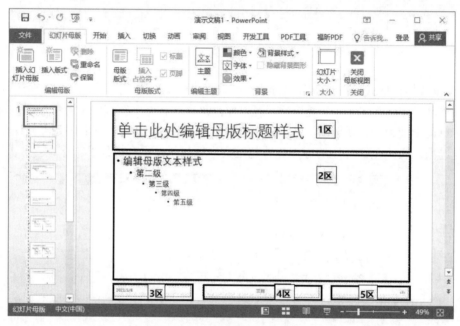

图 5-57　幻灯片母版编辑窗口

幻灯片母版编辑区由 5 个区域（部分）组成：母版标题样式区、母版文本样式区、日期区、页脚区、幻灯片编号区。用鼠标单击不同区域可以重新设置文本样式，如字体、字号、字形等。

2．编辑幻灯片母版

"设计"选项卡的"主题"组中包含可供选用的多种母版形式。如果想创建自己的幻灯片母版，方法如下：

（1）选择"视图"选项卡"母版视图"组中的"幻灯片母版"命令，PowerPoint 窗口即变成母版编辑窗口（图 5-57）。

幻灯片母版有几个不同的区域。在"标题区"（图 5-57 中的 1 区）可以设置幻灯片母版标题的格式；在"内容区"（图 5-57 中的 2 区）可以设置幻灯片主体部分的文本格式；还有"日期区"（图 5-57 中的 3 区）、"页脚区"（图 5-57 中的 4 区）和"编号区"（图 5-57 中的 5 区）。

（2）单击不同的区域，重新设置文本样式，如字体、字号、颜色、修改日期等，然后单击"幻灯片母版"选项卡中的"关闭母版视图"按钮，返回幻灯片普通视图。

这时，幻灯片的标题字体、日期区等均发生了变化。当插入新幻灯片时，PowerPoint 会按新设置的母版样式设置幻灯片。

注意： 母版上的文本只用于确定样式，实际的文本应在普通视图的幻灯片上输入。进入幻灯片母版视图后，左侧窗格缩略图的第 1 张是幻灯片母版，它的样式会应用于除标题幻灯片以外的所有幻灯片。修改幻灯片母版样式，只对标题版式起作用。当光标停留在母版上时，会显示幻灯片母版的名称及哪些幻灯片在使用该版式。

下列情况通常使用模板：

- 更改字体或项目符号。
- 插入要显示在多个幻灯片上的艺术图片，如徽标。
- 设置占位符的位置、大小和格式。
- 设置背景和配色。

3. 讲义母版

讲义母版用于制作讲义。讲义母版提供了按讲义的格式打印演示文稿的方式。

讲义母版的调用方法为：选择"视图"选项→"母版视图"组→"讲义母版"命令，将弹出讲义母版编辑窗口（图 5-58）。

讲义母版编辑区由两个部分组成（图 5-58）：每页幻灯片数量、占位符的显示/隐藏。

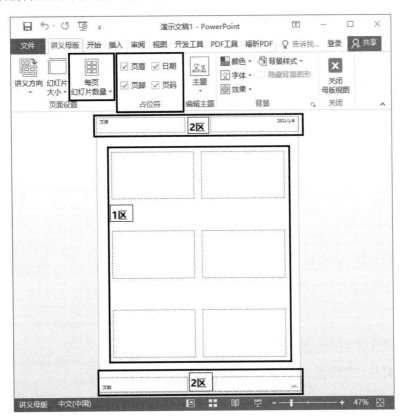

图 5-58　讲义母版编辑窗口

通过"每页幻灯片数量"命令可以选择打印时每页包含幻灯片的数量，可以为1、2、3、4、6或9张幻灯片。

在"占位符"组中，可以设置显示/隐藏各个占位符。

4. 备注母版

备注母版用于控制备注窗格中文本的格式和位置，设置结果将应用于所有备注页上。

备注母版的调用方法为：选择"视图"选项→"母版视图"组→"备注母版"命令，将弹出备注母版编辑窗口（图5-59）。

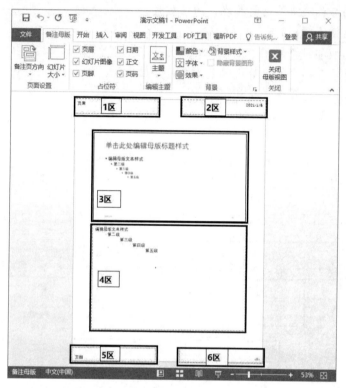

图5-59　备注母版编辑窗口

备注母版编辑区与打印页面有关，编辑区由6种占位符组成（图5-59）：页眉占位符（1区）、日期占位符（2区）、幻灯片图像占位符（3区）、正文占位符（4区）、页脚占位符（5区）、页码占位符（6区）。

在"占位符"组中，可以设置显示/隐藏各个占位符。

5.8　添加动画效果

动画效果有两种：幻灯片切换动画和对象动画。

5.8.1　幻灯片切换动画

幻灯片切换是PowerPoint应用程序中自带的一组切换显示效果。切换方式指当用户由一个幻灯片移动到另一个幻灯片时屏幕显示的变化情况。最好在幻灯片浏览视图中为幻灯片添加切换效果，可以为选择的一组幻灯片增加同一种切换效果。

可以通过"切换"选项（图 5-60）设置幻灯片切换动画。幻灯片切换动画既可应用于选定的幻灯片，也可应用于所有幻灯片。

图 5-60　"切换"选项

1. 添加幻灯片切换动画

可以使用"切换"选项→"切换到此幻灯片"组→"切换效果"（图 5-61）中的命令添加幻灯片切换动画。

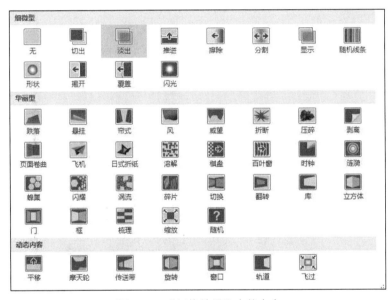

图 5-61　"切换效果"中的命令

例 1　将前 3 张幻灯片的切换方式设置为"百叶窗"。

操作步骤：

（1）选定前 3 张幻灯片。

（2）选择"切换"选项→"切换到此幻灯片"组→"百叶窗"命令。

2. 添加切换动画的效果

可以使用"切换"选项→"切换到此幻灯片"组→"效果选项"（图 5-62）中的命令添加切换动画的效果。

图 5-62　"效果选项"中的命令

例2　将例1中前3张幻灯片的"百叶窗"切换动画的效果选项设置为"水平"。

操作步骤：

（1）选定前3张幻灯片。

（2）选择"切换"选项→"切换到此幻灯片"组→"效果选项"→"水平"命令。

例3　将所有幻灯片的切换方式设置为"棋盘"，效果选项设置为"自顶部"。

操作步骤：

（1）选定所有幻灯片。

（2）选择"切换"选项→"切换到此幻灯片"组→"棋盘"命令。

（3）选择"切换"选项→"切换到此幻灯片"组→"效果选项"→"自顶部"命令。

3. 设置计时选项

添加了幻灯片切换动画后，可以通过"切换"选项→"计时"组（图5-60）中的命令使用"计时"功能。

"计时"功能能够设置幻灯片切换动画的声音、持续时间和换片方式。

例4　设置所有幻灯片的切换方式为"涟漪"，切换声音为"风铃"，持续时间为"2秒"，换片方式为"自动换片时间：2秒"。

操作步骤：

（1）选定所有幻灯片。

（2）选择"切换"选项→"切换到此幻灯片"组→"涟漪"命令。

（3）选择"切换"选项→"计时"组→声音："风铃"命令。

（4）选择"切换"选项→"计时"组→持续时间："2秒"。

（5）选择"切换"选项→"计时"组→换片方式："自动换片时间：2秒"。

5.8.2　对象动画

可以使用"动画"选项（图5-63）为选定的对象添加动画。

图5-63　"动画"选项

1. 添加动画

可以为选定的对象添加4种效果的对象动画：进入、强调、退出、动作路径。

可以通过下述两种方法添加动画。

方法一：选定对象后，选择"动画"选项→"动画"组→"动画效果"（图5-64）中的命令。用此种方法只能对一个对象设置一种动画效果。

例5　将第1张幻灯片中图片的"进入"动画效果设置为"轮子"。

操作步骤：

（1）选定第1张幻灯片中的图片。

（2）选择"动画"选项→"动画"组→进入："轮子"命令。

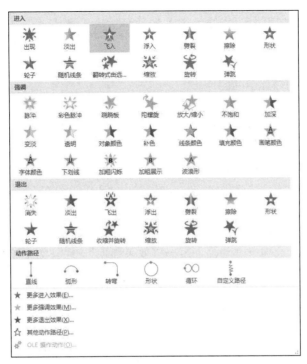

图 5-64　"动画效果"命令

方法二：选定对象后选择"动画"选项→"高级动画"组→"添加动画"（图 5-65）中的命令。用此种方法可以对一个对象设置多种动画效果。

图 5-65　"添加动画"命令

例6 将第1张幻灯片中图片的"进入"动画效果设置为"飞入"，"退出"动画效果设置为"飞出"。

操作步骤：

（1）选定第1张幻灯片中的图片。

（2）选择"动画"选项→"高级动画"组→"添加动画"→进入："飞入"命令。

（3）选择"动画"选项→"高级动画"组→"添加动画"→退出："飞出"命令。

2. 添加对象的动画效果

可以使用"动画"选项→"动画"组→"效果选项"中的命令添加对象的动画效果。

例7 将例5中的"轮子"动画效果选项设置为"8轮辐图案"。

操作步骤：

（1）选定第1张幻灯片中的图片。

（2）选择"动画"选项→"动画"组→"效果选项"→"8轮辐图案"命令。

3. 高级动画

可以使用"动画"选项→"高级动画"组中的命令对添加了动画后的对象设置高级动画效果。可以设置以下动画效果：

（1）动画触发器。在放映幻灯片时，使用动画触发器，可以在单击幻灯片中的对象后显示动画效果。

（2）动画刷。使用动画刷，可以复制对象动画。单击动画刷，可以复制一次动画效果；双击动画刷，可以复制多次动画效果。

4. 设置计时选项

可以使用"动画"选项→"计时"组中的命令对添加了动画后的对象设置动画计时效果。可以设置以下动画效果：

（1）动画计时选项。为对象添加了动画效果后，还可以设置动画的计时选项，包括开始时间、持续时间、延迟时间。

（2）重新排序动画。当一张幻灯片中设置了多个对象动画时，用户可以根据自己的需求重新排序动画，即调整各个动画出现的顺序。

例8 将第1张幻灯片中图片的"退出"动画效果设置为"淡出"，延迟3秒。

操作步骤：

（1）选定第1张幻灯片中的图片。

（2）选择"动画"选项→"动画"组→退出："淡出"命令。

（3）选择"动画"选项→"计时"组→延迟："3秒"命令。

5.9 幻灯片的放映

PowerPoint 2016 提供了多种放映幻灯片和控制幻灯片的方法，如正常放映、计时放映、跳转放映等，通过选择最为理想的放映速度与放映方式可以使幻灯片的放映结构清晰、节奏明快、过程流畅。幻灯片放映包括幻灯片放映前的准备工作及设置放映方式，放映的启动、控制、标注，打包幻灯片等。

可以使用"幻灯片放映"选项（图5-66）中的命令对幻灯片放映进行设置。

图 5-66　"幻灯片放映"选项

5.9.1　幻灯片放映前的准备工作

在幻灯片放映之前，应该对各幻灯片的内容、形式、放映顺序等进行一次全面检查，以避免放映时出现尴尬情况。

准备工作要注意以下几点：

（1）调整幻灯片播放顺序。单击"幻灯片浏览视图"按钮，在浏览视图下，拖动要改变顺序的幻灯片至合适位置，即可改变幻灯片播放顺序。

（2）检查拼写错误。选择"审阅"选项卡"校对"组中的"拼写检查"命令可以检查幻灯片中的拼写错误。

（3）添加备注。使用备注功能可对幻灯片难点内容或可能被观众提问的内容标注一些提示。单击"普通视图"按钮，在"备注"窗格中输入提示信息。若没有"备注"窗格，则单击"状态栏"中的"备注"按钮就会弹出"备注"窗格。

5.9.2　开始放映幻灯片的方式

"幻灯片放映"选项卡中的"开始放映幻灯片"组（图 5-66）提供了 4 种放映幻灯片的方式：从头开始、从当前幻灯片开始、联机演示、自定义放映。

1. 从头开始

系统从第一张幻灯片开始播放的设置方法有以下 3 种：

（1）选择"幻灯片放映"选项→"开始放映幻灯片"组→"从头开始"命令。

（2）按 F5 快捷键。

（3）选择"视图"选项→"演示文稿视图"组（图 5-67）→"阅读视图"命令。

图 5-67　"演示文稿视图"组

2. 从当前幻灯片开始

系统从当前幻灯片开始放映的设置方法有以下 3 种：

（1）选择"幻灯片放映"选项→"开始放映幻灯片"组→"从当前幻灯片开始"命令。

（2）按 Shift+F5 快捷键。

（3）单击"状态栏"中的"幻灯片放映"按钮。

3. 联机演示

需要 Microsoft 账户才能启动联机演示。使用该功能，演示者可以通过 Web 浏览器与其他人共享幻灯片放映。

4. 自定义放映

针对不同的观众，可以将一个演示文稿中的幻灯片进行不同的组合并对组合进行命名，然后根据不同的场合选择所需的自定义放映组合进行放映，设置方法为：选择"幻灯片放映"选项→"开始放映幻灯片"组→"自定义幻灯片放映"下拉按钮→"自定义放映"命令，在弹出的"自定义放映"对话框（图 5-68）中进行设置。

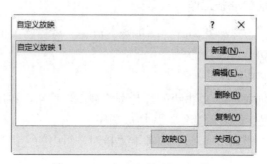

图 5-68 "自定义放映"对话框

5.9.3 各种放映方式的选择及设置

可以使用"幻灯片放映"选项→"设置"组（图 5-66）中的命令设置放映方式。

1. 隐藏幻灯片

在某些情况下，由于时间限制或材料的敏感性，一些幻灯片可能会包含无法呈现给特定观众的内容，即需要将其隐藏。

隐藏幻灯片的方法为：选定要隐藏的幻灯片，选择"幻灯片放映"选项→"设置"组→"隐藏幻灯片"命令，该幻灯片的序号标识将变成带有斜线的方框，在播放演示文稿时，该幻灯片将不会出现。

如果要取消隐藏幻灯片，则在幻灯片浏览视图下，选定已隐藏的幻灯片，选择"幻灯片放映"选项中的"隐藏幻灯片"命令，该幻灯片的序号由带有斜线方框复原成普通数字，即解除了隐藏。

例 9 将第 1 张幻灯片隐藏。

操作步骤：

（1）选定第 1 张幻灯片。

（2）选择"幻灯片放映"选项→"设置"组→"隐藏幻灯片"命令。

2. 排练计时

在 PowerPoint 中，演示文稿分为手动播放和自动播放两种放映方式。手动播放方式需要键盘和鼠标的干预，而自动播放需先设置放映时间，然后演示文稿中的幻灯片就可以在放映时自动播放了。

如果希望在幻灯片放映的同时讲解幻灯片中的内容，则不能选择人工设定时间方式。因为人工设定时间的方式不能精确判断放映一张幻灯片所需的具体时间，使用排练功能可解决这个问题，在排练放映时 PowerPoint 可自动记录每张幻灯片使用的时间，所以可精确设定放映时间。

打开要设置放映时间的演示文稿，在"幻灯片放映"选项卡的"设置"组中单击"排练计时"按钮，开始以排练计时方式放映幻灯片。在屏幕上除显示幻灯片外，还有一个"录制"对话框（图 5-69），用于记录当前幻灯片的放映时间。

当准备放映下一张幻灯片时，单击带有箭头的"下一项"按钮，即开始记录下一张幻灯片的放映时间。如果认为该时间不合适，可以单击"重复"按钮对当前幻灯片重新计时。右边显示的时间为演示文稿放映的总时间。

排练完成后，屏幕上会弹出一个对话框，如图 5-70 所示，询问是否保留最新的幻灯片计时，单击"是"按钮，将得到幻灯片缩略图下部标有时间的幻灯片浏览视图，如图 5-71 所示。

图 5-69　排练计时方式的"录制"对话框

图 5-70　排练计时完成后的对话框

图 5-71　标有时间的幻灯片浏览视图

保存文件，选择"幻灯片放映"选项→"设置"组→"设置幻灯片放映"命令，在弹出的"设置放映方式"对话框中选择"如果存在排练时间，则使用它"单选项，在放映幻灯片时，系统将会按照所设定的排练时间自动放映幻灯片。若选择了"循环放映，按 Esc 键终止"，则在按 Esc 键之前不会结束放映。

3. 录制幻灯片演示

在 PowerPoint 中录制幻灯片演示，可以记录幻灯片的放映时间，同时允许用户使用鼠标或激光笔或麦克风为幻灯片添加注释。制作者对幻灯片的一切相关的注释，都可以使用录制幻灯片演示功能记录下来，从而使幻灯片的互动性能大大提高，录制的幻灯片可以脱离演讲者放映。

在"幻灯片放映"选项卡的"设置"组中单击"录制幻灯片演示"下拉按钮，然后选择"从头开始录制"命令，弹出"录制幻灯片演示"对话框（图 5-72），默认勾选"幻灯片和动画计时"和"旁白、墨迹和激光笔"复选项，此处可根据实际需要进行选择。单击"开始录制"按钮，则开始放映幻灯片，同时开始录制幻灯片。结束幻灯片放映时，录制结束并将录制内容自动保存在演示文稿中。

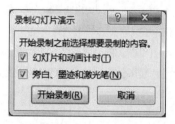

图 5-72　"录制幻灯片演示"对话框

以后放映演示文稿时，所录制的幻灯片和动画计时及旁白和激光笔都会播放出来，如果要清除录制的计时和旁白，可选择"录制幻灯片演示"下的"清除"命令。

4. 设置放映方式

用 PowerPoint 制作好的演示文稿总是要播放给观众看的。PowerPoint 提供了几种不同的幻灯片放映方式，如演讲者放映、观众自行浏览、在展台浏览等。设置放映方式的步骤如下：

（1）单击"幻灯片放映"选项卡"设置"组中的"设置幻灯片放映"按钮，弹出"设置放映方式"对话框，如图 5-73 所示。

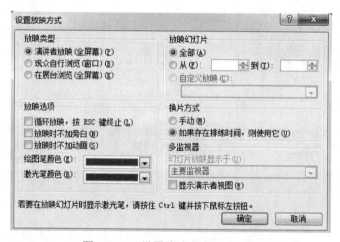

图 5-73　"设置放映方式"对话框

（2）在其中根据需要可以进行如下设置，然后单击"确定"按钮：

● 如果选择放映类型为"演讲者放映"，则幻灯片被设置成在窗口中全屏幕放映方式。放映过程中，演讲者可以控制幻灯片的放映过程。

● 如果选择放映类型为"观众自行浏览"，幻灯片放映时将显示窗口状态，观众可以调节幻灯片窗口的大小，并能在放映幻灯片时进行其他操作。

● 如果选择放映类型为"在展台浏览"，则幻灯片设置成在全屏幕中自动放映的方式，放映过程中，演讲者不可以控制幻灯片的放映过程，只能按 Esc 键结束放映。

● 如果选择"循环放映，按 Esc 键终止"复选项，则幻灯片在全屏幕中自动循环放映。放映过程中，演讲者可随时按 Esc 键结束放映。

- 如果选择"放映时不加旁白"复选项，则即使录制了旁白也不播放；如果选择"放映时不加动画"复选项，则不出现动画效果。
- 可以设置哪些幻灯片播放、哪些幻灯片不播放。如果需要播放一定范围的幻灯片，则在"从……到……"中设置范围。

例 10 设置放映方式：放映类型为"在展台浏览（全屏幕）"，映选项为"循环放映，按 Esc 键终止"。

操作步骤：

（1）选择"幻灯片放映"选项→"设置"组→"设置幻灯片放映"命令。

（2）"放映类型"选择"在展台浏览（全屏幕）"单选项。

（3）"放映选项"选择"循环放映，按 Esc 键终止"复选项。

5.9.4 放映过程的控制

如果"放映类型"没有选择为"在展台浏览（全屏幕）"，则可以控制幻灯片的放映过程。在幻灯片的放映过程中，常用的控制有切换幻灯片、定位幻灯片、标注放映、暂停放映和结束放映。

1. 切换幻灯片

切换到下一张幻灯片有以下 5 种方法：

（1）单击鼠标左键。

（2）按 Space 键。

（3）按 Enter 键。

（4）按向下键。

（5）右击，在弹出的快捷菜单中选择"下一张"命令，如图 5-74 所示。

图 5-74　控制幻灯片放映的快捷菜单

切换到上一张幻灯片有以下 3 种方法：

（1）按 Backspace 键。

（2）按向上键。

（3）右击，在弹出的快捷菜单中选择"上一张"命令。

2. 定位幻灯片

在幻灯片的放映过程中，有时需要定位到某一张幻灯片，操作方法有以下两种：

（1）将鼠标移到控制放映的快捷按钮"查看所有幻灯片"上，弹出如图 5-75 所示的浏览幻灯片状态，单击所需的幻灯片，系统将会放映该幻灯片。

图 5-75　浏览幻灯片状态

（2）在幻灯片放映时右击，在弹出的快捷菜单中选择"查看所有幻灯片"命令，如图 5-74 所示。

3. 标注放映

为了引起观众注意，在放映过程中可以将鼠标当作绘图笔对幻灯片进行标注，就好像用一支笔在黑板上画重点线一样。在 PowerPoint 2016 中，可以选择绘图笔的形状和颜色（图 5-76），在文本和图像上做标记（图 5-77）不需要时还可以用橡皮将其擦除。

图 5-76　墨迹功能菜单

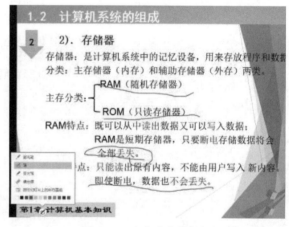

图 5-77　在文本上做标记

标注放映的步骤如下：

（1）在放映时右击，在弹出快捷菜单中将鼠标移到"指针选项"→"墨迹颜色"命令上，将出现如图 5-78 所示的颜色板，单击其中的一个方块即选定了标注颜色。

图 5-78　"墨迹颜色"命令

（2）在"指针选项"子菜单中选择一种笔，则鼠标指针变成一支笔的形状。这时拖动鼠标即可在幻灯片上进行标注。

（3）如果要取消标注状态，则在"指针选项"子菜单中选择"箭头选项"中的"自动"或"可见"命令。

（4）如果要擦除标注，则在"指针选项"子菜单中选择"擦除幻灯片上的所有墨迹"命令。

4．结束放映

最后一张幻灯片放映完后，屏幕顶部会出现"放映结束，单击鼠标退出"字样，这时单击屏幕即可结束放映。

如果想在放映过程中结束放映，方法有以下两种：

（1）右击，在弹出的快捷菜单中选择"结束放映"命令。

（2）按 Esc 键。

第6章　电子表格软件 Excel 2016

Excel 2016 是微软公司推出的办公系列软件 Microsoft Office 2016 的组件之一，是一个功能强大的电子表格软件，主要用于处理、组织和管理各类数据，可以完成各种复杂的数据计算，制作功能齐全的电子表格，打印各种报表和多种数据统计图表。Excel 2016 界面友好，操作简单，函数丰富，有着强大的数据管理功能，在财务、金融、税务、统计、教学管理等领域得到了广泛应用。

6.1　Excel 2016 的基本概念与操作

6.1.1　Excel 2016 的启动、退出及工作窗口

1. Excel 2016 的启动

启动 Excel 2016 的几种常用方法如下：

（1）打开"开始"菜单，选择"所有程序"→Excel 2016 命令。

（2）用户可以在 Windows 桌面上创建 Excel 2016 的快捷方式，双击 Excel 2016 快捷方式图标即可打开 Excel 2016。

（3）双击计算机中存储的 Excel 工作簿文档图标，可直接启动 Excel 2016。

启动后的 Excel 2016 窗口如图 6-1 所示。

图 6-1　Excel 2016 窗口

2. Excel 2016 的退出

退出 Excel 2016 的几种常用方法如下：

（1）单击 Excel 窗口右上角的"关闭"按钮。

（2）在任务栏中，右击 Excel 文档，在弹出的快捷菜单中选择"关闭窗口"命令。

（3）右击标题栏，选择"关闭"。

（4）按 Alt+F4 组合键。

（5）单击"文件"菜单，选择"关闭"命令，可以关闭当前的工作簿文件。

3. Excel 2016 的工作窗口

在 Excel 中，用户可以根据需要创建一个或多个工作簿，每个工作簿显示在自己的窗口中。用户在工作簿文件的工作表中进行各种操作。Excel 2016 工作簿文件扩展名为 xlsx。

在打开 Excel 2016 工作簿之后便可以看到 Excel 2016 的工作窗口，它由标题栏、选项卡、快速访问工具栏、功能区、编辑栏、工作表编辑区、状态栏、视图栏等部分组成。

（1）标题栏：位于窗口的最上方，主要用于显示正在编辑的工作簿文件名及应用程序名称。另外，还包括右侧的"登录""功能区显示选项""最小化""最大化"（向下还原）和"关闭"按钮。

（2）快速访问工具栏：默认情况下，快速访问工具栏位于 Excel 窗口的左上侧，也可以位于功能区下方，用于显示 Excel 2016 中常用的命令。快速访问工具栏始终可见，可以根据需要自定义工具栏，即在工具栏上保存常用的命令。

（3）功能区：是 Excel 的控制中心。功能区主要由选项卡、组、命令三部分组成，还包括文件（Backstage 视图）按钮、Tell Me 功能助手和"共享"按钮等。

1）功能区选项卡包括开始、插入、页面布局、公式、数据、审阅、视图等，此外还包含一些上下文选项卡。每当选择一个编辑对象（如图表、表格、SmartArt 图等）时，将在功能区中提供处理该对象的特殊工具。

2）"文件"按钮：用于打开 BackStage 视图，其中包含用于处理文档和设置 Excel 的选项。

3）Tell Me 功能助手：通过在"告诉我你想要做什么"文本框中输入关键字，可以快速检索 Excel 功能及快速执行 Excel 命令。

4）"共享"按钮：用于快速共享当前工作簿的副本到云端，以便实现协同工作。

（4）编辑栏：用于显示和编辑当前活动单元格中的数据或公式，由名称框、工具框和数据编辑框组成。

1）名称框：主要用于显示当前选中的单元格地址或显示当前被选中的对象。

2）工具框：由"取消"按钮、"输入"按钮和"插入函数"按钮组成，主要在编辑单元格内容时使用。

3）数据编辑框：主要用来显示单元格中输入或编辑的内容，可直接在其中编辑数据。

（5）工作表编辑区：是存储、编辑数据的工作区域，包括行号、列标、单元格、滚动条、工作表标签按钮等部分。

1）行号：工作表区域左侧的阿拉伯数字，从 1 到 1048576，每个数字对应于工作表中的一行。可以单击行号选择一整行单元格。

2）列标：工作表区域上方的英文字母为列标，从 A 到 XFD，每个列标对应于工作表 16384 列中的一列。可以单击列标选择一整列单元格。

3）工作表标签：单击工作表标签可切换不同的工作表，标签滚动控件用于浏览工作表标签。

（6）状态栏：位于 Excel 工作界面底部左侧，用于显示当前工作表或单元格区域操作的相关信息。

（7）视图栏：位于状态栏的右侧，包括视图切换按钮及工作表缩放按钮。

6.1.2 Excel 的基本概念

1. 工作簿

工作簿是 Excel 用来存储数据的文件，一个工作簿就是一个 Excel 文件，默认工作簿文件主名为工作簿 1、工作簿 2、……、工作簿 n。工作簿文件的扩展名为 xlsx。一个工作簿内可以包含若干张工作表。

2. 工作表

工作表由单元格、行号、列标、工作表标签等组成。每张工作表都有自己名字，并显示在工作表标签上，默认工作表名称为 Sheet 1、Sheet 2、……、Sheet n，用户可以为工作表重命名，也可以根据需要添加或删除工作表。

3. 单元格和活动单元格

每个工作表是由 1048576 行和 16384 列（标记为 A～XFD）构成的一个二维表格，其中，行号用数字表示，从 1 到 1048576；列标用字母来表示，A 到 Z 列之后是 AA 列，后跟 AB、AC 列，依次类推，AZ 列之后是 BA 列，后跟 BB 列等，最后一列列标为 XFD。

工作表中行和列交叉处的小方格称为单元格，单元格是工作表存储数据的最基本单位。每个单元格都有唯一地址，地址由单元格的列标和行号决定。例如 F 列和 4 行的交叉处是 F4 单元格，工作表左上角单元格的地址为 A1，工作表右下角的单元格地址为 XFD1048576。

任何时候，只有一个单元格是活动单元格。活动单元格的外边框显示为深黑色，活动单元格可以通过键盘输入数据，并可对其内容进行编辑。

单元格区域是多个单元格的集合，是由许多单元格组合而成的一个范围，可分为连续单元格区域和不连续单元格区域，用该区域左上角单元格的地址和右下角单元格的地址（中间用冒号分隔）可表示一个连续单元格区域。例如，(A1:F4)表示 A1 单元格到 F4 单元格之间的 4 行 6 列共 24 个单元格，表示不连续的单元格区域用逗号分隔；(A1:B3,D4,F5)表示该区域包含从 A1 到 B3 的 6 个单元格，D4 单元格及 F5 单元格，共 8 个单元格。

6.1.3 工作簿的操作

Excel 中的所有操作都是在工作簿中完成的，工作簿的基本操作包括新建工作簿、保存工作簿、打开工作簿、关闭工作簿。

1. 新建工作簿

（1）新建空白工作簿，常用方法有以下几种：

1）启动 Excel 2016，在 Excel 界面中选择"空白工作簿"选项。

2）在 Backstage 视图中选择"新建"→"空白工作簿"选项，如图 6-2 所示。

3）按 Ctrl+N 组合键。

默认工作簿名称为"工作簿 1"，如果继续新建空白工作簿，系统默认按顺序命名新的工作簿，即"工作簿 2""工作簿 3"……

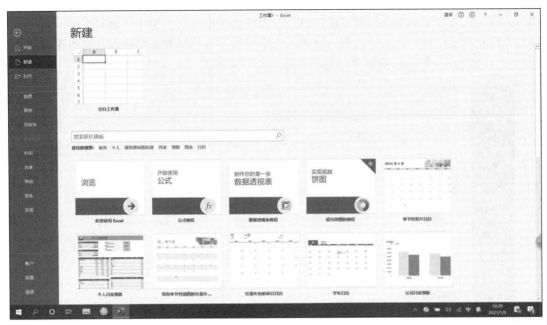

图 6-2　新建空白工作簿

（2）根据模板新建工作簿。Excel 2016 中提供了许多工作簿模板，这些工作簿的格式和所要填写的内容都是已经设计好的，可以保存占位符、宏、快捷键、样式和自动图文集等信息。

Excel 2016 的"新建"面板采用了网页的布局形式和功能，其中"搜索"栏中包含了业务、个人、列表、预算、图表、日历等常用的工作簿模板链接。此外，用户还可以在"搜索"文本框中输入所需的模板的关键字进行搜索，查找更多类别的工作簿模板，如图 6-3 所示。

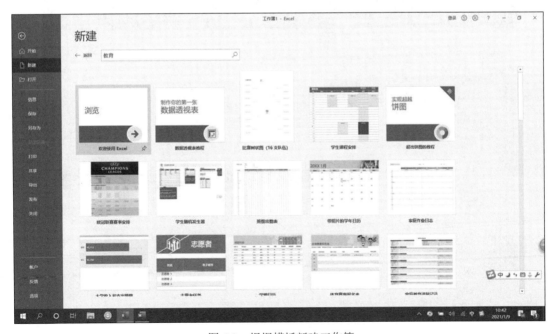

图 6-3　根据模板新建工作簿

　　1）在"文件"菜单中选择"新建"命令，在搜索栏中输入关键字"教育"。

　　2）在新界面中将展示与"教育"有关的表格模板，选择所需要的模板，这里选择"班级出勤表"，如图 6-4 所示，选择"创建"命令。

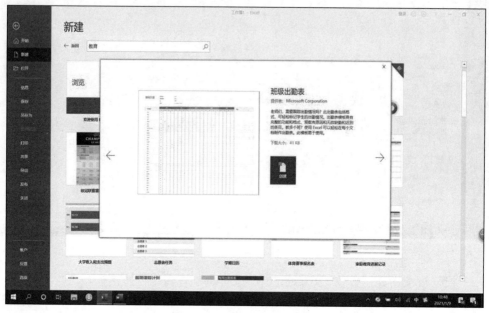

图 6-4　根据模板新建工作簿

　　3）返回 Excel 2016 的工作界面中即可查看到系统根据模板自动创建的"班级出勤表 1"工作簿，如图 6-5 所示。

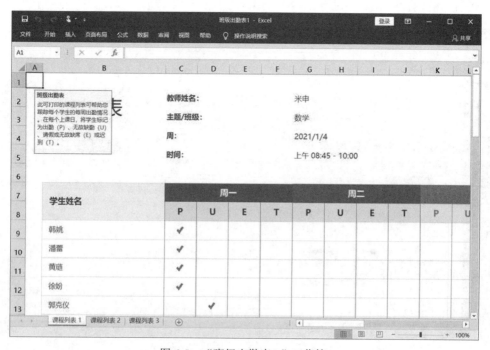

图 6-5　"班级出勤表 1"工作簿

2. 保存工作簿

创建工作簿后，一般需要对其进行保存，方便以后对工作簿进行访问和修改。

若工作簿是新建的，那么单击"文件"打开 BackStage 视图，选择"保存"或"另存为"命令的结果是一样的。若工作簿是此次编辑之前已经存在的，那么上述两个命令的执行结果是不同的。如果执行的是"保存"命令，则原有的工作簿被编辑后的工作簿覆盖；如果执行的是"另存为"命令，则以新文件名保存或者保存到一个不同的位置。

Excel 提供了以下几种保存工作簿的方法：

（1）选择快速访问工具栏中的"保存"命令。

（2）按 Ctrl+S 组合键。

（3）按 Shift+F12 组合键。

（4）选择"文件"→"保存"命令。

"另存为"对话框如图 6-6 所示，可以在左侧的文件夹列表中选择所需的保存位置，在"文件名"字段中输入新文件名，在文件类型中选择所要保存的文件类型，默认文件类型为.xlsx。

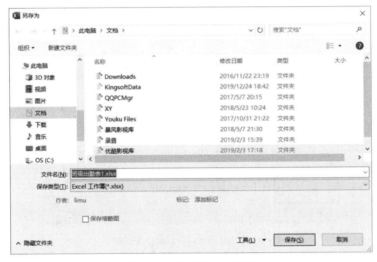

图 6-6　"另存为"对话框

3. 打开工作簿

想查看或再编辑已经保存过的 Excel 工作簿文件，首先需要将其打开。打开已保存的工作簿的方法有以下几种：

（1）选择快速访问工具栏中的"打开"命令。

（2）按 Ctrl+O 组合键。

（3）选择"文件"→"打开"命令。

在"打开" BackStage 视图中有以下两种情况：

● 选择"文件"→"打开"→"最近"命令，从右边列表中选择所需要的文件。可以在"Excel 选项"对话框的"高级"部分中指定显示的最近访问过的文件数（最多为50 个）。

● 选择"文件"→"打开"→"浏览"命令，弹出"打开"对话框（与"另存为"对话框相似），在此选择要打开的 Excel 文件。

4. 关闭工作簿

完成对工作簿的操作后，应该关闭工作簿以释放其占用的内存。关闭最后一个打开的工作簿时将同时关闭 Excel。

可以使用以下方法来关闭工作簿：

（1）选择"文件"→"关闭"命令。

（2）单击窗口标题栏中的"关闭"按钮。

（3）双击工作簿标题栏左侧的 Excel 图标。

（4）按 Ctrl+F4 组合键。

6.1.4　工作表的操作

1. 选定工作表

每个工作簿可以包含一个或多个工作表，其中只有一个当前工作表（活动工作表），单击工作簿窗口底部的工作表标签即可选择当前工作表，当前工作表标签用白底绿字显示。也可以使用以下快捷键来选择当前工作表：

- Ctrl+PgUp：选择上一个工作表（如果存在）。
- Ctrl+PgDn：选择下一个工作表（如果存在）。

如果工作簿中有很多工作表，则可能不是所有的工作表标签都可见，使用标签滚动控件可以滚动显示工作表标签，如图 6-7 所示。

图 6-7　工作表标签及标签滚动控件

- 同时选择多个连续的工作表：先选择第一个工作表，然后按住 Shift 键，再单击最后一个工作表，即可以选择这两张工作表及其中间所有的工作表。
- 同时选择几个不连续的工作表：按住 Ctrl 键，单击要选择的工作表标签。
- 选择工作簿中所有工作表：在任意一个工作表标签上右击，在弹出的快捷菜单中选择"选定全部工作表"命令。

提示：当右击标签滚动控件时，Excel 会显示列出工作簿中所有工作表的列表，可从该列表中快速选定工作表。

2. 插入新工作表

可以使用以下方法向工作簿中添加新工作表：

（1）单击"新建工作表"按钮，将在当前（活动）工作表之后插入一个新工作表。

（2）按 Shift+F11 组合键，将在当前工作表之前插入新工作表。

（3）右击工作表标签，在弹出的快捷菜单中选择"插入"命令，选择"插入"对话框中的"常用"选项卡，选择"工作表"图标，然后单击"确定"按钮，将在当前工作表之前添加新工作表。

（4）在功能区中选择"开始"→"单元格"→"插入"→"插入工作表"命令。

后 3 种方法，当选择多个连续工作表时可实现插入多个空白工作表操作。

3．删除工作表

对于工作簿中不再需要的工作表，可以将其删除。首先选择要删除的工作表，然后可通过以下方法删除：

（1）右击其工作表标签，在弹出的快捷菜单中选择"删除"命令。

（2）在功能区中选择"开始"→"单元格"→"删除"→"删除工作表"命令。

如果工作表中包含数据，那么 Excel 会要求用户确认是否要删除工作表。

提示：工作表被删除后，便被永久删除了。工作表删除是 Excel 中无法撤销的少数几个操作之一。

4．移动和复制工作表

在工作簿中可以改变各个工作表的顺序，也可以将工作表从一个工作簿移到另一个工作簿，还可以复制工作表（在同一个工作簿或不同工作簿中）。通过以下方法可移动或复制工作表：

（1）使用鼠标，选择要移动或复制的工作表，按住鼠标左键，沿着工作表标签行拖动到指定的位置。拖动时，鼠标指针会变为一个缩小的工作表图标，并会给出一个小箭头▼引导操作。要复制工作表，在按住 Ctrl 键的同时拖动工作表标签到所需位置。注意，要将工作表移动或复制到不同的工作簿，则第二个工作簿必须已打开。

（2）右击"工作表"标签，然后选择"移动或复制"命令，弹出"移动或复制工作表"对话框，如图 6-8 所示，在其中指定所需的操作和工作表位置。

图 6-8　"移动或复制工作表"对话框

（3）在功能区中选择"开始"→"单元格"→"格式"→"移动或复制工作表"命令，弹出"移动或复制工作表"对话框，完成相应操作。

在将工作表移动或复制到某个工作簿时，如果其中已经包含同名的工作表，那么 Excel 会更改工作表名称，使其唯一。例如 Sheet1 会变为 Sheet1(2)。

5．重命名工作表

Excel 中所使用的默认工作表名称是 Sheet1、Sheet2 等，这些名字不具有说明性。为了更容易在多个工作表的工作簿中找到数据，可以给工作表起一个更具说明性的名字。重命名工作表可以通过以下方法实现：

（1）双击工作表标签，Excel 会在标签上突出显示名称，修改名称即可。

（2）右击"工作表"标签，然后选择"重命名"。

（3）在功能区中选择"开始"→"单元格"→"格式"→"重命名工作表"命令。

工作表名称最多可包含 31 个字符，但是不能使用冒号（:）、斜线（/）、反斜线（\）、方括号（[ ]）、问号（?）、星号（*）。

6. 更改工作表标签颜色

Excel 允许更改工作表标签的背景色。右击工作表标签，在弹出的快捷菜单中选择"工作表标签颜色"命令，然后从颜色选择器框中选择颜色。也可以在功能区中选择"开始"→"单元格"→"格式"→"工作表标签颜色"命令完成操作。

7. 隐藏或取消隐藏工作表

某些情况下，可能需要隐藏一个或多个工作表。当工作表被隐藏时，其"工作表"标签将隐藏。不能隐藏工作簿中的所有工作表，必须至少保留一个工作表可见。

要隐藏某个工作表，可以右击其工作表标签，然后选择"隐藏"命令。此时将会从窗口中隐藏选定的工作表。也可以在功能区选择"开始"→"单元格"→"格式"→"隐藏和取消隐藏"→"隐藏工作表"命令完成操作。

要取消已隐藏的工作表，可右击任意工作表标签，然后选择"取消隐藏"命令，弹出"取消隐藏"对话框，其中列出了所有已隐藏的工作表，选择要重新显示的工作表并单击"确定"按钮即可。也可以在功能区选择"开始"→"单元格"→"格式"→"隐藏和取消隐藏"→"取消隐藏工作表"命令完成操作。当取消隐藏工作表后，它将出现在它以前在工作表标签区域所在的位置。

6.1.5　工作簿窗口的控制

在 Excel 窗口编辑工作表时，有时需要在多个工作簿或工作表之间交替操作。为了操作方便，可以通过功能区"视图"选项卡中的"窗口"组来快速切换窗口、隐藏窗口、新建窗口、全部重排窗口、拆分窗口和冻结窗格。

1. 切换窗口

同时编辑多个工作簿时，如果要查看其他打开的工作簿中的数据，可以在打开的工作簿之间进行切换。Excel 中提供了快速切换窗口的方法：选择"视图"→"窗口"→"切换窗口"命令，在弹出的下拉列表中选择需要切换到的工作簿名称。

2. 多窗口查看工作表

对于数据比较多的工作表，可以建立两个或多个窗口，每个窗口显示工作表中不同位置的数据，方便进行数据的查看和其他编辑操作，操作步骤如下：

（1）新建窗口操作：选择"视图"→"窗口"→"新建窗口"命令，建立本工作簿的新窗口，内容和原来打开的工作簿窗口一致，例如原工作簿名称为"工作簿 1"，当该工作簿创建了第二个窗口时，两个窗口的名称分别为"工作簿 1:1"和"工作簿 1:2"。如果要创建多个窗口，则可重复执行"新建窗口"命令。

（2）重排窗口操作：选择"视图"→"窗口"→"全部重排"命令，弹出"重排窗口"

对话框, 如图 6-9 所示。

图 6-9　"重排窗口"对话框

（3）在该对话框中 Excel 提供了 4 种排列方法：平铺、水平并排、垂直并排和层叠。例如选择第一种平铺排列方式，单击"确定"按钮，此时所有桌面上的工作簿以"平铺"方式排列，效果如图 6-10 所示。

图 6-10　以平铺方式排列的多个工作簿

3. 并排比较工作表

Excel 还提供一种查看工作簿中内容的方法，即并排查看。在并排查看状态下，当滚动显示一个工作簿中的内容时，并排查看的其他工作簿也将随之滚动，方便用户同步查看数据。

（1）打开需要并排查看数据的两个工作簿。

（2）在任意一个工作簿窗口中选择"视图"→"窗口"→"并排查看"命令。

（3）打开"并排比较"对话框，在其列表中选择要进行并排比较的工作簿，单击"确定"按钮。

（4）两个工作簿在桌面上的效果如图 6-11 所示。在任意窗口中滚动鼠标，另一个窗口的数据也会自动进行滚动显示。单击"同步滚动"按钮可切换鼠标同步滚动。

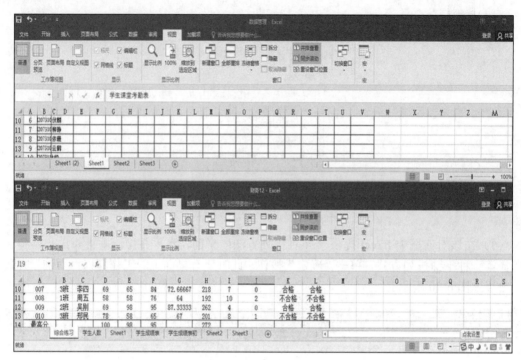

图 6-11　并排比较两个工作簿

4. 工作表窗口的拆分与冻结

当一个工作表中包含的数据太多时，对比查看其中的内容就比较麻烦，此时可以通过拆分工作表的方法将当前工作表拆分为多个窗格，以方便用户在多个不同的窗格中查看同一工作表中的数据。

执行"视图"→"窗口"→"拆分"命令，将工作表拆分为 4 个窗口，如图 6-12 所示，拖动窗口分隔线可以随意改变窗口的大小，再次执行"拆分"命令可取消工作表窗口拆分。

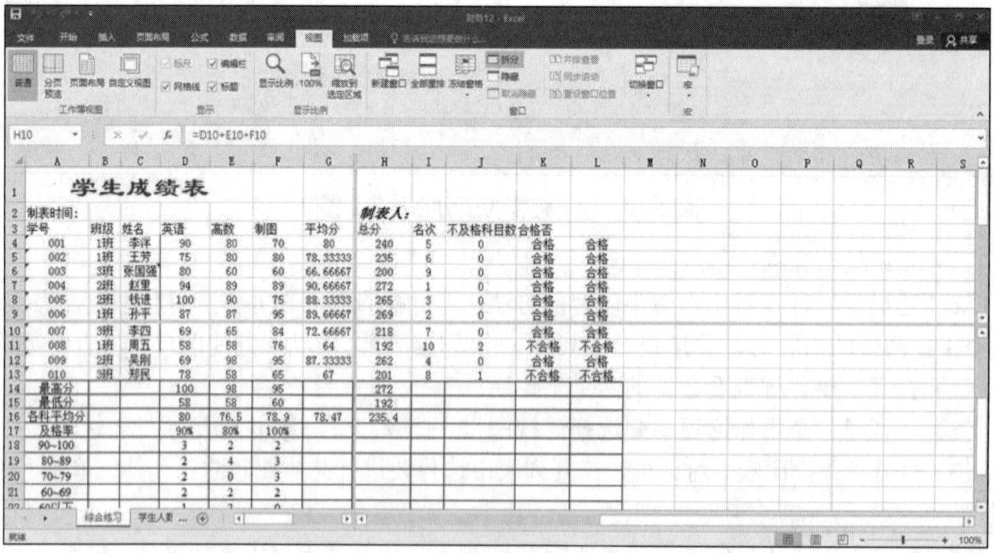

图 6-12　"拆分"工作表

　　如果为工作表设置了列标题或者在第一列中设置了描述性文本，那么当向下或向右滚动时这些标识信息将不显示。Excel 提供了一种用于解决这个问题的方法：冻结窗格。冻结窗格功能可使用户在滚动工作表时仍然能够看到行和列标题。

　　根据需要冻结的对象不同可以分为以下 3 种冻结方式：

　　（1）冻结拆分窗格：查看工作表中的数据时，保持设置的行和列的位置不变。

　　（2）冻结首行：查看工作表中的数据时，保持工作表的首行位置不变。

　　（3）冻结首列：查看工作表中的数据时，保持工作表的首列位置不变。

　　冻结拆分窗格操作方法：首先将单元格指针移动到要在垂直滚动时保持可见的行的下面，并移动到要在水平滚动时保持可见的列的右侧，然后选择"视图"→"窗口"→"冻结窗格"命令，并从下拉列表中选择"冻结拆分窗格"命令。

　　冻结拆分窗格后的效果如图 6-13 所示。Excel 将插入深色线以指示冻结的行和列。要取消冻结窗格，选择"取消冻结窗格"命令。

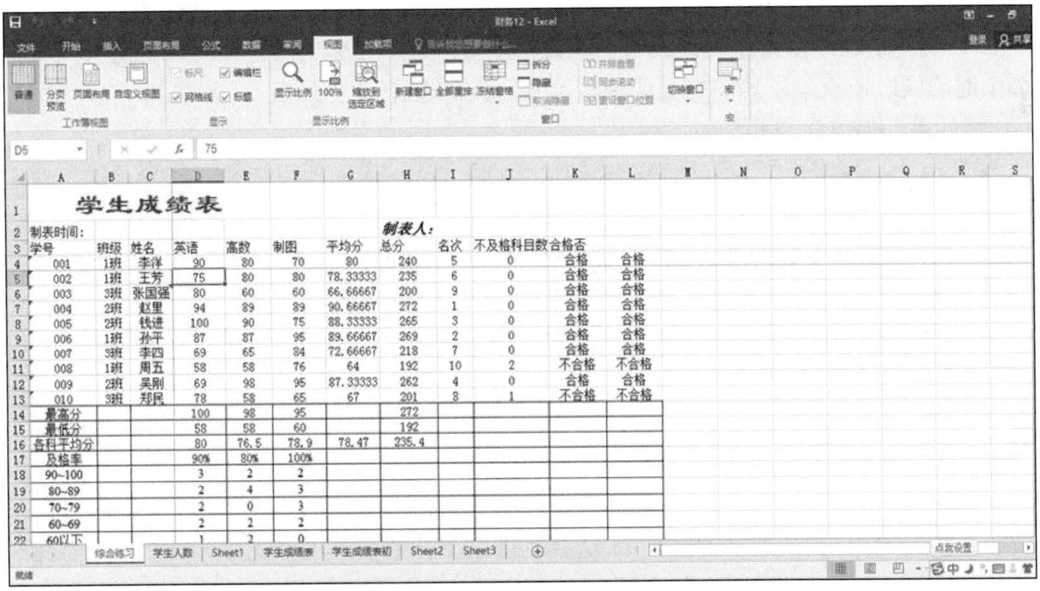

图 6-13　冻结拆分窗格后的效果

　　执行"冻结首行"和"冻结首列"命令时不需要在冻结窗格之前定位单元格指针。

6.1.6　行、列与单元格

　　在 Excel 工作表的编辑过程中，经常需要对表格的行、列和单元格进行操作，包括选择、插入、移动、复制、删除等操作。

　　1．选定行、列与单元格

　　要对行、列、单元格进行相应的操作，需选择要进行操作的行、列、单元格。

　　（1）选择单行、单列或单个单元格。

　　单行：将鼠标移动到要选择的行号上，当鼠标指针变成向右的黑色箭头时单击鼠标即可选择该行。

　　单列：将鼠标移动到要选择的列标上，当鼠标指针变成向下的黑色箭头时单击鼠标即可选择该列。

单个单元格：在该单元格可见的情况下，在单元格上单击鼠标即可选中该单元格；也可通过在名称框中输入要选择的单元格地址，然后按 Enter 键来选中单元格。

（2）选择连续多行、多列或多个单元格。

多行：单击某行的行号后，按住鼠标左键不放并向上或向下拖动，即可选择与此行相邻的连续多行。

多列：单击某列的列标后，按住鼠标左键不放并向左或向右拖动，即可选择与此列相邻的连续多列。

先选择第一个单元格（例如连续单元格区域的左上角单元格），然后按住鼠标左键不放并拖动到目标单元格（例如连续单元格区域的右下角单元格），即可选中鼠标选择的矩形区域内的全部单元格。

当要选择的范围较大时，可以通过如下方法选择连续范围：首先选择首行（首列或第一单元格），然后按住 Shift 键，同时选择最后一行（列或单元格）。

（3）选择不连续多行、多列或多个单元格。要选择不相邻的多行，可以在选择某行后按住 Ctrl 键的同时依次单击其他需要选择的行号，直到选择完毕后松开 Ctrl 键。选择多列、多个不连续的单元格方法与此相似。

（4）全选。单击行号与列标交叉处的"全选"按钮 ◢，即可选择工作表中的所有单元格；还可使用组合键 Ctrl+A 实现该操作。

（5）取消选定。要取消选定的区域，单击任意单元格即可。

2．插入和删除行、列与单元格

Excel 允许用户在工作表中插入或删除单元格、区域、行或列，表中所有的数据会自动迁移，腾出插入空间或弥补删除空间。

（1）插入行（或列）。

- 选择一行（列）或多行（列），右击行号（列标），在弹出的快捷菜单中选择"插入"命令。
- 选择一行（列）或多行（列），选择功能区"开始"→"单元格"→"插入"命令，在弹出的下拉菜单中选择"插入工作表行（插入工作表列）"命令，Excel 会在选中的行（列）前面插入行（列）。当选中多行（列）时则插入多行（列）。

（2）插入单元格、单元格区域。

- 选择单元格或单元格区域，右击选中的单击格，在弹出的快捷菜单中选择"插入"命令，弹出"插入"对话框，如图 6-14 所示。
- 选择单元格或单元格区域，选择"开始"→"单元格"→"插入"命令，在弹出的下拉菜单中选择"插入单元格"命令，弹出"插入"对话框。

在对话框中选择活动单元格移动的方向，也可以移动整行或整列，单击"确定"按钮即可完成单元格插入。

（3）删除行、列、单元格或单元格区域。行、列、单元格及单元格区域的删除与插入操作相似，可以选择快捷菜单中的"删除"命令或功能区"开始"→"单元格"→"删除"命令，在弹出的下拉菜单中选择相应的删除命令完成操作。删除单元格时，"删除"对话框如图 6-15 所示。

图 6-14　"插入"对话框

图 6-15　"删除"对话框

3．移动和复制行、列与单元格

数据的移动和复制可以在不同的工作表或工作簿之间进行，方法有两种：一种是用鼠标拖动，另一种是利用剪贴板。

（1）鼠标拖动实现工作表内数据的移动和复制。操作步骤为：选择要移动或复制的行、列、单元格或单元格区域，将鼠标指针放置在区域边框上（不要放置在填充柄上），此时鼠标指针变成四个方向的箭头，按住鼠标左键，拖动鼠标到目标位置，松开鼠标，则原来的数据被移动至新位置，原来位置的数据消失。

如果拖动时按住 Ctrl 键，则可以复制数据，此时鼠标变成带一个小加号的空心箭头，松开鼠标，数据复制到新位置，原来区域数据不变。

（2）使用剪贴板实现移动和复制。使用剪贴板移动或复制数据由以下两个步骤组成：

● 选择需要移动（复制）的单元格或区域（源区域），并将其剪切（复制）到"剪贴板"。

● 选择目标位置，粘贴"剪贴板"中的内容。

由于移动（复制）操作使用十分频繁，Excel 提供了多种方法来实现剪切、复制和粘贴操作。

● 在右击弹出的快捷菜单中选择"剪切""复制"和"粘贴"命令。

● 在"开始"功能区中，单击"剪贴板"组中的"剪切""复制"和"粘贴"按钮。

● 使用组合键：Ctrl+X（剪切）、Ctrl+C（复制）、Ctrl+V（粘贴）。

4．设置列宽与行高

一般情况下，每个单元格的列宽与行高是固定的，但在实际编辑过程中，有时会在单元格中输入较多内容，导致数据不能完全显示出来或以#填充，即表示列宽不足以容纳该单元格中的信息。可通过适当调整列宽和行高来解决此类问题。

（1）更改列宽。Excel 列宽以符合单元格宽度的等宽字体字数数量来衡量，默认情况下，每一列的宽度为 8.38 个字符单位，相当于 72 像素。更改列宽的方法主要有以下几种：

● 用鼠标拖动列的右边框，鼠标指针变成◄►，并在指针左上角显示当前列宽，如图 6-16 所示，拖曳到所需位置时松开鼠标即可。

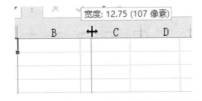

图 6-16　鼠标拖动列标右边框设置列宽

- 双击列标右边框，Excel 将自动调整列宽至合适的宽度（或选择"开始"→"单元格"→"格式"→"自动调整列宽"命令）。
- 选择要调整的列，使用功能区"开始"→"单元格"→"格式"→"列宽"命令，并在"列宽"对话框中输入数值（新的列宽），单击"确定"按钮。

在更改列宽时，可以选择多个列，以便使所有选择的列具有相同的宽度。

（2）更改行高。Excel 中的行高以点数衡量（pt），使用默认字体的默认行高为 14.25pt 或 19 像素。Excel 会自动调整行高以容纳该行中内容的最高字体。更改行高主要有以下几种方法：

- 用鼠标拖动行的下边框，鼠标指针变成✛，并在指针左上角显示当前行高，当拖曳到所需高度松开鼠标即可。
- 双击行号下边框，Excel 将自动调整行高至合适的高度（或选择"开始"→"单元格"→"格式"→"自动调整行高"命令）。
- 选择要调整的行，选择功能区"开始"→"单元格"→"格式"→"行高"命令，并在"行高"对话框中输入数值（新的行高），单击"确定"按钮。

同列一样，可以选择多行，设置多行等高。

5. 隐藏与显示行或列

某些情况下，如不希望用户看到特定的信息，或者需要打印工作表概要信息而不是详细信息时，可能需要隐藏特定的行或列。

要隐藏工作表中的行，先选择要隐藏的行，然后右击，在快捷菜单中选择"隐藏"命令。另外，也可以选择功能区"开始"→"单元格"→"格式"→"隐藏和取消隐藏"命令，在下拉列表中选择"隐藏行"命令。

要隐藏工作表的列，操作方法与隐藏行相似。

隐藏行实际是设置行高为"0"。同样，隐藏列是设置列的宽度为"0"。所以，可以通过拖动行号或列标的边框以隐藏行或列。

Excel 会为隐藏后的行（列）显示非常窄的行标题（列标题），可以拖动行标题（列标题），使其重新可见来取消隐藏行或列，如图 6-17 所示。

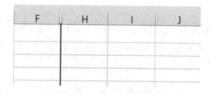

图 6-17　隐藏列的列标

也可以在隐藏的行号（列标）上右击，在弹出的快捷菜单中选择"取消隐藏"命令；或选择功能区"开始"→"单元格"→"格式"→"隐藏和取消隐藏"命令，在下拉列表中选择"取消隐藏行（列）"命令。

6.2　数据的编辑与格式化

在工作表中输入和编辑数据是用户使用 Excel 时最基本的操作之一。工作表中的数据都保存在单元格内，数据可以是常量，也可以是公式。

6.2.1　数据的输入与修改

1．输入数据

单击某个单元格将其设置为活动单元格，此时状态栏中显示"就绪"，等待用户输入数据，此时可直接输入数据。数据会同时出现在单元格和编辑框中，单元格内会出现闪烁的光标，并且状态栏中显示"输入"，编辑框左侧出现 3 个工具按钮：✕ 、✓ 、 *fx* 。如果数据输入完毕，按 Enter 键，活动单元格下移一格；也可以单击工具按钮✓，活动单元格保持不变。

2．修改数据

对于已存入数据的单元格，可以使用以下方法修改内容：

- 单击单元格，直接输入新内容，同时原来的内容被删除。如果按 Delete 键，则删除单元格内的数据。
- 双击单元格，单元格中会出现编辑光标，可以使用方向键、退格键或 Delete 键修改单元格中的原有数据，或在编辑框中编辑新的内容。修改数据后，可按 Enter 键或✓键确定修改，也可通过按 Esc 键或 ✕ 按钮取消修改。

6.2.2　数据类型

Excel 数据可以分为两种类型：常量和公式。常量有数字类型（包括数字、日期、时间、货币）、文本类型、逻辑类型等。

1．数字数据

数字型数据包括数字字符（0～9）和特殊字符：+、-、（、）、/、$、￥、%、E、e。数字前面的+号可以忽略，表示负数时可以在数字前加-号或用圆括号括起来。当数字的长度超过单元格的宽度时，Excel 将自动使用科学记数法来表示数值。

输入分数时，以混分数方式处理，也就是它的左边一定要有数字，例如数值$\frac{1}{2}$要写成 0 1/2，否则 Excel 会认为是日期型数据：1 月 2 日。

显示数字型数据时，Excel 默认在单元格内靠右对齐。

以下均为正确的数字格式：

5876	整数
50,000,000	千位分隔样式
5968.567	实数
-516、（218）	负数
80%	百分比
\$5,000.00、￥5,000.00	货币形式
3 2/3	分数 $3\frac{2}{3}$
1.23E+5	科学记数法表示的数字 1.23×10^5

2．日期型、时间型

Excel 将日期和时间型数据视为特殊的数值型。Excel 通过使用一个序号系统来处理日期。其最早日期是 1900 年 1 月 1 日，该日期的序号是 1。1900 年 1 月 2 日的序号是 2，依次类推。

使用小数形式的天来处理时间，例如 2017 年 6 月 1 日的序号为 42887，而 2017 年 6 月 1 日中午 12:00 的序号为 42887.5。

日期型和时间型数据在单元格内默认靠右对齐，并且有以下输入规则：

（1）输入日期时，需要使用"/"或"-"分隔年、月、日（其中标点符号均为英文半角）。

（2）输入时间时，需要使用":"分隔时、分、秒。时间既可按 12 小时制输入，也可按 24 小时制输入。如果按 12 小时制输入，应该在时间数字后面空一个格，并输入字母 A 或 AM（表示上午）、P 或 PM（表示下午）。

（3）按 Ctrl+;（分号）组合键可以输入系统当前日期，按 Ctrl+Shift+;（分号）组合键可以输入系统当前时间。

3. 文本型

任何输入到单元格中的字符集，只要不被系统解释成数字、日期、时间、逻辑值、公式，Excel 一律将其视为文本型数据。

Excel 默认将文本型数据在单元格内靠左对齐。

在单元格中输入硬回车（换行输入数据），可以按 Alt+Enter 组合键。

对于全部由数字字符（0～9）组成的文本数据，如邮政编码、电话号码、身份证号等，为了区别于数字型数据，在输入字符前添加半角单引号"'"，例如"'99999886666"。

4. 逻辑型数据

逻辑值有两个：true 表示"真"，false 表示"假"。Excel 默认将逻辑型数据在单元格中居中对齐。

提示：一般情况下，Excel 默认的单元格宽度为 8 个字符。若输入的文本型数据超过单元格宽度，其显示方式由右边相邻单元格来决定：若右边相邻单元格为空白，则超出宽度的字符将在右侧相邻单元中显示；若右侧相邻单元格不为空，则超出宽度的字符将不显示。若输入数字型数据超出单元格宽度，Excel 会改为科学记数法显示数据。其余类型数据超出宽度时，则会显示为包含若干个#的字符串。可以通过调整单元格宽度来显示数据。

6.2.3 快速输入

编辑 Excel 工作表经常需要输入大量数据，掌握一些实用技巧可以简化输入数据的过程，从而提高工作效率。

1. 输入数据前选择单元格区域

在输入数据之前，先选择要输入数据的区域，之后可以使用表 6-1 中所列按键，确定数据输入并移动光标到下一个单元格。

表 6-1　在选定的区域中选定活动单元格的按键

按键	作用	按键	作用
Enter	下移一个单元格	Tab	右移一个单元格
Shift+Enter	上移一个单元格	Shift+Tab	左移一个单元格

当选定了单元格区域后，在按 Enter 键时 Excel 会自动将单元格指针移动到区域内的下一个单元格。如果选择多行区域，输入一列的最后一个单元格数据后按 Enter 键则 Excel 会将指

针移动到下一列的起始单元格中。而要跳过一个单元格，只需要按 Enter 键而不输入任何内容即可。

　　注意：不能单击单元格，也不能使用方向键，否则区域的选定将被解除。

　　2．使用 Ctrl+Enter 组合键同时在多个单元格中输入相同数据

　　如果需要在多个单元格中输入相同的数据，操作方法如下：

　　（1）选择要输入相同数据的所有单元格。

　　（2）输入数值、文本、公式等数据。

　　（3）按 Ctrl+Enter 组合键，输入的数据将被写入到所有选定的单元格中。

　　3．使用记忆式输入功能自动完成数据输入

　　通过 Excel 的记忆式输入功能可以很方便地在同列的单元格中输入相同的文本型数据。使用记忆式输入功能，只需要在单元格中输入文本条目的前几个字母，Excel 就会根据已在列中输入的内容自动完成文本输入，如图 6-18 所示。此时如果自动输入的内容正好是要输入的内容，只需按 Enter 键即可完成输入；如果不是需要的内容，则继续输入新内容即可。

　　还可以右击单元格，在弹出的快捷菜单中选择"从下拉列表中选择"命令（或按组合键 Alt+↓），此时 Excel 会显示一个下拉框，其中列出了当前列中的所有文本条目，如图 6-19 所示，此时只需单击所需的条目即可。

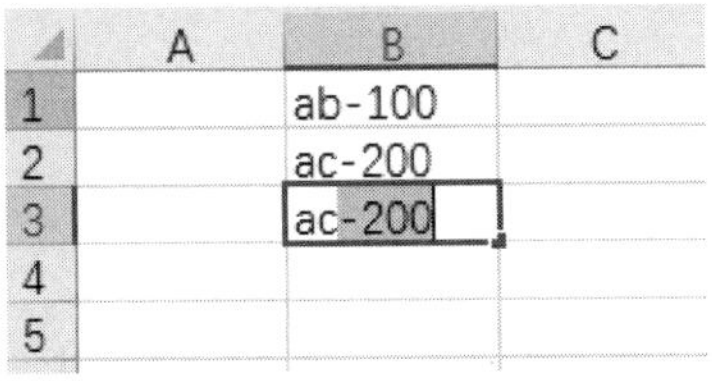

图 6-18　使用记忆式输入功能输入数据

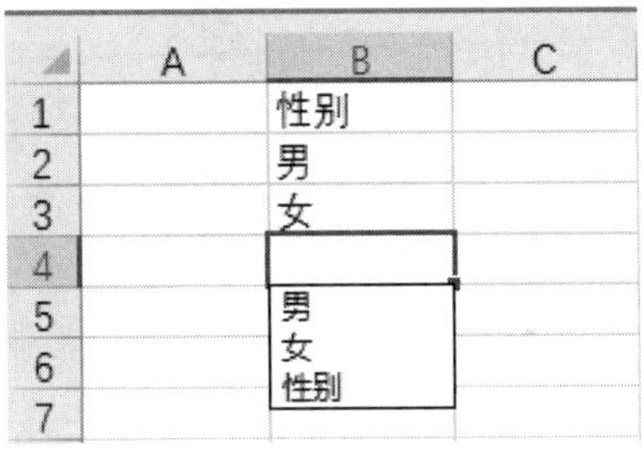

图 6-19　从下拉列表中选择输入数据

　　注意：记忆式输入功能只在连续的单元格中有效，如果中间有一个空白行，则记忆式输入功能只能识别空白行下方的单元格内容。

　　如果不需要记忆式输入功能，可以在"Excel 选项"对话框的"高级"选项卡中将其关闭。

　　4．使用填充柄输入数据

　　在活动单元格粗线框的右下角有一个小方块，称为填充柄，如图 6-20 所示，当鼠标指针移到填充柄上时鼠标指针会变为**+**，此时按住鼠标左键不放，向上、下或向左、右拖动填充柄即可插入一系列数据或文本。

图 6-20　活动单元格的填充柄

（1）复制数据。当单元格中的数据为文本型（不包含数字字符）或数值型时，拖动填充柄会将数据复制到相应的单元格中。例如"沈阳"、20，填充后的结果如图 6-21 所示。

（2）递增填充。当单元格中的数据为数字和字符或纯数字组成的字符串时，例如"图 2-1"、0001 等，拖动填充柄时数据实现递增填充，如图 6-22 所示。

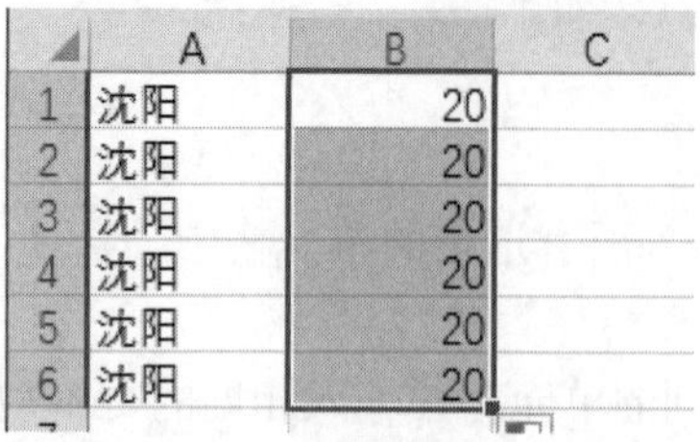

图 6-21　拖曳填充柄复制数据

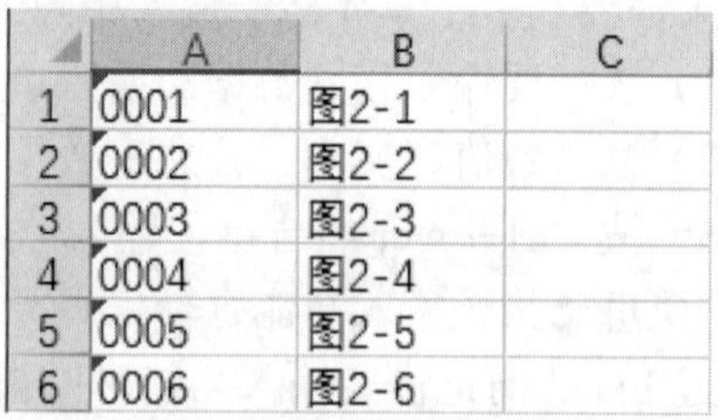

图 6-22　拖曳填充柄实现递增填充

（3）等差填充。当两个相邻的单元格中均为数值型数据时，选择两个单元格区域，拖动填充柄可以实现等差序列的填充，如图 6-23 所示。

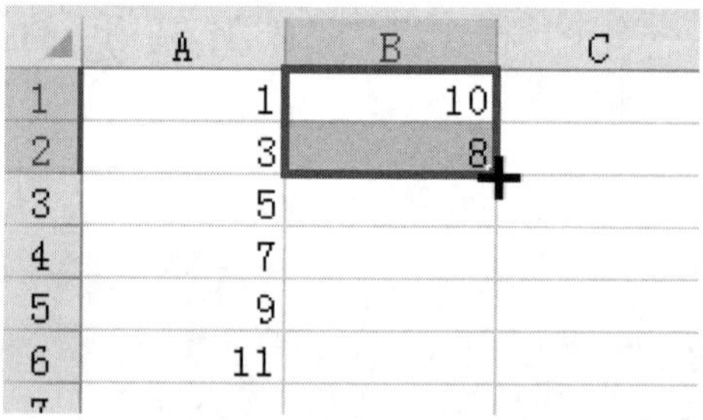

图 6-23　拖曳填充柄实现等差序列填充

当拖动填充柄到指定的位置时，在填充数据的右下角会显示一个图标，称为填充选项按钮，单击该按钮会展开填充选项列表，用户可从中选择所需的填充项，如图 6-24 所示。

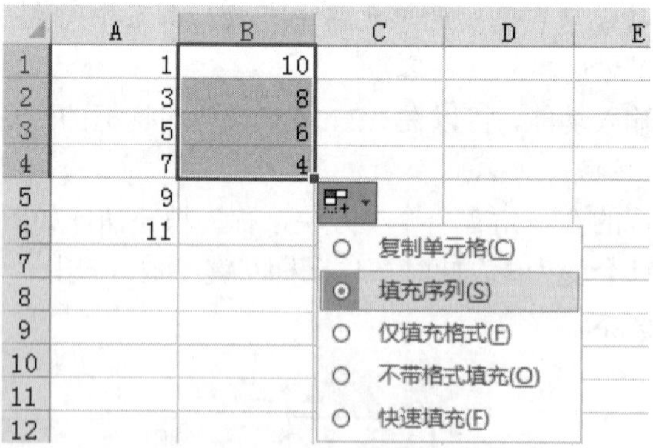

图 6-24　填充选项按钮

5．使用填充命令输入数据

数据的填充还可以使用功能区中的"填充"命令，操作步骤为：在单元格中输入起始数据，选择要填充的连续单元格区域，再选择"开始"→"编辑"→"填充"命令，在其列表中选择向上、向下、向左、向右来实现向指定方向的复制填充。当选择"序列"命令时会弹出

"序列"对话框，如图 6-25 所示，在此可以选择类型、步长值等来实现数据的快速填充。

图 6-25　"序列"对话框

6. 自定义序列输入数据

在 Excel 中内置了一些特殊序列，用户可以通过选择"文件"→"选项"命令打开"Excel 选项"对话框，选择"高级"选项卡，在右侧的"常规"栏中单击"编辑自定义列表"按钮，弹出"自定义序列"对话框，如图 6-26 所示。在对话框左侧栏中显示的序列为已定义的序列，当用户输入序列中的数据时可以利用填充柄按序列自动填充数据。

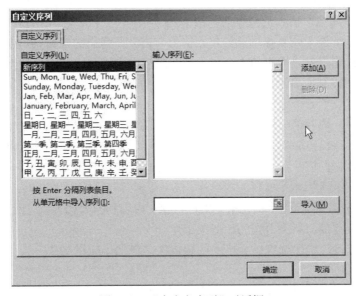

图 6-26　"自定义序列"对话框

当用户经常需要输入某些固定的序列内容时，也可通过对话框中的"添加"和"导入"按钮来向自定义序列中添加新序列。方法是，在右侧"输入序列"编辑框中依次输入数据，数据条目之间用 Enter 键分隔，输入结束后单击"添加"按钮即可将数据序列添加至左侧列表中，如图 6-27 所示。

当把已输入至工作表中的数据添加到"自定义序列"中时，可以选取或输入存放数据的单元格区域地址，再单击其右侧的"导入"按钮来实现。

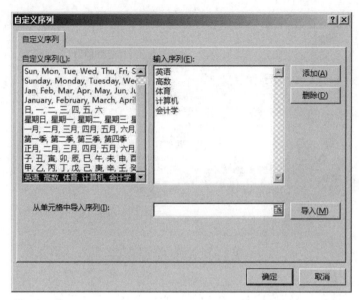

图 6-27 向"自定义序列"对话框中添加新序列

6.2.4 编辑数据

1. 清除单元格数据

当不再需要单元格中输入的数据时，可以将其清除。删除单元格中的内容，只需选定单元格，然后按 Delete 键。或者在选定的单元格上右击，在弹出的快捷菜单中选择"清除内容"命令。这种方法只删除单元格中的内容，不会删除应用于该单元格的任何格式。

为了更准确地控制所删除的内容，可以选择"开始"→"编辑"→"清除"命令。该命令的下拉列表中有以下 6 个选项：

- 全部清除：清除单元格中的一切内容，包括内容、格式和批注（如果有）。
- 清除格式：仅清除单元格的格式，保留数值、文本、公式等数据内容。
- 清除内容：仅清除单元格的内容，保留格式（与按 Delete 键效果一致）。
- 清除批注：清除单元格附加的批注。
- 清除超链接：删除选定单元格中的超链接，内容和格式仍保留，所以单元格看上去仍像一个超链接，但不再作为超链接工作。
- 删除超链接：删除选定单元格中的超链接，包括单元格格式。

2. 查找和替换

数据表的特点是数据非常多，查找和替换是编辑工作表时经常使用的操作，使用查找操作时，可以使查找到的单元格自动成为活动单元格。在 Excel 中除了可以查找和替换文字、数值数据外，还可以查找公式、批注、格式等。查找和替换操作可以在一个选定区域或整个工作表中进行。

查找和替换的操作步骤如下：

（1）选择功能区"开始"→"编辑"→"查找和选择"命令，在下拉列表中选择"查找"命令或按 Ctrl+F 组合键，弹出"查找和替换"对话框，如图 6-28 所示，在"查找内容"文本框中输入查找内容。

图 6-28　"查找和替换"对话框

（2）单击"查找下一个"按钮，Excel 会自动将下一个找到的内容设置为活动单元格。依次类推，可逐个查找数据。也可单击"查找全部"按钮，对话框下方将列出所有查找到的内容及位置，如图 6-29 所示，在列表中直接单击查找到的条目，在工作表中该条目所在的单元格被指定为活动单元格。

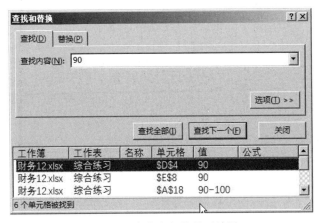

图 6-29　查找全部的显示结果

（3）单击"选项"按钮，可以为查找和替换设置格式和查找条件，如图 6-30 所示。

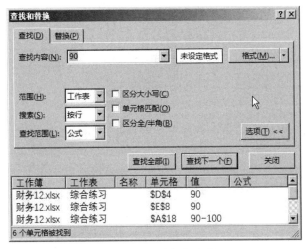

图 6-30　设置查找选项

对于查找到的内容，如果需要替换成其他内容和格式，可以选择"替换"选项卡，在"替换为"文本框中输入新的内容，单击"替换"或"全部替换"按钮来替换找到的一个或全部内容，如图 6-31 所示。

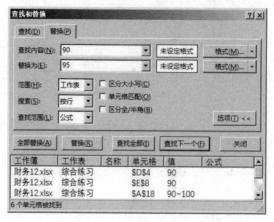

图 6-31　"替换"选项卡

3．给单元格加批注

如果用一些文档资料来解释工作表中的元素，将会对用户很有帮助。向单元格添加批注可以实现这一功能。当需要对特定的数据进行描述或对公式的运算进行解释时，此功能非常有用。

（1）添加批注。要向单元格添加批注，首先选择单元格，然后执行以下任意一种操作：

● 选择"审阅"→"批注"→"新建批注"命令。

● 右击单元格，并在快捷菜单中选择"插入批注"命令。

● 按 Shift+F2 组合键。

Excel 将向活动单元格插入一个批注文本框，在该文本框中输入批注内容，输入完毕后单击批注框外部区域即可，如图 6-32 所示。

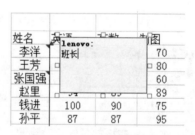

图 6-32　插入单元格批注

此时有批注的单元格的右上角会出现一个红色小三角的批注记号。将鼠标指针移到含有批注的单元格上时就会显示批注。

（2）显示和隐藏批注。如果要显示所有单元格的批注（而不考虑单元格指针的位置），可选择"审阅"→"批注"→"显示所有批注"命令。该命令是可切换命令，再次选择它即可隐藏所在单元格的批注。

要切换显示单个批注，首先需要选择单元格，然后选择"审阅"→"批注"→"显示和隐藏批注"命令。

（3）编辑批注。要编辑修改批注，首先需要选择单元格，接着右击单元格，然后在快捷菜单中选择"编辑批注"命令。也可以先选中单元格，然后按 Shift+F2 组合键。

（4）删除批注。要删除单元格批注，首先需要选中含有批注的单元格，然后选择"审阅"→"批注"→"删除"命令；或者右击鼠标，然后在快捷菜单中选择"删除批注"命令。

4．设置数据验证

Excel 的数据验证功能允许用户设置一些规则，用于规定可以在单元格中输入的内容。如果用户输入无效的数据，系统会拒绝该数据并给出出错警告。例如，在工作表的某区域中规定输入的数据介于 0 和 100 之间，设置步骤如下：

（1）选择单元格或单元格区域。

（2）在功能区选择"数据"→"数据工具"→"数据验证"命令，弹出"数据验证"对话框。

（3）选择"设置"选项卡，按照图 6-33 所示设置数据验证条件。

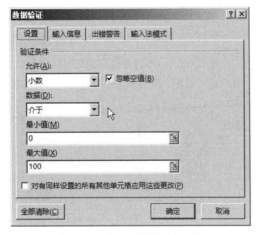

图 6-33　设置数据验证条件

（4）（可选）选择"输入信息"选项卡，按照图 6-34 所示设定用户选定该单元格时显示的信息。

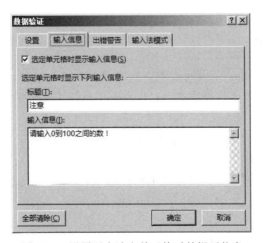

图 6-34　设置用户选定单元格时的提示信息

（5）（可选）选择"出错警告"选项卡，按照图 6-35 所示设定当用户输入无效数据时所显示的出错信息，单击"确定"按钮完成设置。设置完成后，用户输入错误数据时的效果如图 6-36 所示。

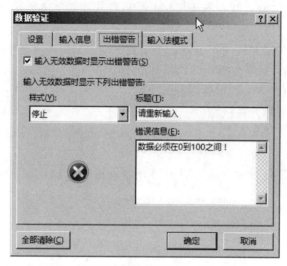

图 6-35　设置用户输入无效数据时显示的信息

图 6-36　用户输入错误数据时的效果

要删除设置的数据验证，则选定该单元格或单元格区域，弹出"数据验证"对话框，单击"全部清除"按钮。

6.2.5　格式化工作表

格式化工作表可以完成单元格的数字格式设置、对齐、字体、填充、边框设置等多种对工作表的修饰操作，可以使工作表更规范、更有条理、更美观和更有吸引力，从而达到锦上添花的效果。

Excel 单元格格式可在以下 3 个位置获得：

● 功能区中的"开始"选项卡。

● 右击单元格区域或单元格时出现的浮动工具栏。

● "设置单元格格式"对话框。

1. 设置数字格式

设置数字格式指更改单元格中数字外观的过程。Excel 提供了丰富的数字格式选项，所应用的格式将对选定的单元格有效，因此需要在应用格式之前选择单元格（或单元格区域）。此外，更改数字格式不会影响基础值，设置数字格式只会影响外观。

（1）通过功能区设置数字格式。功能区的"开始"→"数字"组中包含一些控件可用于快速设置常用的数字格式，如图 6-37 所示。"数字格式"下拉列表中包含 11 种常用的数字格式，如图 6-38 所示。

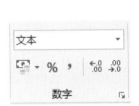

图 6-37　"数字"组

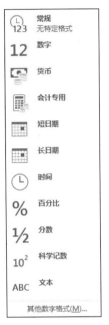

图 6-38　11 种常用数字格式

当选择"数字"格式控件时，活动单元格或单元格区域将应用指定的数字格式。

（2）使用"设置单元格格式"对话框设置数字格式，可以访问更多的用于控制数字格式的命令。可以通过以下方式打开"设置单元格格式"对话框，首先选择要设置格式的单元格（或单元格区域），然后执行下列操作之一：

● 选择"开始"→"数字"命令，然后单击对话框启动器小图标（在"数字"组右下角）。
● 选择"开始"→"数字"命令，单击"数字格式"下拉列表，然后选择"其他数字格式"命令。
● 右击单元格，在弹出的快捷菜单中选择"设置单元格格式"命令。
● 按 Ctrl+1 组合键。

"设置单元格格式"对话框的"数字"选项卡中显示了 12 类数字格式。当从列表框中选择一个类别时，选项卡的右侧就会发生变化以显示适用于该类别的选项，如图 6-39 所示。例如，要设置日期型数据的格式，首先在左侧的"分类"框中选择"日期"，然后在右侧的"区域设置"中选择国家或地区，此时在"类型"框中显示当前国家或地区日期型数据的所有可供选择的格式，选择所需要的格式后单击"确定"按钮即可完成设置。

（3）使用浮动工具栏设置数字格式。右击单元格或选中区域时会显示快捷菜单。此时，在快捷菜单的上方或下方会出现一个浮动工具栏，如图 6-40 所示，其中包含了功能区"开始"选项中最常用的控件，直接单击相关设置按钮即可完成设置。

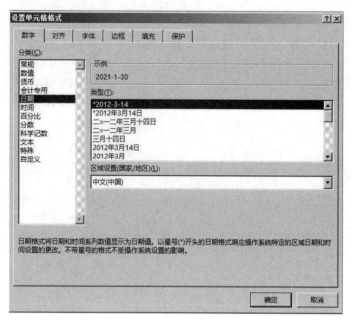

图 6-39　"设置单元格格式"对话框中的"数字"格式设置

图 6-40　浮动工具栏

2. 设置字体格式

字体的外观设置包括字体、字形、字号、颜色、特殊效果等。同"数字格式"设置一样，也可以通过功能区、"设置单元格格式"对话框、浮动工具栏进行设置。

（1）通过功能区进行设置。功能区的"开始"→"字体"组中包含一些控件可用于快速应用常用的字体格式，如图 6-41 所示，其中包含了字体、字号、字形（加粗、倾斜、下划线）、字的颜色、边框、填充、显示和隐藏拼音等。

图 6-41　"开始"功能区"字体"组命令

（2）使用"设置单元格格式"对话框中的"字体"选项卡来进行更为全面的字体外观效果设置，如图 6-42 所示。

（3）利用浮动工具栏（图 6-40）中关于字体外观效果设置的命令可以快速设置字体效果。

3. 设置对齐方式

（1）单元格的对齐。单元格中的内容可以在水平和垂直方向对齐。默认情况下，Excel 会将数字向右对齐，将文本向左对齐。所有单元格默认使用底端对齐。

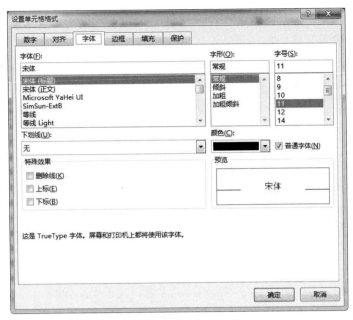

图 6-42　"设置单元格格式"对话框中的"字体"选项卡

最常用的对齐命令位于功能区"开始"选项卡的"对齐方式"组中。"设置单元格格式"对话框中的"对齐"选项卡提供了更多的选项，如图 6-43 所示。

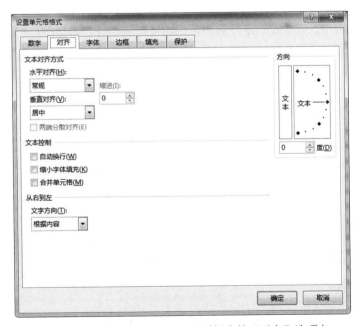

图 6-43　"设置单元格格式"对话框中的"对齐"选项卡

1）水平对齐方式：用于控制单元格内容在水平宽度上的分布。

- 常规：默认对齐方式，数字向右对齐，文本向左对齐，逻辑及错误值居中分布。
- 靠左：将单元格内容向单元格左侧对齐。
- 居中：将单元格内容向单元格中心对齐。

- 靠右：将单元格内容向单元格右侧对齐。
- 填充：重复单元格内容直到单元格被填满。
- 两端对齐：将文本向单元格的左侧和右侧两端对齐，只有在将单元格格式设置为自动换行并使用多行时该选项才适用。
- 跨列居中：将文本跨选中列居中对齐，该选项适用于将标题跨越多列精确居中。
- 分散对齐：均匀地将文本在选中的列中分散对齐。

如果选择靠左、靠右、分散对齐，则可以调整"缩进"设置。

2）垂直对齐方式：用于控制单元格内容在垂直方向上的分布，只有当行高远高于普通行高时该设置才有用。

- 靠上：将单元格内容向单元格顶端对齐。
- 居中：将单元格内容在垂直方向上居中。
- 靠下：将单元格内容向单元格底端对齐。
- 两端对齐：在单元格中将文本在垂直方向上两端对齐，只有在将单元格格式设置为自动换行并使用多行时该选项才适用，此设置可用于增加行距。
- 分散对齐：在单元格中将文本在垂直方向上均匀分散对齐。

（2）自动换行或缩小字体以填充单元格。如果文本长度太宽，超出了列宽，但又不想让它们溢入相邻的单元格，那么就可以使用"自动换行"或"缩小字体填充"选项来容纳文本。

（3）合并单元格。Excel 允许将两个或多个相邻单元格合并为一个单元格。可以合并任意数量的单元格。除左上角的单元格之外，要合并的其他单元格区域必须为空。如果要合并的其他任一单元格不为空，则 Excel 将显示警告。如果继续合并，将删除所有数据（左上角的单元格内的数据除外）。

功能区（或浮动工具栏）上的"合并后居中"控件使用起来更简单。要合并单元格，单击这个按钮，选中的单元格将会被合并，并且左上角单元格的内容将会被水平居中对齐。"合并后居中"按钮可以实现切换功能。要取消单元格合并，可以选中已合并的单元格，然后单击"合并后居中"按钮。

合并单元格之后，可以将对齐方式更改为除"居中"外的其他选项。

"合并后居中"控件中包含一个下拉列表，如图 6-44 所示，其中包含以下选项：

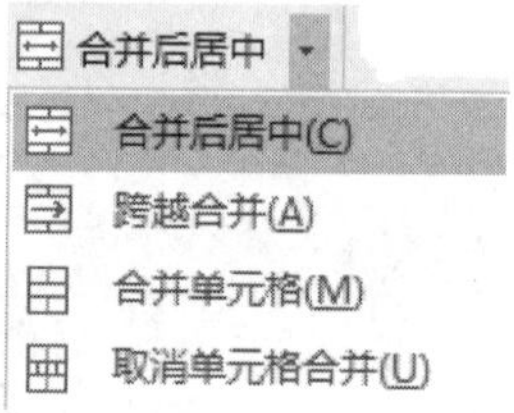

图 6-44 "合并后居中"控件

- 跨越合并：当选中一个含有多行的区域时，该命令将创建多个合并的单元格——每行一个单元格。
- 合并单元格：在不应用"居中"属性的情况下合并选定的单元格。
- 取消单元格合并：撤销对选定单元格的合并操作。

（4）文本方向和文字方向。某些情况下，用户可能需要在单元格中以特定的角度显示文本，以便实现更好的视觉效果。既可以在水平、垂直方向显示文本，也可以在+90°和-90°之间的任一角度上显示文本。通过"开始"→"对齐方式"→"方向"命令的下拉列表可以应用最常用的文本角度。如果要进行更详细的控制，可以使用"设置单元格格式"对话框的"对齐"选项卡。在该对话框中，可以使用"度"微控按钮或拖动仪表中的指针设置文本显示方向。

"文字方向"选项用于对所使用的语言选择适当的阅读顺序。

4．设置边框、填充效果及工作表背景

（1）边框通常用于对含有类似单元格的区域进行分组，或者确定行或列的边界。Excel
提供了 13 种预置的边框样式，可以在"开始"→"字体"→"边框"下拉列表中看到这些边
框样式，如图 6-45 所示。该控件对选中的单元格或单元格区域起作用，并且允许用户指定所
选区域的每一条边框所使用的边框样式。

用户还可以使用该下拉列表中的"绘制边框"或"绘制边框网格"命令自行绘制边框，
选择其中一个命令后，可以通过拖动鼠标的方式来创建边框。可以使用"线条颜色"和"线型"
命令更改边框线的颜色和样式。当完成绘制边框后，可按 Esc 键取消边框绘制模式。

另一种应用边框的方式是使用"设置单元格格式"对话框中的"边框"选项卡，如图 6-46
所示。在打开该对话框之前，选择要为其添加边框的单元格或单元格区域。在打开的对话框中，
首先选择一种"线条样式"和"颜色"，然后单击其中一个"边框"图标（这些图标可切换），
选择应用线条样式的边框位置。

图 6-45　13 种预置边框样式　　　图 6-46　"设置单元格格式"对话框中的"边框"选项卡

（2）填充是对单元格（或单元格区域）的背景颜色和填充效果进行定义。在选定单元格
（或单元格区域）后，可通过功能区"开始"→"字体"（或浮动工具栏上）→"填充颜色"
命令设置单元格或单元格区域的背景颜色。

也可通过"设置单元格格式"对话框的"填充"选择卡，如图 6-47 所示，单击"填充效
果"按钮，弹出"填充效果"对话框，在此设置"渐变"填充。可以选择"图案颜色"和"图
案样式"来设置单元格或单元格区域的背景图案。

（3）某些情况下，用户可能需要使用图片文件作为工作表的背景，其效果与在 Windows
桌面上显示的墙纸相似，如图 6-48 所示。向工作表添加背景时可选择"页面布局"→"页面设
置"→"背景"命令，Excel 将打开一个选择图片文件的对话框，其中包括 Excel 所支持的所有常
用的图形文件格式。选择好某个图片文件后单击"插入"按钮，Excel 就会将图片平铺到整个工
作表中。此时"背景"命令切换为"删除背景"命令，可通过单击该命令取消工作表背景设置。

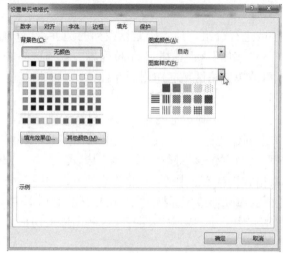

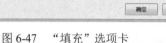

| 图 6-47　"填充"选项卡 | 图 6-48　添加工作表背景图片 |

注意：工作表中的图片背景只会在屏幕上显示，打印工作表时不会打印图片背景。

5. 单元格样式

通过"单元格样式"命令可以很容易地对单元格或单元格区域应用一组预定义的格式选项。一种样式最多由 6 种不同属性的设置组成：数字格式、对齐（垂直及水平方向）、字体（字形、字号、颜色）、边框、填充和单元格保护（锁定及隐藏）。当更改样式的组成部分时，所有使用该样式的单元格会自动发生更改。

Excel 提供了一组预定义样式供用户选择，在选择"开始"→"样式"→"单元格样式"命令时会展开显示，如图 6-49 所示。此时用户会以"实时预览"的方式在选中的单元格区域中观察到相应的样式效果，当发现需要的样式时，单击鼠标即可对选中区域应用相应样式。

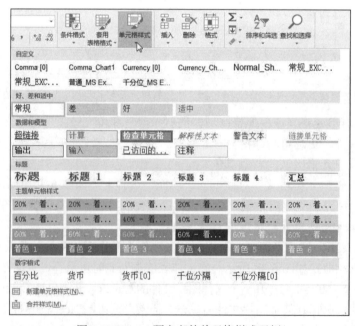

图 6-49　Excel 预定义的单元格样式示例

　　若要修改现有样式，选择"开始"→"样式"→"单元格样式"命令，在出现的预定义样式表中右击要修改的样式，并在弹出的快捷菜单中选择"修改"命令，弹出"样式"对话框，如图 6-50 所示，单击"格式"按钮，弹出"设置单元格格式"对话框，在其中修改格式后单击"确定"按钮可返回"样式"对话框，再次单击"确定"按钮可关闭"样式"对话框完成对样式的修改。

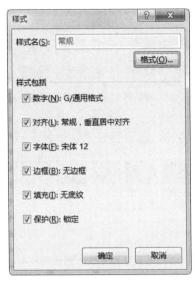

图 6-50　"样式"对话框

　　除了使用 Excel 的内置样式外，用户也可以创建自己的样式，操作步骤如下：

　　（1）选择一个单元格并设置要包含在新样式中的所有格式，可以使用"设置单元格格式"对话框进行设置。

　　（2）选择"开始"→"样式"→"单元格样式"→"新建单元格样式"命令，弹出"样式"对话框，其中带有建议的通用样式命名。

　　（3）在"样式名"文本框中输入新样式名，复选项中将显示单元格的当前格式。如果不需要哪个格式，可以取消勾选相应的复选项。

　　（4）单击"确定"按钮完成样式的创建。

6. 套用表格格式

　　为了更快速地制作表格，Excel 提供了预置的套用表格格式，用户可以直接在自己的表格中应用这些样式。选择功能区中的"开始"→"样式"→"套用表格格式"命令将展开表格样式列表，如图 6-51 所示，这些表格样式分为 3 类：浅色、中等色、深色。当在这些表格格式之间移动鼠标时会显示实时的预览。当发现所需要的表格格式后，只需单击即可应用该样式。应用套用表格格式后，功能区会出现"表格工具"选项卡，用户可通过此选项卡修改表格格式。

　　如果要新建表格样式，单击图 6-51 中的"新建表格样式"按钮，弹出图 6-52 所示的"新建表样式"对话框，可以在此自定义 12 种表格元素中的任一或所有元素。从列表中选择一种元素，单击"格式"按钮，然后为选中元素指定格式。完成上述操作后，为表格样式命名并单击"确定"按钮，自定义表格样式将出现在"自定义"分类中的"表格样式"库中。

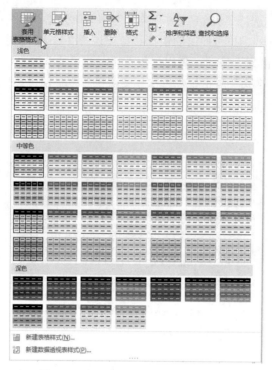

图 6-51　Excel 预定义的套用表格格式

图 6-52　"新建表样式"对话框

7. 条件格式设置

条件格式设置可以根据单元格内容对单元格应用条件格式，从而使单元格的外观与众不同。图 6-53 所示是设置了条件格式的学生成绩表。

条件格式设置功能允许以单元格的内容为基础，选择性地或自动地应用单元格格式。图 6-53 所示的学生成绩表中的后五列数据区域分别应用了不同的条件格式规则。其中 D4:D13 区域应用了"数据条"的"渐变填充"，E4:E13 区域区域应用了"数据条"的"实心填充"，F4:F13 区域应用了"色阶"，G4:G13 区域应用了"色阶"和"图标集"两种规则，I4:I13 区域应用了"突出显示单元格规则"中的"大于"命令。

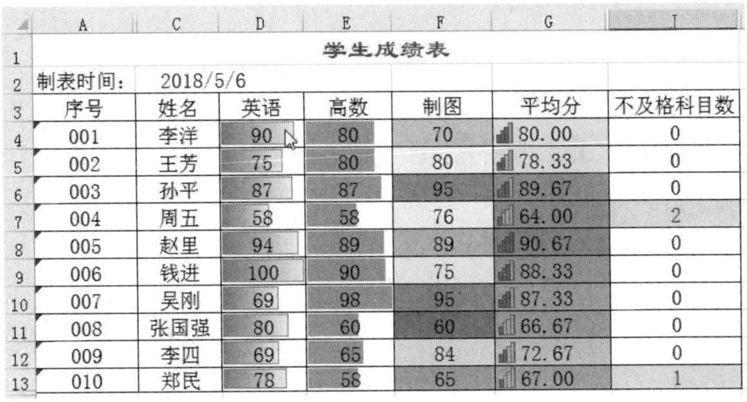

	A	C	D	E	F	G	I
1	学生成绩表						
2	制表时间：	2018/5/6					
3	序号	姓名	英语	高数	制图	平均分	不及格科目数
4	001	李洋	90	80	70	80.00	0
5	002	王芳	75	80	80	78.33	0
6	003	孙平	87	87	95	89.67	0
7	004	周五	58	58	76	64.00	2
8	005	赵里	94	89	89	90.67	0
9	006	钱进	100	90	75	88.33	0
10	007	吴刚	69	98	95	87.33	0
11	008	张国强	80	60	60	66.67	0
12	009	李四	69	65	84	72.67	0
13	010	郑民	78	58	65	67.00	1

图 6-53　使用条件格式规则的学生成绩表

进行条件格式设置时，首先选择要应用或定义条件格式的单元格（或单元格区域），然后选择“开始”→“样式”→“条件格式”命令，在弹出的下拉列表中选择要应用的规则。可以选择的规则如下：

- 突出显示单元格规则：例如突出显示大于某值、介于两个值之间、包含特定文本字符串、包含日期的单元格或重复的单元格。
- 项目选取规则：例如突出显示前 10 项、后 20%的项、高于平均值的项等。
- 数据条：按照单元格值的比例直接在单元格中应用图形条。
- 色阶：按照单元格值的比例应用背景色。
- 图标集：在单元格中直接显示图标，具体所显示的图标取决于单元格的值。
- 新建规则：允许用户指定其他条件格式规则。
- 清除规则：对选定的单元格删除所有条件格式规则。
- 管理规则：显示“条件格式规则管理器”对话框，用户可以使用该对话框新建条件格式规则、编辑规则和删除规则。

下面以图 6-53 中平均分列为例介绍条件格式的设置步骤。

第一步：选定工作表中的 G4:G13 单元格区域，选择“开始”→“样式”→“条件格式”命令，在弹出的下拉列表中选择“色阶”→“绿-黄-红色阶”命令，为该区域添加色阶条件格式。

第二步：在选定该区域的情况下，选择“开始”→“样式”→“条件格式”命令，在弹出的下拉列表中选择“图标集”→“等级”→“五等级”命令，为该区域添加图标集条件格式。

第三步：选择“条件格式”下拉列表中的“管理规则”命令，弹出“条件格式规则管理器”对话框，如图 6-54 所示。选择其中的“图标集”，单击“编辑规则”按钮，弹出“编辑格式规则”对话框，如图 6-55 所示，修改其中的规则区间，将类型全部由“百分比”改为“数字”，将值从上到下依次改为 90、80、70 和 60，单击“确定”按钮完成修改。

如果要删除多条规则中的某个或多个规则，可以在“条件格式规则管理器”对话框中选中要删除的规则，然后单击“删除规则”按钮。

用户还可以通过“新建规则”命令打开“新建格式规则”对话框，设置自定义的条件和格式，如图 6-56 所示，单击“格式”按钮打开“设置单元格格式”对话框。可以在“数字”“字体”“边框”和“填充”4 个选项卡中指定格式。

图 6-54 "条件格式规则管理器"对话框

图 6-55 "编辑格式规则"对话框

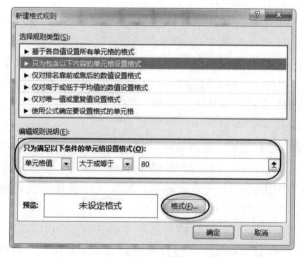

图 6-56 "新建格式规则"对话框

6.3　公式和函数

6.3.1　公式和函数的基础知识

Excel 2016 具有强大的计算功能，这些计算功能主要通过公式和函数来实现。公式是由运算符、常量、函数、单元格引用等组成的一个表达式。函数是 Excel 将一些频繁使用的或较复杂的计算过程预先定义并保存的内置公式，使用时直接调用函数就能得到计算结果。

1. 公式的组成

公式是用户根据数据统计、处理和分析的实际需要，利用函数、单元格引用、常量，通过运算符号将它们连接起来，完成计算功能的一种表达式。函数是 Excel 软件内置的一段程序，完成预定的计算功能，或者说是一种内置的公式。

Excel 中的公式必须以等号 "=" 开头，后面由数据和运算符组成。数据可以是常量、单元格引用、函数等。函数的结构以函数名开始，括号里面是函数的参数。公式的示例及组成如图 6-57 所示。

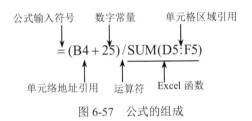

图 6-57　公式的组成

2. 运算符

在 Excel 中运算符分为 4 种类型，按运算的优先级别从高到低排列依次是引用运算符、算术运算符、文本运算符和比较运算符。可以通过添加括号改变公式中运算符的优先级别，而且括号可以多层嵌套，但左括号和右括号要配对出现。优先级相同的情况下，按从左到右的顺序运算。各种运算符的详细说明见表 6-2。

表 6-2　各种运算符及其功能说明

运算符类型	运算符名称	功能	示例
引用运算符	：（英文冒号）区域运算符	对包括在两个引用之间的所有单元格的引用	A1:C5
	，（英文逗号）联合运算符	将多个引用合并为一个引用	SUM(B1,F1,D1:D5)
	（空格）交叉运算符	产生同时属于两个引用的单元格区域的引用	=COUNT(A1:B2 B1:C5)只有 B1 和 B2 同时属于两个引用 A1:B2 和 B1:C5
算术运算符	^	乘方运算	2^3 结果为 8
	*、/	乘、除运算	B1*2、10/2
	+、−	加、减运算	2+3-5

续表

运算符类型	运算符名称	功能	示例
文本运算符	&（连字符）	将两个文本连接起来产生连续的文本	"辽宁省"&"沈阳市"的结果为"辽宁省沈阳市"
比较运算符	=、<>	等于、不等于比较	2<>3 结果为 true
	>、>=	大于、大于或等于比较	3>3 结果为 false 3>=3 结果为 true
	<、<=	小于、小于或等于比较	"A"<"a" 结果为 true "男"<="女" 结果为 true

3. 单元格引用

单元格的引用就是单元格地址的引用，作用是指明公式中所用的数据在工作表中的位置。单元格引用通常分为相对引用、绝对引用和混合引用。默认情况下使用的是相对引用。

（1）相对引用。相对引用指单元格的引用会随公式所在单元格位置的变化而改变。在图 6-58 所示的数据表中，当把 J3 中的公式复制到 J4 单元格时，公式所在行发生了变化，相对引用地址 H3、I3 变更为 H4、I4。即向下复制公式时，相对地址中行号发生了变化。

（2）绝对引用。绝对引用指复制公式时，无论如何改变公式的位置，其引用的单元格地址始终不变。绝对引用应在绝对地址的行列标号前加"$"符号，如"$G$2"。在图 6-58 所示的数据表中，当把 K3 中的公式复制到 K4、K5 单元格时，公式所在行发生了变化，公式中的单元格地址"$G$2"不变。

（3）混合引用。混合引用是指相对引用与绝对引用同时存在于一个单元格的地址引用中。其地址形式如 H$1、$G2，列标或行号前有"$"符号的为绝对引用，没有"$"符号的为相对引用。公式所在单元格的行或列变更时，相对引用部分会改变，而绝对引用部分不变。

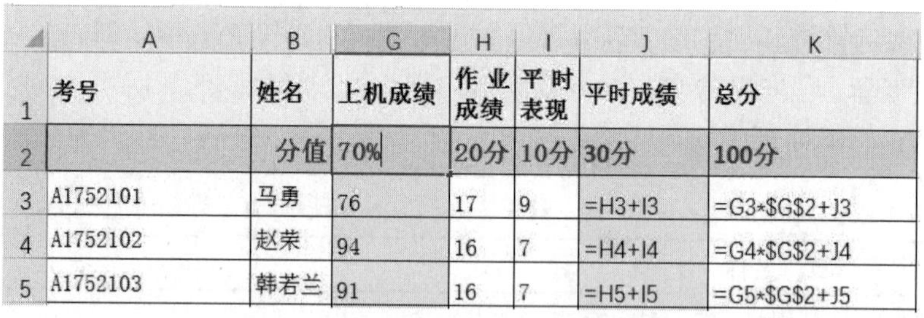

	A	B	G	H	I	J	K
1	考号	姓名	上机成绩	作业成绩	平时表现	平时成绩	总分
2		分值	70%	20分	10分	30分	100分
3	A1752101	马勇	76	17	9	=H3+I3	=G3*$G$2+J3
4	A1752102	赵荣	94	16	7	=H4+I4	=G4*$G$2+J4
5	A1752103	韩若兰	91	16	7	=H5+I5	=G5*$G$2+J5

图 6-58　相对引用与绝对引用举例

下面说明图 6-58 中引用单元格在公式中的含义。图 6-58 中的数据表为某课程的评分表，其中 J 列数据为"平时成绩"，K 列数据为"总分"，所用公式的含义如下：

- J 列公式的含义：平时成绩=作业成绩+平时表现。如 J3 单元格中的公式为"=H3+I3"。
- K 列公式的含义：总分=上机成绩×70%+平时成绩。如 K3 单元格中的公式为"=G3*$G$2+J3"。
- 在上面的公式中，"$G$2"为绝对引用，即 K3 到 K5 单元格中都引用 G2 单元格中的数据 70%，而公式中其他单元格为相对引用，总是引用当前行的数据，即公式所在行不同地址也不同。

4. 三维引用

Excel 不仅可以引用同一工作表中的单元格或单元格区域中的数据，还可以引用同一工作簿中非当前工作表中的数据，甚至跨工作簿引用数据。这种跨工作簿或工作表的引用方式称为"三维引用"。三维引用的地址形式要在单元格地址前写明被引用单元格所在的工作簿和工作表名称。

（1）引用同一工作簿中其他工作表中的单元格。

语法格式：工作表名!单元格地址

例如，根据交通专业各班级的平均分计算交通专业的平均分，如图 6-59 所示，数据所在的"交通 1 班""交通 2 班"工作表和存放结果的"各专业平均分"工作表在同一工作簿中。使用的公式如下：

=('交通 1 班'!$K$34+'交通 2 班'!$K$35)/2

11	成绩分析	公式	结果
12	交通专业平均分	=(交通1班!$K$34+交通2班!$K$35)/2	78.25
13	生物专业平均分	=('[生物专业.xlsx]17生物科学'!$K$37+'[生物专业.xlsx]17生物技术'!$K$32)/2	76.92

图 6-59　引用非当前工作表中数据的例子

（2）引用其他工作簿中的单元格。

语法格式：[工作簿名称]工作表名!单元格地址

例如，在图 6-59 中，求生物专业平均分时，数据所在的"17 生物科学""17 生物技术"工作表和存放结果的"各专业平均分"工作表分别在两个不同的工作簿中。使用的公式如下：

=('[生物专业.xlsx]17 生物科学'!$K$37+'[生物专业.xlsx]17 生物技术'!$K$32)/2

5. 单元格区域命名

在 Excel 工作簿中，可以为单元格区域定义一个名称，在公式中可以使用该名称代替单元格区域的引用。单元格区域名称在使用范围内必须保持唯一，命名时第一个字符必须是字母、汉字、下划线或反斜杠，后面可以有数字。

（1）在名称框中命名。如图 6-60 所示，首先选中要命名的区域，然后在名称框中输入自定义的区域名称，最后按 Enter 键完成区域命名。

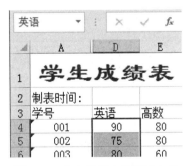

图 6-60　在名称框中为区域命名

（2）在"新建名称"对话框中命名。在"公式"选项卡的"定义的名称"组中选择"名称管理器"命令，弹出"名称管理器"对话框，在其中单击"新建"按钮打开"新建名称"对话框，设置"引用位置"并输入名称，如图 6-61 所示，将"计算机成绩"表中的 J3:J22 区域以"平时成绩"命名。

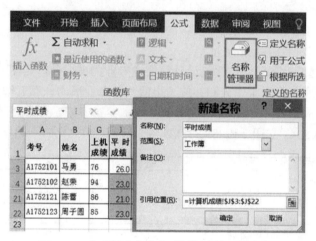

图 6-61　在"新建名称"对话框中给区域命名

（3）管理名称。在"公式"选项卡的"定义名称"组中选择"名称管理器"命令，弹出"名称管理器"对话框，如图 6-62 所示。在其中除了可以新建名称外，还可以修改或删除已经定义的名称。操作方法为，选中"名称管理器"对话框名称列表中要修改或删除的名称，单击对应的"编辑"或"删除"按钮。

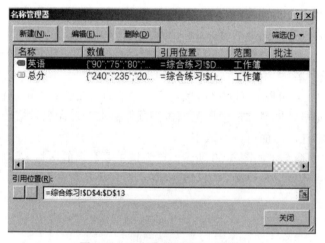

图 6-62　"名称管理器"对话框

6.3.2　公式和函数的使用

1. 输入公式

输入公式时可以将手动输入运算符与单击输入地址引用相结合。首先选中一个要存放公式结果的单元格，输入公式时必须先输入等号（=）才能进入公式编辑状态。之后在公式编辑状态下以手动和鼠标单击相结合的方式输入公式的所有内容，按 Enter 键确认完成公式的输入并在该单元格中显示公式的结果。输入公式时要注意的问题如下：

（1）选中存放公式结果的单元格后，可以在插入点处输入公式，也可以在"编辑栏"中输入或编辑公式。

（2）在英文符号及半角状态下输入公式中的字母和符号。

（3）首先输入等号才能进入公式编辑状态。

（4）在公式编辑状态用鼠标单击选择操作数所在单元格，完成公式中单元格地址的引用。

（5）引用非当前工作表中的单元格时，用鼠标单击要引用的单元格，之后可以在当前工作表的"编辑栏"中继续输入公式中的其他内容。

（6）使用 F4 键切换单元格的引用方式，即在相对引用、绝对引用和混合引用之间进行切换。

（7）按 Enter 键或单击编辑栏前的对号按钮 ✔ 确认公式输入完成。

（8）按 Esc 键或单击编辑栏前的叉号按钮 × 取消输入的公式。

2．使用函数

函数可以看成公式的特殊形式，因此可以通过手工方式输入函数，操作方法与上面介绍的输入公式方法相同。更常用的方法是通过"插入函数"命令打开"插入函数"对话框来使用函数，或者使用"∑ 自动求和"列表中的常用函数。

"插入函数"命令的使用方法有两种：一是单击"编辑栏"中的 *fx* 按钮；二是在"公式"选项卡的"函数库"功能区中单击插入函数按钮 *fx*，操作界面如图 6-63 所示。

"∑ 自动求和"下拉按钮在"公式"选项卡的"函数库"功能区的形式为∑ 自动求和 -，在"开始"选项卡的"编辑"功能区的形式为∑ -。单击此下拉按钮，弹出的常用函数列表如图 6-64 所示，而且单击列表中的"其他函数"命令会打开"插入函数"对话框，用户可在此查找其他函数。

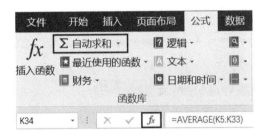

图 6-63　"公式"选项卡下 的"插入函数"按钮

图 6-64　5 个常用函数列表

（1）使用自动求和等 5 个常用函数。在日常工作中，最常用的计算是求和，因此 Excel 将它设置成了工具按钮∑ -，此外还有几个常用函数设置在了"∑ 自动求和"列表中，以便快速使用。与其他函数相比，使用图 6-64 中的函数时可以自动引用操作数所在的单元格，快速产生函数结果。下面以自动求和为例介绍快速使用 5 个常用函数的具体操作方法。

方法一：选择操作数区域，执行"自动求和"命令。如图 6-65 所示，先选择 C2:C6，再单击"开始"或"公式"选项卡中的"自动求和"按钮，函数结果将自动出现在 C7 单元格中。

方法二：选择要存放函数结果的单元格，执行"自动求和"命令。如图 6-66 所示，先选择 E2:E7，再单击"开始"或"公式"选项卡中的"自动求和"按钮。

	A	B	C
1	序号	消费项目	金额
2	1	生活日用	￥460.13
3	2	文教娱乐	￥116.70
4	3	饮食	￥151.05
5	4	服饰美容	￥300.00
6	5	其他	￥400.54
7		合计：	

图 6-65　先选择数据区域再自动求和

	A	B	C	D	E
1	学号	姓名	数学	语文	总分
2	1	李欣	99	99	
3	2	韩希	97	95	
4	3	张旭	97	96	
5	4	王佳文	98	95	
6	5	徐诺	99	96	
7	6	王源	100	98	

图 6-66　先选择结果区域再自动求和

（2）使用"插入函数"对话框中的其他函数。5 个常用自动函数之外的其他函数的使用，要通过"公式"选项卡或编辑栏中的"插入函数"按钮 *fx* 实现。单击此按钮，弹出如图 6-67 所示的"插入函数"对话框。在其中可以搜索或按类别选择要使用的函数名称，单击"确定"按钮后将弹出该函数对应的"函数参数"对话框。图 6-68 所示为 IF 函数的参数对话框，通过手工输入或鼠标选择确定函数参数后单击"确定"按钮关闭对话框，将在当前单元格中显示函数的运算结果。

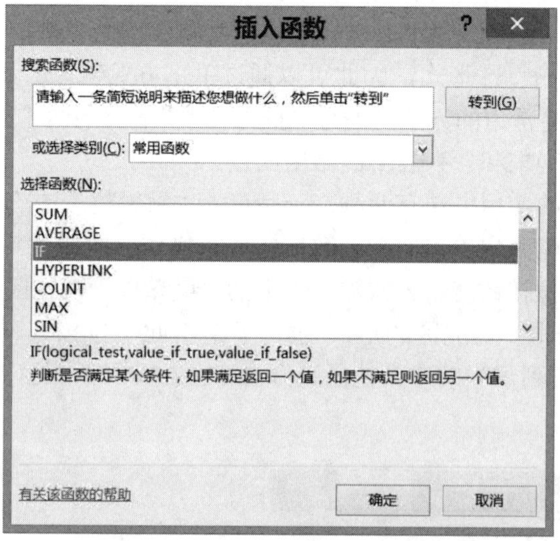

图 6-67　"插入函数"对话框

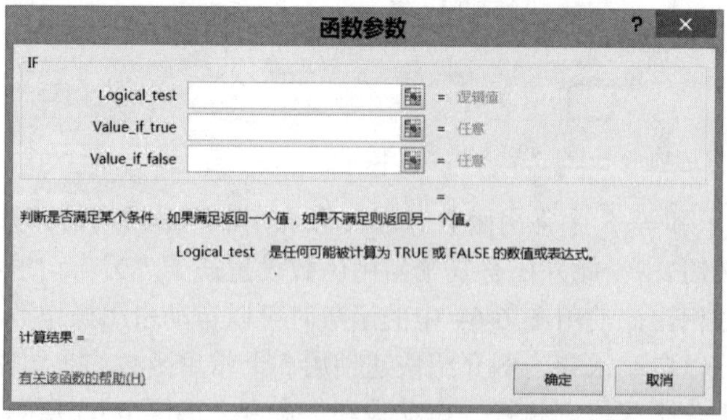

图 6-68　"函数参数"对话框

说明：在"函数参数"对话框中有对当前参数的详细说明，因此对于不熟悉的函数在此对话框中操作更能保证正确性。

3．修改公式与函数

输入公式以后，如果发现输入有误，想变更计算方式、修改函数参数等可以通过以下 3 种方法进入单元格编辑状态修改公式：

- 双击包含公式的单元格。
- 单击包含公式的单元格，然后按 F2 键。
- 单击包含公式的单元格，然后单击公式编辑栏。

在公式编辑状态修改公式时，将光标定位在编辑栏中的错误处，按 Delete 键或 Backspace 键删除错误内容，然后输入正确内容即可。如果引用的单元格地址有误，也可以直接在数据表中用鼠标选择正确的单元格区域，替换原来的地址。如果函数的参数有误，选定函数所在的单元格，单击编辑栏中的"插入函数"按钮，再次打开"函数参数"对话框，重新输入正确的函数参数即可。

4．复制公式与函数

在 Excel 中使用的公式具有可复制性，即在完成一个公式输入后，如果其他位置需要使用相同的公式，可以通过公式的复制来快速得到批量的结果。因此公式复制是数据运算中的一项重要内容。复制公式与函数时可以使用填充操作或复制粘贴操作，具体方法如下：

（1）双击填充柄快速向下复制。选中公式所在的单元格，将鼠标放在单元格右下角，当鼠标指针变成实心十字时，双击填充柄实现快速填充，此时公式所在单元格就会自动向下填充至相邻区域中非空行的上一行。

（2）拖动填充柄实现复制。选中公式所在的单元格，将鼠标放在单元格右下角，当鼠标指针变成实心十字时，按住鼠标左键向需要复制的方向拖动，即可复制公式与函数。

（3）使用填充快捷键向下或向右复制。选中包含公式在内的需要填充的目标区域，按 Ctrl+D 组合键可执行向下填充命令，按 Ctrl+R 组合键可执行向右填充命令，完成公式与函数的复制。

（4）使用复制、粘贴操作完成复制。对公式所在的单元格执行复制操作，然后选中粘贴的目标区域，右击并选择"粘贴选项"中的"公式"。

（5）使用复制、粘贴操作只复制公式结果。对公式所在的单元格执行复制操作，然后选中粘贴的目标区域，右击并选择"粘贴选项"中的"值"。

5．公式返回错误值的分析与解决

使用公式时有时产生的结果并不是期待中的值，而是一些错误值字符，提示公式存在问题或错误。表 6-3 中列举了一些常见的错误值及相应的错误原因和解决方法。

表 6-3　公式中常见错误分析

错误值	错误原因分析	常见解决方法
#####	列宽不够	增加列宽
#NAME?	无法识别公式中的文本	检查函数名或公式中区域名称的拼写
#DIV/0!	公式中包含除数为 0 或除数引用了空白单元格	修正除数所在单元格中的值
#N/A	公式使用的数据源不正确，或者不能使用	检查引用的操作数或函数参数是否合理
#REF!	单元格引用无效	检查是否由于删除、粘贴等操作改变了其他公式引用的单元格中的内容
#VALUE!	公式中所包含的单元格有不同的数据类型	检查数据类型

6.3.3 函数功能介绍

Excel 2016 提供了大量的内置函数。在"插入函数"对话框中按函数功能可以分为文本函数、日期（时间）型函数、数学及三角函数、统计函数等 13 种函数。按函数结果的数据类型或主要参数的数据类型也可以分为数字型函数、日期时间函数、文本函数和逻辑函数。下面介绍几种常用函数的功能。

1. 常用的数字型函数

（1）求和函数 SUM。

格式：SUM(Number1,Number2,…)

功能：返回参数包含的单元格区域中所有数值的和。

参数说明：Number1,Number2,…为 1～255 个待求和的数值，Number 参数是数值或包含数值的名称或引用，可以是一个操作数，也可以是一组操作数。参数单元格中的逻辑值和文本将被忽略。但作为参数输入时，逻辑值和文本有效。

（2）求平均值函数 AVERAGE。

格式：AVERAGE(Number1,Number2,…)

功能：返回参数的算术平均值。

参数的使用方法与 SUM 函数相同。

（3）计数函数 COUNT。

格式：COUNT(Value1,Value 2,…)

功能：返回参数区域中存放的数字型数据的个数。

参数说明：Value1,Value 2,…为 1～255 个参数，可以包含或引用各种不同类型的数据，但只对数字型的数据进行统计。

（4）最大值函数 MAX。

格式：MAX(Number1,Number2,…)

功能：返回参数中所有数字型数据的最大值。

参数说明：Number1,Number2,…为 1～255 个需要从中取最大值的参数，参数可以是数值、空单元格、逻辑值或文本数值。

（5）最小值函数 MIN。

格式：MIN(Number1,Number2,…)

功能：返回参数中所有数字型数据的最小值。

参数的使用与 MAX 相同。

例如，在图 6-69 中，分别使用以上 5 个函数对 B1:B5 区域中的数据进行计算，运算后的函数结果见 B6:B10 区域，其中 B3 单元格中的日期型数据在常规格式中显示为数字 1，因此进行数字型函数计算时，自动将其当成数字 1 处理。C1:C10 单元格为备注信息。

（6）四舍五入函数 ROUND。

格式：ROUND(number, num_digits)

功能：将数字四舍五入到指定的位数。

参数说明：第一个参数 number 为要四舍五入的数字；第二个参数 num_digits 是要进行四舍五入运算的位数，分以下 3 种情况：如果 num_digits 大于 0（零），则将数字四舍五入到指定的小数位数；如果 num_digits 等于 0，则将数字四舍五入到最接近的整数；如果 num_digits 小于 0，则将数字四舍五入到小数点左边的相应位数。

例如，如果单元格 A1 中的数据为 125.7912，使用下述公式产生的结果如下：

公式 =ROUND(A1, 2) 的结果为 125.79。

公式 =ROUND(A1, 0) 的结果为 126。

公式 =ROUND(A1, -1) 的结果为 130。

	A	B	C
1	参数区域 B1:B5	5	数字型
2		15	数字型
3		1900/1/1	日期型可以转换成数字型 *1900年1月1日可转换成数字1*
4		TRUE	逻辑型
5		学生	文本型
6	SUM函数值	21	=SUM(B1:B5)
7	COUNT函数值	3	=COUNT(B1:B5)
8	AVERAGE函数值	7	=AVERAGE(B1:B5)
9	MAX函数值	15	=MAX(B1:B5)
10	MIN函数值	1	=MIN(B1:B5)

图 6-69　常用的数字型函数应用举例

2. 常用的日期型函数

（1）日期函数 DATE。

格式：DATE(year,month,day)

功能：返回表示特定日期的连续序列号。

参数说明：该函数的参数 year、month、day 分别为表示年、月、日的数字。

例如，公式 =DATE(2018,6,1) 返回 43252，该序列号表示 2018 年 6 月 1 日。

注意：如果在输入该函数之前单元格格式为"常规"，则结果将使用日期格式，如 2018/6/1，而不是数字格式；若要显示序列号或要更改日期格式，需要在"开始"选项卡的"数字"组中选择数字格式。

（2）当前日期函数 TODAY。

格式：TODAY()

功能：返回系统的当前日期。

参数说明：该函数没有参数。

例如，假设系统当前的日期为 2021 年 2 月 4 日，执行下列公式产生的结果如下：

公式 =TODAY() 的结果为 2021/2/4。

公式 = TODAY()+10 的结果为 2021/2/14。

（3）当前日期和时间函数 NOW。

格式：NOW()

功能：返回系统的当前日期和时间。

参数说明：该函数没有参数。

（4）年份函数 YEAR。

格式：YEAR(serial_number)

功能：返回对应于某个日期的年份，Year 作为 1900 和 9999 之间的整数返回。

参数说明：参数 serial_number 为要查找的年份的日期。应使用 DATE 函数输入日期，或者将日期作为其他公式或函数的结果输入。例如，使用函数 DATE(2018,5,1)输入 2018 年 5 月 1 日。如果日期以文本形式输入，则会出现问题。

例如，A1 单元格中的数据为某人的生日 2002 年 10 月 1 日，当前的日期为 2021 年 2 月 4 日，使用以下公式可以计算此人的年龄：

公式 ＝YEAR(TODAY())-YEAR(A1)

公式的计算过程为=2021-2002，结果为 19。

3. 常用的文本型函数

（1）文本长度函数 LEN。

格式：LEN(text)

功能：返回文本字符串中的字符个数。

参数说明：参数 text 为要查找其长度的文本，text 文本中的空格将作为字符进行计数。如果 text 引用的为空白单元格，返回值为 0。

（2）取左子串的函数 LEFT。

格式：LEFT(text, [num_chars])

功能：从文本字符串的第一个字符开始返回指定个数的字符。

参数说明：参数 text 指包含要提取的字符的文本字符串。参数 num_chars 为可选项，指定要由 LEFT 提取的字符的数量。num_chars 的值必须大于或等于 0，若省略则假定其值为 1，即返回 text 字符串的首字符。

（3）取右子串函数 RIGHT。

格式：RIGHT(text, [num_chars])

功能：根据所指定的字符数返回文本字符串中最后一个或多个字符。

参数说明：参数 text 指包含要提取的字符的文本字符串。参数 num_chars 为可选项，指定要由 RIGHT 提取的字符的数量。num_chars 的值必须大于或等于 0，若省略则假定其值为 1。

（4）取子串函数 MID。

格式：MID(text, start_num, num_chars)

功能：返回文本字符串中从指定位置开始的特定数目的字符，该数目由用户指定。

参数说明：参数 text 为包含要提取字符的文本字符串；参数 start_num 指文本中要提取的第一个字符的位置，文本中第一个字符的 start_num 为 1，依次类推；参数 num_chars 指定希望 MID 从文本中返回字符的个数。

以上 4 个文本型函数的应用举例如图 6-70 所示，其中 A2 单元格中的数据为学号，A10 单元格中的数据为身份证号，B10 中公式的功能为取身份证号中的生日数据。

	A	B	C	D
1	数据	函数	结果	说明
2	A1742101	=LEN(A2)	8	A2中文本长度为8个字符
3		=LEN(A3)	0	A3为空白单元格返回值为0
4	Word教学	=LEN(A4)	6	A4中文本长度为6个字符
5	A1742101	=LEFT(A2)	A	返回A5中文本的首字符
6	Word教学	=LEFT(A6,4)	Word	返回A6中文本左边起4个字符
7	A1742101	=RIGHT(A7,2)	01	返回A7中文本右边起2个字符
8	Word教学	=RIGHT(A8,2)	教学	返回A8中文本右边起2个字符
9	abc@sohu.com	=MID(A9,4,5)	@sohu	返回A9中文本左边第4个字符开始的5个字符
10	123456200105014321	=MID(A10,7,8)	20010501	返回A10中文本左边起第7个字符开始的8个字符

图 6-70　文本型函数应用举例

4. 逻辑判断函数 IF

格式：IF(logical_test,value_if_true, value_if_false)

功能：根据指定的条件进行判断，如果参数 logical_test（逻辑表达式）的值为 true，则返回参数 value_if_true 的值，否则返回参数 value_if_false 的值。

说明：IF 函数可以嵌套 7 层关系式，可以构造复杂的判断条件。

例 1　应用 IF 函数，根据每个人的总分判断上机考试成绩是否及格。

如图 6-71 所示，在 H4 单元格中使用的公式为

=IF(G4>=60,"及格","不及格")

函数解析：当李雪的总分（G4 单元格中的数值）大于等于 60 时，返回文本型数据"及格"，否则返回"不及格"。

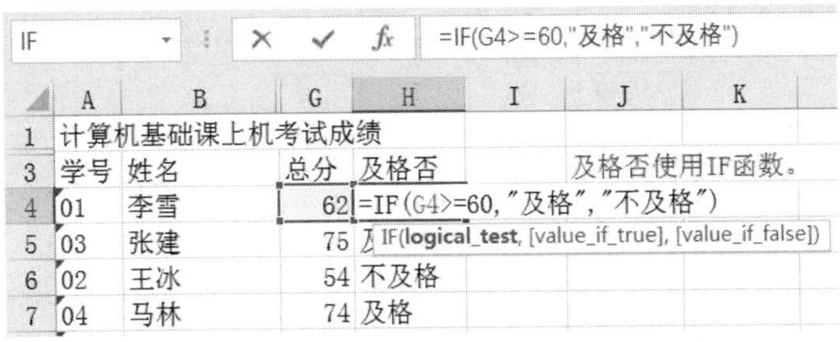

图 6-71　IF 函数的应用

例 2　应用 IF 函数嵌套，根据总分评定"优良""合格"和"不合格"3 个等级。

如图 6-72 所示，在 I4 单元格中使用的函数为

=IF(G4>=80,"优良",IF(G4>=60,"合格","不合格"))

函数解析：首先判断条件"G4>=80"，条件为真返回值为"优良"；G4 的值小于 80 时继续判断条件"G4>=60"，为真返回"合格"，为假返回"不合格"。

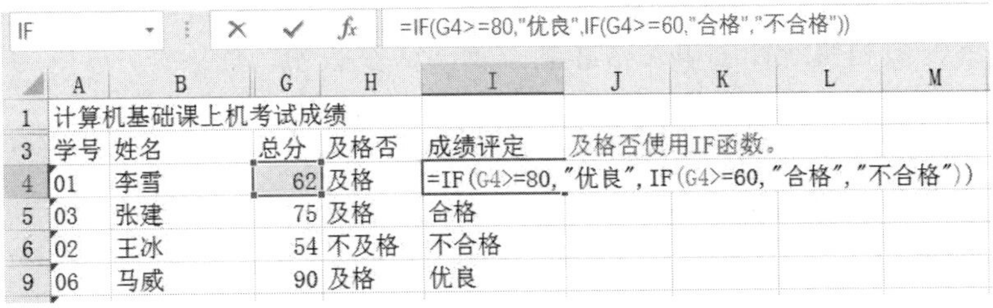

图 6-72　IF 函数的嵌套应用

5. 排位函数 RANK

格式：RANK/RANK.EQ/RANK.AVG (number,ref,[order])

功能：3 个函数 RANK、RANK.EQ、RANK.AVG 的功能都是返回某数字在一列数字中相对于其他数值的大小排位。RANK 函数是为了保持与 Excel 2007 等早期版本兼容而保留的，其功能与 RANK.EQ 相同。如果多个数字排名相同，RANK.EQ 返回该数值的最佳排位，即排名最靠前的值。如果多个数字具有相同的排位，RANK.AVG 则返回平均排位。

参数说明：

● number 必需，要求其排位的数字。

- ref 必需，数字列表的数组，对数字列表的引用，ref 中的非数字值会被忽略。
- order 可选，一个指定数字排位方式的数字。如果为 0 或忽略为降序，非零值为升序。

例 3　分别使用 RANK、RANK.EQ、RANK.AVG 计算每个同学的名次。

如图 6-73 所示，以韩希的名次为例，名次为韩希的总分（H3 单元格中的数据）在全班同学总分范围内（$H\$2:\$H\$10$）的降序排位。

	B	H	I	J	K
1	姓名	总分	RANK 名次	RANK.EQ 名次	RANK.AVG 名次
2	李欣	198	1	1	1
3	韩希	192	=RANK.EQ(H3,$H$2:$H$10)		
4	张旭	193	6	6	6
5	王佳文	194	3	3	4
6	徐诺	194	3	3	4
7	杨竟文	180	9	9	9
8	刘宣铮	183	8	8	8
9	王源	194	3	3	4
10	李润泽	197	2	2	2

图 6-73　排位函数的应用举例

I3 单元格中的公式为 =RANK(H3,$H$2:$H$10)

J3 单元格中的公式为 =RANK.EQ(H3,$H$2:$H$10)

K3 单元格中的公式为 =RANK.AVG(H3,$H$2:$H$10)

结果分析：在 I 列和 J 列中分别使用了 RANK 函数和 RANK.EQ 函数，两个函数产生的结果完全相同，当王佳文、徐诺和王源的总分相同时，取其最佳排位即 3、4、5 中的第 3 名；K 列使用 RANK.AVG 函数，总分相同时，名次取位序 3、4、5 的平均值，因此结果为 4。

6．条件计数函数 countif

格式：countif(range,criteria)

功能：用于统计满足某个条件的单元格的数目。

说明：range 参数是要统计的单元格区域；Criteria 参数为统计条件，可以为数字、表达式、单元格引用或文本，例如可表示为 "苹果"、">=60"、B5 等。

例 4　求以 zf 命名的总分区域(G4:G23)内不及格的人数。

公式为 =COUNTIF(zf,"<60") 或 =COUNTIF(G4:G23,"<60")

例 5　如图 6-74 所示，在数据区域内统计 1 班的人数。

公式为 =COUNTIF(B4:B13,B5) 或 =COUNTIF(B4:B13,"1 班")

	A	B	C	D	E	F
1	学生成绩表					
2	制表时间:					
3	学号	班级		姓名	英语	高数
4	001	=COUNTIF(B4:B13,B5)			90	80
5	002	COUNTIF(range, criteria)			75	80
6	003	3班		张国强	80	60
7	004	2班		赵里	94	89
8	005	2班		钱进	100	90

图 6-74　COUNTIF 函数应用举例

6.4　图　　表

图表可以将 Excel 表格中的数据直观、形象地呈现出来,以最易理解的方式反映数据之间的关系和变化,方便用户分析和比较数据。Excel 2016 提供了 14 种图表类型,每一种图表类型又有多种子类。用户可以根据实际需要选择已有的图表类型或者自定义图表。

6.4.1　图表的应用举例

1. 簇状柱形图的应用

簇状柱形图是最常用的一种图表,能够直观地表达数据表中各行或各列数据之间的对比。例如,使用簇状柱形图比较各学院各年级的人数情况,数据表如图 6-75 所示。如果要重点比较每个学院不同年级的人数情况,使用图 6-76 所示的图表,此图表系列产生于行;若要重点比较每个年级五个学院的人数情况,可以切换图表行/列,使系列产生于列,如图 6-77 所示。

	A	B	C	D	E	F
1		机械学院	信息学院	工商学院	建工学院	经济学院
2	一年级	568	967	874	874	547
3	二年级	654	586	850	852	688
4	三年级	654	857	854	654	341
5	四年级	548	426	654	321	456
6	总计					
7						

图 6-75　数据表中产生图表的数据区域

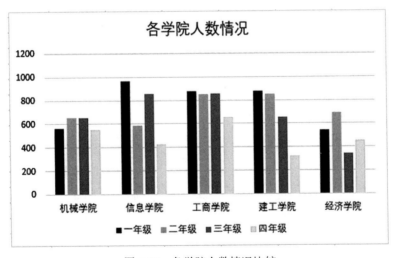

图 6-76　各学院人数情况比较

2. 三维堆积条形图的应用

条形图与柱形图类似,只是各系列对应的图形方向不同,可根据实际情况选择需要的图表。例如,使用三维堆积条形图比较“铁百店”和“中街店”总销售额突破千万的情况,如图 6-78 所示。从图中可以分析出“中街店”和“铁百店”的销售额分别在 2 季度和 3 季度突破了 5 百万,两店都在 4 季度突破了 1 千万销售额。

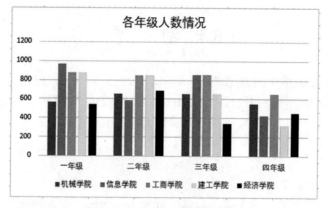

图 6-77　各年级人数情况比较

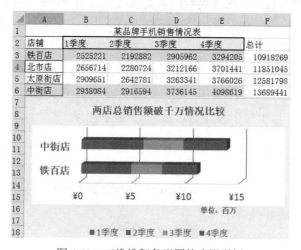

图 6-78　三维堆积条形图的应用举例

3. 三维饼图的应用

饼图比较适合直观地表达部分与整体之间的比例关系。图 6-79 所示为使用三维饼图描述各店铺的销售额占总销售额的比例关系。

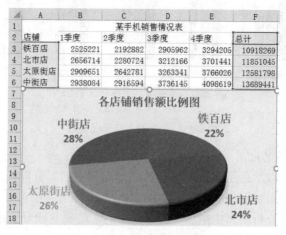

图 6-79　三维饼图的应用举例

4. 折线图的应用

折线图适合描述一组行或列数据的连续变化情况，便于分析数据的走势。例如，使用折线图描述一季度猪肉出厂价格变化，并分析下一周的价格走势。从图 6-80 可以分析出，一季度末猪肉价格处在快速下降趋势中，预计下一周的价格会低于每公斤 13 元。

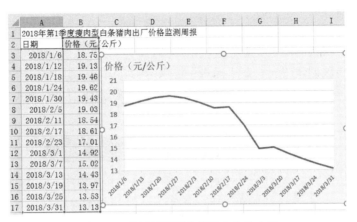

图 6-80　使用折线图分析猪肉价格走势

6.4.2　图表的组成

图表主要由图表区、绘图区、图表标题、坐标轴、图例、数据表、数据标签和背景等组成。下面以簇状柱形图为例，如图 6-81 所示，介绍图表的构成。

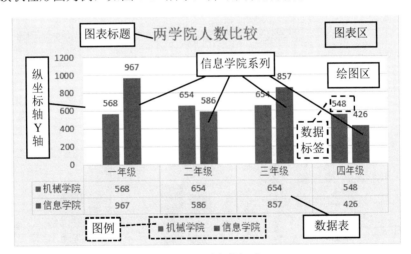

图 6-81　图表的组成

当鼠标指针停留在图表元素上方时 Excel 会显示元素名称，现对图表的部分元素进行说明。

- 数据系列：在图 6-81 中指颜色（在计算机屏幕上可见）相同的柱形，系列对应数据表中的一行或一列数据。
- 图例：标识图表中数据系列所指定的颜色或图案。
- 数据表：反映图表中源数据的表格，默认情况下图表不显示数据表。
- 数据标签：标识数据系列源数据的值。

6.4.3　创建图表

准备好数据表格后即可创建图表。创建图表时先要在数据表中选择图表所用的数据区域。图表数据区域为规整的二维表，即各行各列的区域大小相同，且通常包含行、列标题。创建图表的方法有以下 3 种：

（1）使用快捷键创建图表。按 Alt+F1 组合键可以创建嵌入式图表；按 F11 键可以创建工作表图表。Excel 中默认的图表类型为簇状柱形图。

（2）使用功能区创建图表。在"插入"选项卡的"图表"组中选择要插入的图表类型。如图 6-82 所示，单击"柱形图"图标处的下拉按钮，在弹出的下拉菜单中选择柱形图的子类型。

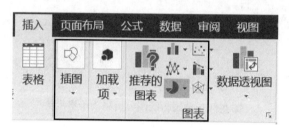

图 6-82　"插入"选项卡下的"图表"功能区

（3）使用图表向导创建图表。在"插入"选项卡中单击"图表"组右下角的"查看所有图表"按钮 ，弹出"插入图表"对话框，如图 6-83 所示，在其中选择需要的图表类型和样式，然后单击"确定"按钮。

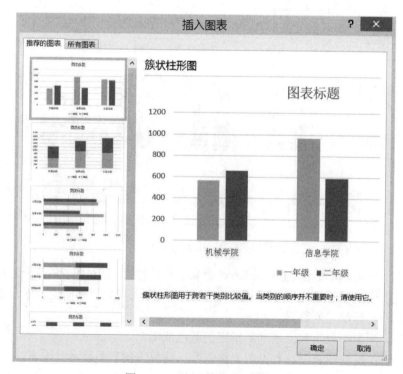

图 6-83　"插入图表"对话框

6.4.4　编辑图表

创建完图表，如果要对图表的显示内容、布局、图表样式、图表源数据区域，甚至是图表类型等进行修改，可以选中要修改的图表，再选择"图表工具/设计"选项卡，然后选择相应命令编辑图表。此外，还可以选中图表后在右键快捷菜单中选择编辑图表的相关命令。

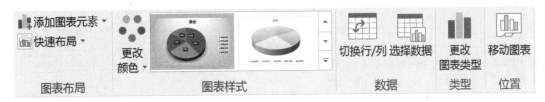

图 6-84　"图表工具/设计"选项卡

下面对图 6-84 中各功能区中的选项进行说明。

（1）图表布局：图表布局指图表包含哪些元素及各元素的位置。此功能区包括两个选项：

1）添加图表元素：不同的图表使用的图表元素不完全相同，图表元素包括坐标轴、标题、数据标签、图例、数据表、网格线、误差线、趋势线、涨/跌柱线等。

2）快速布局：每一种图表都可通过"快速布局"选择 Excel 2016 自带的几种经典布局方式来快速切换图表的布局。

（2）图表样式：Excel 2016 提供了丰富的图表样式，通过它们可以快速进行图表使用的颜色组合和格式设置。其中通过"更改颜色"可选择图表使用的色彩组合，通过样式列表可快速进行所选颜色组合对应的图表格式设置。

（3）数据：指源数据表中生成图表的数据区域。在"数据"选项卡中可以通过"切换行/列"改变系列对应的数据；通过"选择数据"可重新设置生成图表的数据区域。

（4）类型：选择"更改图表类型"命令可打开"更改图表类型"对话框，其内容与图 6-83 类似，在此可重新选择图表类型。

（5）位置：选择其中的"移动图表"命令可以打开"移动图表"对话框，如图 6-85 所示，在此可选择放置图表的位置。"新工作表"选项指将图表放置在新创建的工作表中，即转换为工作表图表；"对象位于"选项指将图表嵌入到选定的工作表中，即该图表为嵌入式图表。

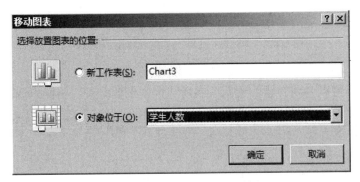

图 6-85　"移动图表"对话框

6.4.5　美化图表

为了使图表美观，可以设置图表的格式。Excel 2016 提供了丰富的格式设置功能，直接套用样式可以快速地美化整个图表。如果要调整图表某部分的格式，在选中图表后出现的"图表工具/格式"选项卡中有相关选项，如图 6-86 所示；也可以选中图表后在右键快捷菜单中查找相关格式设置命令。下面说明美化图表的几种常用操作。

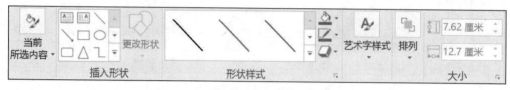

图 6-86　"图表工具"|"格式"选项卡

1. 使用样式快速美化整个图表

在图表区单击选中要美化的图表，在"图表工具/设计"选项卡的"图表样式"功能区中进行操作，单击"图表样式"组中的"其他"按钮 ⤵，在弹出的图表样式列表中选择一个样式即可套用，如图 6-87 所示。在"图表样式"功能区中，单击"更改颜色"按钮还可以为图表应用不同的颜色。

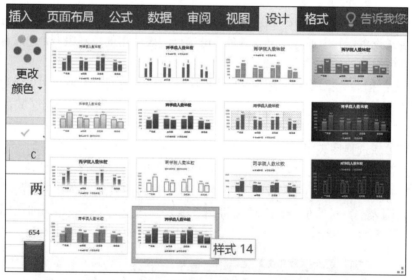

图 6-87　"图表工具/设计"选项卡下的图表样式

2. 设置填充效果

使用填充效果可以为图表区、绘图区或所选区域设置背景。下面以为"绘图区"填充背景图案为例说明操作步骤。在绘图区空白处单击选中该区域，在右键快捷菜单中选择"设置图表区格式"命令，或者在"图表工具/格式"选项卡的"当前所选内容"下拉列表中选择"设置所选内容"选项，打开"设置图表区格式"任务窗格，如图 6-88 所示。在此任务窗格中选择填充列表中的"图案填充"单选项，并在"图案"区域选择一种图案，即可将图案作为所选区域的背景。在该任务窗格"填充"选项下面还有"边框"选项，用于设置所选区域的边框。

图 6-88　"设置图表区格式"任务窗格

3. 使用艺术字

若要在图表的标题处使用艺术字，首先在图表标题处单击选中，然后在"图表工具/格式"选项卡的"艺术字样式"功能区中选择要使用的艺术字样式。

图 6-89 所示为应用了图表样式，图表区填充了来自于文件的图片背景，绘图区填充了图案背景，设置了图表区边框和标题艺术字的图表。

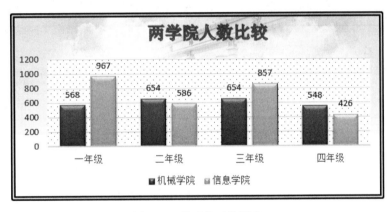

图 6-89　格式化后的图表

6.4.6　迷你图的应用

迷你图是创建在工作表单元格中的微型图表，可以直观地以折线图、柱形图和盈亏图的形式显示数据表中一行、一列或多行、多列数据值的变化。

例如，使用迷你图分析人数变化。以图 6-90 中的数据为例，图中 B7:F7 区域中显示的是柱形迷你图，对应的数据区域为列，即各学院 4 个年级的人数。现在为每个年级 5 个学院的人数，即各行数据创建折线迷你图。

创建迷你图的操作步骤如下：

（1）选择存放迷你图的单元格，如 G3 单元格。

（2）插入迷你图。在"插入"选项卡中选择"迷你图"组中的折线图，弹出"创建迷你图"对话框；选择迷你图对应的数据范围，确认迷你图的位置范围，如 G3 单元格的迷你图源数据区域为 B3:F3，即一年级各学院的人数。

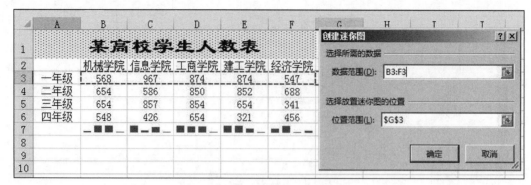

图 6-90　创建迷你图示例

（3）复制插入迷你图操作。在 G3 单元格中按住填充柄向下填充，复制插入迷你图操作，即为二至四年级各学院的人数创建迷你图。

（4）编辑迷你图操作。选中迷你图，在"迷你图工具/设计"选项卡中选择相应的操作选项。例如删除迷你图，即在上述"设计"选项卡中选择"分组"功能区"清除"下拉列表中的"清除所选迷你图"命令，如图 6-91 所示。

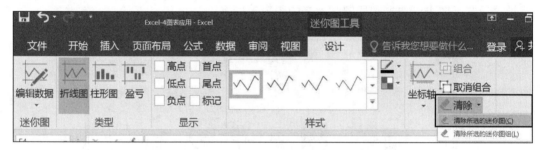

图 6-91　"迷你图工具/设计"选项卡

6.5　数据管理与分析

Excel 数据表是存放数据的二维表，对其中的数据进行管理可以帮助用户高效地分析和使用数据。通过 Excel 的排序功能可以将数据表中的内容按照特定的规则排序，使用筛选功能可以将满足用户条件的数据单独显示。

6.5.1　排序

使用数据表时如果需要按一定的顺序重新排列数据，可以使用排序操作。Excel 2016 提供了多种排序方法，用户可以根据需要进行单条件排序或多条件排序，还可以根据需要自定义排序方式。

1. 使用排序按钮实现单条件快速排序

当需要按数据表中某一列数据值的升序或降序重新排列各行时，可以使用"数据"选项卡"排序和筛选"功能区中的升序和降序按钮实现快速排序。

例如，针对图 6-92 中的数据表，以"单价"列升序排列各行的操作步骤如下：

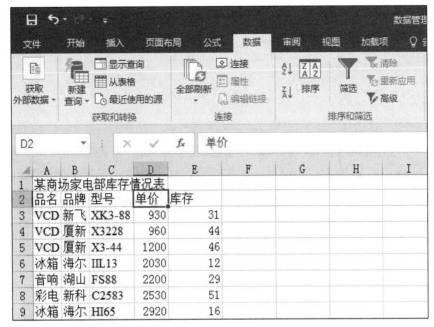

图 6-92　使用排序按钮实现单条件快速排序

（1）选中数据表中"单价"所在列的任一单元格，即指定活动单元格在排序条件所在列。

（2）单击"数据"选项卡"排序和筛选"功能区中的升序 按钮完成排序操作。

说明：

● 以上操作默认的操作区域为整个数据表，如果只对数据表中选定的区域进行排序，可以先选中要排序的区域，用 Enter 键或 Tab 键改变活动单元格，定位排序条件所在列，然后单击"升序"或"降序"按钮。

● 排序条件列中的数据可以是任意类型，如数值、文本、日期、逻辑等。

2. 在"排序"对话框实现多条件排序

当需要按多列数据的值排列数据表时，需要在"排序"对话框中设置排序所用的关键字以及关键字的次序。关键字的次序就是决定排序顺序的主要与次要条件的顺序。

例如，在图 6-92 所示的工作表中，要求按品名降序排列。其中主要的排序条件是"品名"，如果品名相同则按次要条件"单价"降序排列，如果"单价"也相同则按另一次要条件"库存"降序排列。

使用"排序"对话框实现多条件排序的操作步骤如下：

（1）选中排序区域。

（2）单击"数据"选项卡"排序和筛选"功能区中的"排序"按钮，弹出"排序"对话框。

（3）设置排序条件，即选择主要关键字和次要关键字。例如，单击"主要关键字"后面的下拉按钮选择排序首选条件为"品名"，在"次序"下拉列表中选择"降序"；然后单击"添加条件"按钮，设置其他的次要关键字，如图 6-93 所示；最后单击对话框中的"确定"按钮完成排序。排序结果如图 6-94 所示。

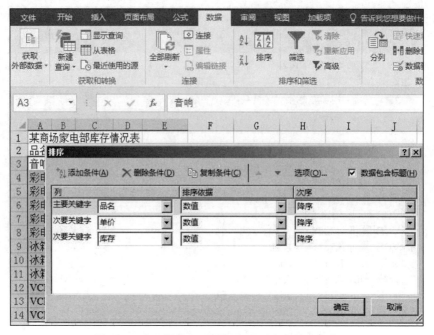

图 6-93   在"排序"对话框中设置多个排序条件

	A	B	C	D	E	F	G
1	某商场家电部库存情况表						
2	品名	品牌	型号	单价	库存		
3	音响	湖山	FS88	2200	29		
4	彩电	长虹	C3483	6600	17		
5	彩电	康佳	K4326	6200	27		
6	彩电	长虹	C2955	4250	21		
7	彩电	康佳	K2918	4120	22		
8	彩电	新科	C2583	2530	51		
9	冰箱	新飞	XF97	2930	38		
10	冰箱	海尔	HI65	2920	16		
11	冰箱	海尔	IIL13	2030	12		
12	VCD	厦新	X3-44	1200	46		
13	VCD	厦新	X3228	930	44		
14	VCD	新飞	XK3-88	930	31		

图 6-94   排序结果

说明：只有当排在"排序"对话框前面的关键字中的数值相同时，后面的关键字才起作用。

6.5.2   自动筛选

当数据表中数据量较大时，通过筛选功能可以快捷、准确地找出符合要求的数据，而且还可以让筛选结果升序或降序显示。筛选的方式通常分为自动筛选和高级筛选，当自动筛选无法满足需求时，可以使用高级筛选设置多个复杂的筛选条件。下面主要介绍应用广泛的自动筛选。

1. 进入与取消自动筛选状态

（1）进入自动筛选状态。首先将活动单元格定位在数据表区域中，即选中数据表中的任意单元格，然后通过下面任意一种方法都可进入自动筛选状态。

　　方法一：在"数据"选项卡的"排序和筛选"功能区中单击"筛选"按钮▼，如图 6-95 所示。

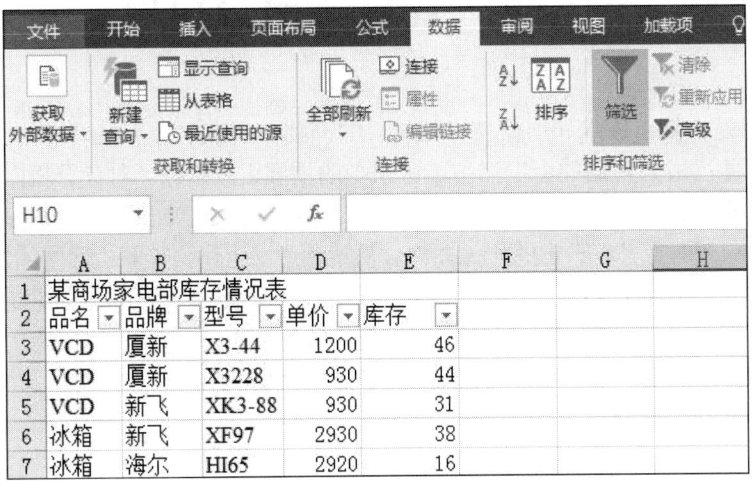

图 6-95　进入自动筛选状态

　　方法二：在"开始"选项卡的"编辑"功能区中单击"排序和筛选"下拉箭头，在下拉列表中选择"筛选"命令。

　　方法三：使用 Ctrl+Shift+L 组合键。

　　进入自动筛选状态后，数据表的列标题处会出现一个下拉箭头按钮，单击此箭头按钮，在展开的下拉框中设置筛选条件，设置好筛选条件后将在数据表区域显示符合条件的各行数据，不符合条件的数据行将被隐藏。

　　（2）取消自动筛选状态。在"数据"或"开始"选项卡中，单击筛选按钮▼或取消选项 ▼ 筛选(E)的选中状态，即可取消自动筛选状态；或者在自动筛选状态下按 Ctrl+Shift+L 组合键，则取消自动筛选状态。无论按什么条件进行筛选，当取消自动筛选状态后，列标题上的下拉箭头按钮将消失，恢复数据表的初始状态，显示全部数据。

　　2．根据条件列的内容选择筛选条件

　　进入筛选状态后，单击条件列标题后的下拉箭头按钮，打开下拉列表，在列表底部会显示选择列中的内容进行分类，直接在前面的复选项中勾选筛选条件，即可按所选内容显示数据。

第7章 计算机网络知识

计算机网络是计算机技术和通信技术相结合的产物。现在,计算机网络的应用遍布全球,覆盖各个领域,并已成为人们社会生活中不可缺少的重要组成部分。对计算机网络的基本了解,对人们在管理和理解网络服务方面起到了重要的作用,这样人们不仅可以使用基本的网络功能,而且在处理网络问题时也具有一定的相关知识。从某种意义上讲,计算机网络的发展水平不仅反映了一个国家信息技术的发展水平,也是衡量其国力及现代化程度的重要标志之一。

7.1 计算机网络基本知识

7.1.1 计算机网络概述

计算机网络是将地理位置分散并具有独立功能的多个计算机系统通过通信设备和通信线路相互连接起来,在网络协议和软件的支持下进行数据通信,以实现网络中资源共享为目标的系统。网络允许有授权的人们进行文件、数据以及其他一些信息的共享。同样,授权用户可以通过共享的网络或计算机资源进行共享打印、存储等活动。

1. 计算机网络的定义

计算机网络是计算机技术与通信技术相结合的产物,通过它可实现远程通信、远程信息处理和资源共享。随着计算机网络技术的更新发展,可以从不同的角度对计算机网络进行描述。目前人们通常的定义是:计算机网络,就是利用通信设备和线路把地理位置不同、功能独立的多个计算机系统互相连接,在网络操作系统的支持下,按照约定的网络通信协议进行数据通信,由功能完善的网络软件实现网络中的资源共享和信息传递的计算机系统。简单概括为一句话就是,自主计算机(能够独立工作的计算机)的互联。

上面提到的"资源",包括计算机系统的硬件资源和软件资源。

2. 计算机网络的发展

计算机网络从 20 世纪 60 年代开始发展至今,经历了从简单到复杂、从单机到多机、由终端与计算机之间的通信演变成计算机与计算机之间的直接通信,主要包括以下几个发展阶段:

(1)远程联机阶段。为了共享主机资源和数据处理,用一台计算机与多台用户终端相连,用户通过终端命令以交互方式使用计算机,人们把它称为远程联机系统。

(2)多机互联网络阶段。多个主计算机通过通信线路互联起来为用户提供服务。这里的多个主计算机都有自主处理的能力,它们之间不存在主从关系,为用户提供服务的是大量分散而又互联在一起的多台独立的计算机。典型代表是美国的 ARPANET,现在流行的互联网就是以其为骨干网络发展起来的。

(3)标准化网络阶段。网络大都由科学研究单位、大学或计算机公司各自研制,没有统一的网络体系结构,这种网络之间想实现互联是十分困难的。为了实现更大的信息交换与共享,必须开发新一代的计算机网络,这就是开放式、标准化的计算机网络。国际标准化组织(ISO)

经过多年的工作，于 1984 年正式颁布了一个名为"开放系统互连参考模型"（OSI/RM）的国际标准。

（4）网络互联与高速网络阶段。进入 20 世纪 90 年代，建立在计算机技术、通信技术基础上的计算机网络技术得到了迅猛的发展。特别是 1993 年美国宣布建立国家信息基础设施（National Information Infrastructure，NII）后，全世界许多国家纷纷制订和建立本国的 NII，大力建设信息高速公路，从而极大地推动了计算机网络技术的发展，使计算机网络进入一个崭新的阶段，这就是计算机网络互联与高速网络阶段。

目前，全球以 Internet 为核心的高速计算机互联网络已经形成，Internet 已经成为人类最重要的、最大的知识宝库。网络互联和高速计算机网络成为第四代计算机网络。

一般说来，计算机网络的主要功能为信息共享，例如：

- 人们可以在一台计算机上控制网络中的另一台计算机来播放音乐。
- 用户如果正使用一台没有 DVD 或 Blue-Ray（蓝光）播放器的计算机，那么他可以使用网络来实现在他人的计算机上播放 DVD 或蓝光电影，而在自己的显示器中收看。
- 用户可以通过网络来连接打印机、扫描仪或传真机，使其成为网络设备，通过联网进行操作。
- 用户可以在一台计算机中建立文件、存储文档，而在另一台计算机中进行访问。

2. 计算机网络的特点

从上面提到的计算机网络的定义中可以总结出计算机网络的一些特点：

（1）计算机网络中，计算机的数量是多台（至少是两台），而不是一台。

（2）计算机网络中的每台计算机都是能够独立工作的独立计算机系统，而不是类似于小型计算机所提供的终端设备。

（3）处在不同地点的多台计算机通过通信设备和通信线路进行连接，从而使各自具备独立功能的计算机系统成为一个整体。

（4）在连接起来的计算机网络系统中需要有完善的通信协议、信息交换技术、网络操作系统等软件对连接在一起的计算机硬件系统进行统一管理，从而实现数据通信、远程信息处理、资源共享等多种功能。

3. 计算机网络的功能

计算机网络能够提供的主要功能如下：

（1）数据通信。通信和数据传输是计算机网络的主要功能，通过该功能可以在网络中的各个计算机系统之间传送各种信息、数据。利用这项功能，地理位置分散的不同部门可以通过计算机网络连接在一起进行集中控制和管理，也可以通过计算机网络传送内部电子邮件、发布消息公告、进行电子数据交换等。这样，在很大程度上方便了用户，提高了工作效率。

（2）资源共享。资源共享是计算机网络的重要功能。通过资源共享，可以使网络中分布在不同计算机中的各种零散资源被集中使用，从而提高了资源的利用率。资源共享包括硬件资源共享和软件资源共享。

1）硬件资源共享：可以在计算机网络覆盖的范围内提供对存储设备、输入输出设备等资源的共享。比如现在非常流行的网络云存储，多台计算机共用的网络打印机等。

2）软件资源共享：可以共享服务器端的软件（比如在线考试系统），也可以共享数据（比如浏览网站服务器中的网页信息）。

7.1.2　计算机网络的分类

由于计算机本身技术的日益发展和应用越来越广泛，形成了各种不同类型的计算机网络。计算机网络的分类方式有很多种，可以按照覆盖的地理范围、传输速率、传输介质、拓扑结构等多种方式进行分类。

1. 按覆盖的地理范围划分

按覆盖的地理范围可将计算机网络分成局域网、城域网、广域网 3 种类型。

（1）局域网（Local Area Network，LAN）：指由近距离的计算机连接成的网络，分布范围一般在几米至几十千米之间。局域网是我们接触最多的一类网络，小到一间办公室，大到整座建筑物，甚至一个校园、一个社区，它们都可以通过建立局域网来实现资源共享和数据通信。局域网的广泛应用正在使我们的生活方式发生着巨大的改变。与后面要讲到的广域网和城域网相比，局域网最大的特点就是分布范围小、布线简单、使用灵活、通信速度快、可靠性高、传输中误码率低，并且它被某个组织完全拥有，这个组织有建立它、完善它的权利，同时也有拆除它的权利。

（2）城域网（Metropolitan Area Network，MAN）：是局域网的延伸，用于局域网之间的连接，网络规模局限在一座城市的范围内，覆盖的地理范围从几十千米至几百千米。

（3）广域网（Wide Area Network，WAN）：指在一个很大地理范围（从数百千米到数千千米，甚至上万千米）将许多局域网相互连接而成的网络。广域网是将远距离的网络和资源连接起来的任何系统，主要用于一个地区、行业甚至在全国范围内组网，达到资源共享的目的。覆盖全球范围的 Internet（互联网）是目前最大的广域网。

2. 按传输介质划分

传输介质是网络中连接通信双方的物理通道。按照网络中所使用的传输介质可将计算机网络分为以下两种：

（1）有线通信网：采用同轴电缆、双绞线、光纤等物理介质来传输数据的网络。

（2）无线通信网：采用红外、卫星、微波等无线电波来传输数据的网络。

3. 按拓扑结构划分

根据拓扑结构网络可分为星型网络、总线型网络、树型网络、环型网络和网状型网络。

4. 按使用范围划分

按使用范围网络可以分为公用网、专用网。公用网又称为公众网，是为全社会所有的人提供服务的网络；专用网为一个或几个部门所拥有，只为拥有者提供服务。

7.1.3　计算机网络的组成

计算机网络的组成包括以下三要素：

（1）两台或两台以上独立的计算机。

（2）连接计算机的通信设备和传输介质。

（3）网络软件，包括网络操作系统和网络协议。

1. 网络中的计算机

● 客户机为前台处理机，是发送请求给服务器进程要求其提供服务的计算机，一般采用中、低档计算机。

- 服务器为后台处理机，是为网络提供资源并对这些资源进行管理的计算机。服务器有文件服务器、通信服务器、数据库服务器等，其中文件服务器是最基本的服务器。服务器一般由较高档的计算机来承担。文件服务器要有丰富的资源，如高性能处理器、足够大的内存、大容量的硬盘、打印机等，这些资源能提供给网络用户共同使用。

2.　网络通信设备

（1）网络适配器。网络适配器又称网卡，是计算机网络中最基本的元素。在计算机网络中，如果有一台计算机没有网卡，那么这台计算机将不能与其他计算机通信，也就是说，这台计算机和网络是分开的。

现今的网卡技术已经非常成熟，基本不会出现因为网卡过于落后而造成网速偏低的情况。所以现在判断一款网卡是否优秀的主要标准就是网卡是否能够维持网络稳定以及能够同时处理多少数据流。稳定的工作频率以及优秀的硬件配合就可以保持网速的稳定，而数据流的处理量就要取决于网卡本身的性能了，越好的网卡可以同时处理的数据流越多。笔记本电脑的网卡一般还要担负着 Wi-Fi 连接的任务，这种网卡会加装蜂窝天线以进行信号的搜集，此外也可以将本身网络信号加工为 Wi-Fi 热点供其他电子设备使用，对于这种网卡，除了要关注其本身的性能，也要关注蜂窝天线的质量，好的天线的信号接收范围会更广，网络连接也会更稳定。

网卡的主要功能：

- 是主机与介质的桥梁设备。
- 实现主机与介质之间的电信号匹配。
- 提供数据缓冲能力。
- 控制数据传送的功能，网卡一方面负责接收网络上传过来的数据包，解包后，将数据通过总线传输给本地计算机；另一方面它将本地计算机上的数据打包后送入网络。

（2）中继器。中继器（Repeater，RP）是工作在物理层上的连接设备，适用于类型、协议完全相同的两个网络的互联，主要功能是，通过对数据信号的重新发送或转发扩大网络传输的距离。当数据信号在网络线路上传输时，由于存在损耗，传输的信号功率会逐渐衰减，衰减到一定程度时将造成信号失真，因此导致数据接收错误。中继器负责在两个结点的物理层上按位传递信息，完成信号的复制、调整和放大，用于扩展局域网网段的长度（仅用于连接网段相同的局域网，有的中继器也可以完成不同媒体的转接工作）。从理论上讲中继器的使用范围是无限的，网络也因此可以无限延长。事实上这是不可能的，因为网络标准中都对信号的延迟范围作了具体的规定，数据信号经过中继器后就会有一定的延迟，所以中继器只能在规定范围内进行有效的工作，否则会引起网络故障。

（3）集线器。集线器的英文名为 Hub，Hub 是中心的意思。集线器的主要功能是对接收到的信号进行再生、整形、放大，以扩大网络的传输距离，同时把所有结点集中在以它为中心的结点上。它工作于 OSI 参考模型第一层，即物理层。集线器与网卡、网线等传输介质一样，属于局域网中的基础设备，采用 CSMA/CD（带冲突检测的载波监听多路访问技术）介质访问控制机制。集线器每个接口只进行简单的收发比特操作，收到 1 就转发 1，收到 0 就转发 0，不进行碰撞检测。

集线器属于纯硬件网络底层设备，基本上不具有类似于交换机的记忆能力和学习能力。它也不具备交换机所具有的 MAC 地址表，所以它发送数据时都是没有针对性的，而是采用广播方式发送。也就是说当它要向某结点发送数据时，不是直接把数据发送到目的结点，而是把数据包发送到与集线器相连的所有结点。

Hub 是一个多端口的转发器，当以 Hub 为中心设备时，网络中某条线路产生了故障并不影响其他线路的工作。所以 Hub 在局域网中得到了广泛应用。大多数的时候它用在星型与树型网络拓扑结构中，以 RJ45 接口与各主机相连（也有 BNC 接口）。

（4）网桥。网桥（Bridge）是早期的两端口二层网络设备，用来连接不同网段。网桥的两个端口分别有一条独立的交换信道，不共享一条总线，可隔离冲突域。网桥比集线器性能更好，集线器上各端口都是共享同一条背板总线的。后来随着技术的发展，网桥被具有更多端口且同时可隔离冲突域的交换机（Switch）所取代。

网桥像一个聪明的中继器。中继器从一个网络电缆里接收信号，放大它们，将其送入下一个网络电缆。网桥是利用对帧进行转发的技术，根据 MAC 分区块，可隔离碰撞。网桥将网络的多个网段在数据链路层连接起来。

网桥也叫桥接器，是连接两个局域网的一种存储、转发设备，能将一个大的网络分割为多个网段，或将两个以上的网络互联为一个逻辑网络，使网络上的所有用户都可访问服务器。扩展局域网最常见的方法是使用网桥。最简单的网桥有两个端口，复杂些的网桥可以有更多的端口。网桥的每个端口与一个网段相连。

（5）交换机。交换机（Switch）是一种用于电信号转发的网络设备。它可以为接入交换机的任意两个网络结点提供独享的电信号通路。最常见的交换机是以太网交换机，其他常见的还有电话语音交换机、光纤交换机等。一般来说，交换机的每个端口都用于连接一个独立的网段，但有时为了提供更快的接入速度，可以把一些重要的网络计算机直接连接到交换机的端口上，这样网络的关键服务器和重要用户就拥有更快的接入速度，支持更大的信息流量。交换机除了能够连接同种类型的网络之外，还可以在不同类型的网络（如以太网和快速以太网）之间起到互连作用。如今许多交换机都能够提供支持快速以太网或 FDDI 等的高速连接端口，用于连接网络中的其他交换机或者为带宽占用量大的关键服务器提供附加带宽。

像集线器一样，交换机提供了大量可供线缆连接的端口，这样可以采用星型拓扑布线。交换机的基本功能如下：

- 像中继器、集线器和网桥那样，当转发数据时，交换机会重新产生一个不失真的方形电信号。
- 像网桥那样，交换机在每个端口上都使用相同的转发或过滤逻辑。
- 像网桥那样，交换机将局域网分为多个冲突域，每个冲突域都具有独立的宽带，因此大大提高了局域网的带宽。
- 除了具有网桥、集线器和中继器的功能以外，交换机还提供了更先进的功能，如虚拟局域网（VLAN）和更高的性能。

（6）路由器。路由器（Router）是一种计算机网络设备，能将数据打包，通过一个个网络传送至目的地（选择数据的传输路径），这个过程也称为"路由"。路由器是连接两个以上网络的设备，路由器工作在 OSI 模型的第三层——网络层。路由器是连接因特网中各局域网、广域网的设备，它会根据信道的情况自动选择和设定路由，以最佳路径，按前后顺序发送信号。路由器是互联网络的枢纽，即"交通警察"。目前路由器已经广泛应用于各行各业，它的各种不同档次的产品已成为实现各种骨干网内部连接、骨干网间互联和骨干网与互联网互联互通业务的主力军。路由器和交换机之间的主要区别就是，交换机工作在 OSI 参考模型第二层（数据链路层），而路由工作在第三层，即网络层。这一区别决定了路由器和交换机在传输信息的过程中需使用不同的控制信息，所以两者实现各自功能的方式是不同的。路由器具有判断网络地址和选择 IP 路径的功能，能在多网络互联环境中建立灵活的连接，可用完全不同的数据分组和介质访问方法连接各种子网。路由器只接收源站或其他路由器的信息，属于网络层的一种互联设备。它不关心各子网使用的硬件设备，但要求运行与网络层协议相一致的软件。

（7）网关。网关（Gateway）又称网间连接器、协议转换器。网关在传输层上用于实现网络互连，是最复杂的网络互连设备之一，仅用于两个高层协议不同的网络互连。网关既可以用于广域网互连，也可以用于局域网互连。网关是一种担当转换重任的计算机系统或设备。在使用不同的通信协议、数据格式或语言，甚至体系结构完全不同的两种系统之间，网关是一个翻译器。与网桥只是简单地传达信息不同，网关对收到的信息要重新打包，以适应目的系统的需求。同时，网关也可以提供过滤和安全功能。大多数网关运行在 OSI 7 层协议的顶层——应用层。

3. 网络传输介质

（1）双绞线。双绞线是局域网中使用最普遍的传输介质，特点是性能好、价格低、布线简单。双绞线采用了一对互相绝缘的金属导线以绞合的方式来抵御一部分外界电磁波干扰。把两根绝缘的铜导线按一定密度互相绞在一起，可以降低信号干扰的程度，每一根导线在传输中辐射的电波会被另一根线上发出的电波抵消。常见的双绞线有 3 类线、5 类线、超 5 类线、6 类线和 7 类线，前面的线径细而后面的线径粗。3 类线的传输频率为 16MHz，用于语音传输及最高传输速率为 10Mb/s 的数据传输，主要用于 10BASE-T 网络。5 类线增加了绕线密度，外套一种高质量的绝缘材料，传输频率为 100MHz，用于语音传输和最高传输速率为 100Mb/s 的数据传输，主要用于 BASE-T 和 10BASE-T 网络，这是最常用的以太网电缆。超 5 类线具有衰减小、串扰少的特点，并且具有更高的衰减与串扰的比值和信噪比、更小的时延误差，性能得到很大提高。超 5 类线的传输速率范围为 150～155Mb/s。6 类线电缆的传输频率范围为 1～250MHz。6 类线布线的传输性能远远高于超 5 类线的标准，最适用于传输速率高于 1Gb/s 的应用。7 类线是近期使用的一种双绞线，主要为了适应万兆位以太网技术的应用和发展，但它不再是一种非屏蔽双绞线了，而是一种屏蔽双绞线，所以它的传输频率至少可达 500MHz，是 6 类线的 2 倍以上，传输速率可达 10Gb/s。

（2）同轴电缆。同轴电缆是有两个同心导体，而导体和屏蔽层又共用同一轴心的电缆。最常见的同轴电缆由用绝缘材料隔离的铜线导体组成，在里层绝缘材料的外部是另一层环形导体及其绝缘体，然后整个电缆用由聚氯乙烯或特氟纶材料制作的护套包住。

目前，常用的是 50Ω 和 75Ω 的同轴电缆。75Ω 同轴电缆常用于有线网，故称为 CATV 电缆，传输带宽可达 1GHz，目前常用的 CATV 电缆的传输带宽为 750MHz。50Ω 同轴电缆主要用于基带信号传输，传输带宽为 1～20MHz，总线型以太网就使用 50Ω 同轴电缆，在以太网中，50Ω 细同轴电缆的最大传输距离为 185m，粗同轴电缆可达 1000m。

（3）光纤。光纤作为宽带接入的一种主流方式，有着通信容量大、中继距离长、保密性能好、适应能力强、体积小重量轻、原材料来源广、价格低廉等优点，未来在宽带互联网接入领域中的应用会非常广泛。

光纤传输有许多突出的优点：

1）频带宽。频带的宽窄代表传输容量的大小。载波的频率越高，可以传输信号的频带宽度就越大。目前单个光源的带宽只占了其中很小的一部分（多模光纤的频带约几百兆赫，好的单模光纤可达 10GHz 以上），采用先进的相干光通信可以在 30000GHz 范围内安排 2000 个光载波进行波分复用，可以容纳上百万个频道。

2）损耗低。在同轴电缆组成的系统中，电缆在传输 800MHz 信号时，每千米的损耗至少都在 40dB 以上。相比之下，光导纤维的损耗则要小得多，传输 1.31μm 的光，每千米损耗在 0.35dB 以下；若传输 1.55μm 的光，每千米损耗更小，可达 0.2dB 以下，这比同轴电缆的功率损耗要小一亿倍，即其能传输的距离要大得多。此外，光纤传输损耗还有两个特点：一是在全部有线电视频道内具有相同的损耗，不需要像电缆干线那样必须引入均衡器进行均衡；二是其损耗几乎不随温度而变，不用担心因环境温度变化而造成干线电平的波动。

3）重量轻。因为光纤非常细，单模光纤芯线直径一般为 4～10μm，外径也只有 125μm，加上防水层、加强筋、护套等，用 4～48 根光纤组成的光缆直径还不到 13mm，比标准同轴电缆的直径 47mm 要小得多，加上光纤是玻璃纤维，比重小，使它具有直径小、重量轻的特点，安装十分方便。

4）抗干扰能力强。因为光纤的基本成分是石英，只传光，不导电，不受电磁场的作用，在其中传输的光信号不受电磁场的影响，故光纤传输对电磁干扰、工业干扰有很强的抵御能力。也正因为如此，在光纤中传输的信号不容易被窃听，因而利于保密。

5）保真度高。因为光纤传输一般不需要中继放大，不会因为放大引入新的非线性失真。只要激光器的线性好，就可高保真地传输信号。实际测试表明，好的调幅光纤系统的载波组合三次差拍比 C/CTB 在 70dB 以上，交调指标 cM 也在 60dB 以上，远高于一般电缆干线系统的非线性失真指标。

6）工作性能可靠。我们知道，一个系统的可靠性与组成该系统的设备数量有关。设备越多，发生故障的机会越大。因为光纤系统包含的设备数量少（不像电缆系统那样需要几十个放大器），可靠性自然也就高，加上光纤设备的寿命都很长，无故障工作时间达 50 万～75 万小时，其中寿命最短的是光发射机中的激光器，最低寿命也在 10 万小时以上。故一个设计良好、正确安装调试的光纤系统的工作性能是非常可靠的。

（4）无线网络传输。无线网络上网可以简单理解为无线上网，几乎所有智能手机、平板电脑和笔记本电脑都支持无线保真上网，是当今使用最广的一种无线网络传输技术。实际上就是把有线网络信号转换成无线信号，就如之前为大家介绍的一样，使用无线路由器供支持其技术的相关计算机、手机、平板等接收信号。手机如果有无线保真功能的话，在有 Wi-Fi 无线信号的时候就可以不通过移动、联通的网络上网，节省了流量费。Wi-Fi 是一种允许电子设备进行连接到一个无线局域网（WLAN）的技术，通常使用 2.4G UHF 或 5G SHF ISM 射频频段。无线局域网通常是有密码保护的，但也可以是开放的，这样就允许任何在 WLAN 范围内的设备进行连接。Wi-Fi 是一个无线网络通信技术的品牌，由 Wi-Fi 联盟持有，其目的是改善基于 IEEE 802.11 标准的无线网络产品之间的互通性。有人把使用 IEEE 802.11 系列协议的局域网就称为 Wi-Fi，甚至把 Wi-Fi 等同于无线网际网络（Wi-Fi 是 WLAN 的重要组成部分）。

（5）卫星通信。卫星通信是利用人造地球卫星作为中继站来转发无线电波，从而实现两个或多个地球站之间的通信。人造地球卫星根据对无线电信号放大的有无和转发功能，有有源人造地球卫星和无源人造地球卫星之分。由于无源人造地球卫星反射下来的信号太弱无实用价值，于是人们致力于研究具有放大、变频转发功能的有源人造地球卫星，即通过通信卫星来实现卫星通信。其中绕地球赤道运行的周期与地球自转周期相等的同步卫星具有优越性能,利用同步卫星进行通信已成为主要的卫星通信方式。不在地球同步轨道上运行的低轨卫星多在卫星移动通信中应用。

卫星通信简单地说就是地球上(包括地面和低层大气中)的无线电通信站间利用卫星作为中继进行的通信。卫星通信系统由卫星和地球站两部分组成。卫星通信的特点是:通信范围大;只要在卫星发射的电波所覆盖的范围内,从任何两点之间都可进行通信;不易受陆地灾害的影响,可靠性高;只要设置地球站电路即可开通,同时可在多处接收,能经济地实现广播、多址通信(多址特点);电路设置非常灵活,可随时分散过于集中的话务量;同一信道可用于不同方向或不同区间。

4. 网络软件

网络软件一般是指系统的网络操作系统、网络通信协议和应用级的提供网络服务功能的专用软件。在计算机网络环境中,网络软件主要用于支持数据通信和各种网络活动。连入计算机网络的系统,通常根据系统本身的特点、能力和服务对象,配置不同的网络应用系统。其目的是让本机用户使用网络中其他系统的共享资源,或是为了把本机系统的功能和资源提供给网中其他用户使用。为此,每个计算机网络都制定了一套全网共同遵守的网络协议,并要求网中每个主机系统配置相应的协议软件,以确保网中不同系统之间能够可靠、有效地相互通信和合作。

网络操作系统是用于管理网络软、硬资源,提供简单网络管理的系统软件。常见的网络操作系统有 UNIX、Netware、Windows NT、Linux 等。UNIX 是一种强大的分时操作系统,以前在大型机和小型机上使用,已经向 PC 过渡。UNIX 支持 TCP/IP 协议,安全性、可靠性强,缺点是操作使用复杂。常见的 UNIX 操作系统有 SUN 公司的 Solaris、IBM 公司的 AIX、HP 公司的 HP UNIX 等。Netware 是 Novell 公司早期开发的局域网操作系统,使用 IPX/SPX 协议,2011 年的 Netware 5.0 也支持 TCP/IP 协议,安全性高、可靠性较强,其优点是具有 NDS 目录服务,缺点是操作使用较复杂。WinNT Server 是微软公司为解决将 PC 作为服务器而设计的,操作简单方便,缺点是安全性较低、可靠性较差,适用于中小型网络。Linux 是一个免费的网络操作系统,源代码完全开放,是 UNIX 的一个分支,内核基本和 UNIX 一样,具有 WinNT 的界面,操作简单,缺点是应用程序较少。

网络通信协议是网络中计算机交换信息时的约定,规定了计算机在网络中互通信息的规则。互联网采用的协议是 TCP/IP,该协议也是应用最广泛的协议,其他常见的协议还有 Novell 公司的 IPX/SPX 等。

7.1.4　计算机网络的拓扑结构

计算机网络的拓扑结构指计算机网络中的通信线路和结点相互连接的几何排列方法和模式。网络的拓扑结构可以从逻辑结构和物理结构的角度来看,物理结构主要侧重于网络繁多的结构组成,如设备位置、光缆的安装,而逻辑结构则主要侧重于网络中数据流的流向,由此可以看出,逻辑结构主要由物理结构决定。拓扑结构影响着整个网络的设计、功能、可靠性和通信费用等许多方面,是决定局域网性能优劣的重要因素之一。

网络拓扑结构主要可分成两大类:物理拓扑和逻辑拓扑。

用于连接设备的布线布局是网络的物理拓扑结构。这指的是布线的布局、结点的位置以及结点与布线之间的互连。网络的物理拓扑是由网络访问设备和媒介的传输能力、控制能力或容错级别以及与电缆或通信电路相关的成本所决定的。

相反，逻辑拓扑指信号在网络媒体上的作用方式，或者数据通过网络从一个设备传到另一个设备的方式，而不考虑设备的物理互连。网络的逻辑拓扑不一定与物理拓扑相同。例如，使用中继器集线器的原始双绞线以太网是一个具有物理星型拓扑布局的逻辑总线拓扑；令牌环是一个逻辑环型拓扑结构，但它是由媒体访问单元连接的物理星型结构。

网络拓扑结构基本包含了以下几种基本拓扑：星型、总线型、环型、树型、网状型或混合型。

1. 星型网络

星型网络必须有一个中心结点，网络中的每一个远程结点与中心结点之间都有一条单独的通信线路，所有与中心结点通信的远程结点都通过各自的通信线路进行工作，彼此互不干扰。如果各远程结点之间要进行通信，都必须经过中心结点的转接。中心结点是其他结点之间进行相互通信的唯一中继结点。其形状像星星一样，故称为星型网络，其拓扑结构如图 7-1 所示。

图 7-1　星型网络

优点：单点故障不影响全网，结构简单，结点维护管理容易，故障隔离和检测容易，延迟时间较短。

缺点：成本较高，资源利用率低，网络性能过于依赖中心结点。

2. 总线型网络

总线型网络采用一种高速的物理通路，一般称为总线。网络上的各个结点都通过相应的硬件接口直接与总线相连接，源信号向连接在总线电缆上的所有结点方向传递，直到它找到预期的接收方。如果机器地址与数据的预期地址不匹配，机器将忽略数据；如果数据与机器地址匹配，则接收数据。由于总线拓扑仅由一根线组成，所以与其他拓扑相比，它的实现成本相当低。然而，实现该技术的低成本被管理网络的高成本所抵消。其拓扑结构如图 7-2 所示。

优点：结构简单，价格低廉，安装使用方便。

缺点：故障诊断和隔离比较困难。

图 7-2　总线型网络

3. 环型网络

在环型网络中，每台入网的计算机都先连接到一个转发器（或中继器）上，再将所有的转发器通过高速的点—点式物理连接成为一个环型。网络上的信息都是单向流动的，从任何一个源转发器发出的信息，经环路绕一个方向传送一周后又返回到该源转发器。环型网络的拓扑结构如图 7-3 所示。环型网上每个结点都是通过转发器来接收与发送信息的，每个结点都有一个唯一的结点地址，信息按分组格式形成，每个分组都包含了源地址和目的地址，当信息到达某个转发器后，其目的地址与该结点地址相同时，该结点就接收该信息。由于是多个结点共享一个环路，为了防止冲突，在环型网上设置了一个唯一的令牌，只有获得令牌的结点才能发送信息。

图 7-3　环型结构

优点：简化路径选择控制，传输延迟固定，实时性强，可靠性高。

缺点：结点过多时，影响传输效率；环某处断开会导致整个系统的失效，结点的加入和撤出过程复杂。

4. 树型网络

树型结构是星型结构的扩展，树型网络可以看成是由多个星型网络按层次方式排列构成。网络的最高层通常是核心网络设备（亦称为树根结点），最底层（或称为叶子）常为终端或计算机。其他各层可以是计算机或路由器等其他网络设备。

优点：结构比较简单，成本低。扩充结点方便灵活。

缺点：对根的依赖性大。

5. 网状型网络

网状型网络没有固定的连接形式，是最一般化的网络结构。网络中的任何一个结点一般都至少有两条链路与其他结点相连，它既没有一个自然的中心，也没有固定的信息流向。这种网络的控制往往是分布的，所以又可称为分布式网络，其拓扑结构如图 7-4 所示。

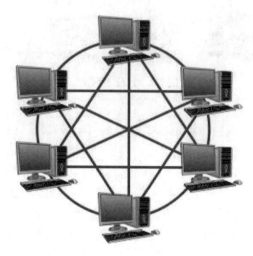

图 7-4   网状型网络

优点：具有较高的可靠性，某一线路或结点有故障时，不会影响整个网络的工作。

缺点：结构复杂，需要路由选择和流控制功能，网络控制软件复杂，硬件成本较高，不易管理和维护。

7.1.5   计算机网络体系结构

计算机网络采用通信协议实现，而这些协议程序的实现构成了计算机网络的软件部分，通信协议的集合形成了计算机网络的体系结构。为了降低设计的复杂性，网络的体系结构一般按层次结构组织，每一层协议定义了它具有的功能、它和下一层的接口、它对上一层的服务。下面简单介绍国际标准化组织（ISO）提出的计算机网络开放系统互连（Open System Interconnection）参考模型，简称 OSI 模型。

1. ISO/OSI 模型

OSI 把计算机中的通信过程划分为下述 7 个不同层次，每一个层次完成一个特定的明确的功能，并按协议相互通信。

第 1 层是物理层（Physical Layer），主要负责处理信号在通信介质上的传输问题，包含信号的编码等。这一层涉及的是机械、电气、功能和规程等方面的一些协议。在局域网中物理层上的功能基本在网卡上实现。

第 2 层为数据链路层（Data Link Layer），这一层的主要任务是保证连接着的两台机器之间的数据传输无错误。数据链路层分为逻辑链路控制（Logical Link Control，LLC）和介质访问控制（Media Access Control，MAC）两个子层，MAC 子层主要定义广播网络中如何控制共享介质的访问。数据链路层的格式一般称为帧（frame）。数据链路层的地址为 MAC 地址，也称为物理地址或硬件地址。

第 3 层为网络层（Network Layer），其主要涉及点到点网络中的通信子网，主要负责在通信子网中选择适当的路径（也称路由），当通信子网负载很重时，还要控制流入子网的信息流。网络层的信息格式称为报文分组（packet），网络层的地址通常称为 IP 地址。

第 4 层称为传输层（Transmission Layer），它负责从上一层接收数据，并按一定格式把数据分成若干传输单元，然后交给网络层。传输层的信息格式一般称为报文段（segment）。因为源站点（发送消息的机器）的传输层从上一层接收数据后，要和目的站点（接收消息的机器）的传输层建立一种连接，通常这种连接是一种源站到目的站的无错连接，因此传输层的协议通常称为端到端的协议。

第 5 层、第 6 层和第 7 层分别称为会话层（Session Layer）、表示层（Presentation Layer）和应用层（Application Layer），这几层主要针对应用而设置。会话层允许不同机器上的用户在彼此之间建立一条会话连接，然后进行文件传输或远程注册等应用操作。表示层通常完成不同机器间的代码转换操作，比如数据的加解密工作。应用层涉及常用的应用协议，如 HTTP、FTP、Telnet、E-mail 等。

OSI 模型是一种概念化的模型，实际中使用的网络体系结构一般遵循它的一些基本原则，但在具体实现上更讲究实用性，如图 7-5 所示。例如，实际中一般的网络体系结构没有 7 层，OSI 中的第 5 层、第 6 层和第 7 层在这些体系结构中通常合为一层。

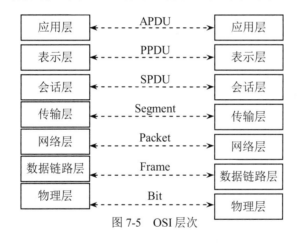

图 7-5　OSI 层次

2. TCP/IP 协议

TCP/IP 是一组用于实现网络互连的通信协议。TCP/IP 的特点是支持不同操作系统的网络工作站，操作系统可以是 UNIX，也可以是 Windows。TCP/IP 协议的网络环境往往是异构形的。TCP/IP 协议与底层的数据链路层和物理层无关，它广泛支持各种通信网，可实现不同网络上的两台计算机之间的端—端连接。TCP/IP 实际上是一组协议的一个总称，因此有时也称为 TCP/IP 协议族，其中网络接口层什么都没有定义，是 TCP/IP 与各种 LAN 或 WAN 的接口。Internet 网络体系结构以 TCP/IP 为核心。基于 TCP/IP 的参考模型将协议分成四个层次，它们分别是应用层、传输层、网络层（主机到主机）和网络接入层。

（1）应用层。应用层对应于 OSI 参考模型的高层，为用户提供所需要的各种服务，例如 FTP、Telnet、DNS、SMTP 等。在不同机型上广泛实现的协议有文件传输协议（FTP）、远程登录协议（Telnet）、简单邮件传送协议（SMTP）、域名服务（DNS）。FTP 在网络上实现文件共享，用户可以访问远程计算机上的文件，进行有关文件的操作，如复制等。Telnet 允许网上一台计算机作为另一台的虚拟终端，用户可在仿真终端上操作网上远程计算机，利用这种功能来享用远程计算机上的资源。SMTP 保证在网络上任何两个用户之间能互相传递报文，它提供报文发送和接收的功能，并提供收发之间的确认和响应。DNS 是一个名字服务的协议，提供主机名字到 IP 地址的转换，允许对名字资源进行分散管理。

（2）传输层。传输层对应于 OSI 参考模型的传输层，为应用层实体提供端到端的通信功能，保证了数据包的顺序传送及数据的完整性。该层定义了两个主要的协议：传输控制协议（TCP）和用户数据报协议（UDP）。TCP 协议提供的是一种可靠的、通过"三次握手"来连接的数据传输服务，而 UDP 协议提供的则是不保证可靠的（并不是不可靠）、无连接的数据传输服务。TCP 协议是 TCP/IP 的核心，处于传输层，保证不同网络上两个结点之间可靠的端-端通信。如果底层网络具有可靠的通信功能，传输层就可以选择比较简单的 UDP 协议。UDP 协议是不可靠的，UDP 报文可能会出现丢失、重复、失序等现象。

（3）网络层。网络层对应于 OSI 参考模型的网络层，主要解决主机到主机的通信问题。它所包含的协议负责处理数据包在整个网络上的逻辑传输，注重重新赋予主机一个 IP 地址来完成对主机的寻址，还负责数据包在多种网络中的路由。该层有 3 个主要协议：网际协议（IP）、互联网组管理协议（IGMP）和互联网控制报文协议（ICMP）。IP 协议是网际互联层最重要的协议，它提供的是一个可靠、无连接的数据报传递服务。IP 协议是网间互联的无连接的数据报协议，其基本任务是通过互联网传送数据报。ICMP 协议为了有效转发 IP 数据报和提高交付成功的机会，允许主机或路由器报告差错情况和提供有关异常情况的报告。网络互联通过 IP 协议来实现，但实际上在数据传输时，数据是通过硬件的 MAC 地址来实现的（MAC 地址是网卡等网络设备在世界网络范围内的一个唯一标识）。ARP 协议的主要功能是完成 IP 地址到 MAC 地址的映射。

（4）网络接入层（即主机—网络层）。网络接入层与 OSI 参考模型中的物理层和数据链路层相对应。它负责监视数据在主机和网络之间的交换。事实上，TCP/IP 本身并未定义该层的协议，而由参与互连的各网络使用自己的物理层和数据链路层协议，然后与 TCP/IP 的网络接入层进行连接。地址解析协议（ARP）工作在此层，即 OSI 参考模型的数据链路层，如图 7-6 所示。

图 7-6　TCP/IP 结构

为了更好地理解 TCP/IP 的特点，将 TCP/IP 和 OSI 的 7 层模型进行对比，如图 7-7 所示。

OSI	TCP/IP
应用层	应用层（HTTP　Telnet　FTP　SNMP　SMTP　DNS）
表示层	
会话层	
传输层	传输层（TCP　UDP）
网络层	网络层（IP　ICMP　ARP　RARP）
数据链路层	网络接口层
物理层	

图 7-7　OSI 与 TCP/IP 协议层对比

相同点：
- OSI 参考模型和 TCP/IP 参考模型都采用了层次结构的概念。
- OSI 参考模型和 TCP/IP 参考模型都能够提供面向连接和无连接两种通信服务机制。

不同点：
- OSI 采用的是七层模型，而 TCP/IP 是四层结构。
- TCP/IP 参考模型的网络接口层实际上并没有真正的定义，只是一些概念性的描述。而相应的 OSI 参考模型不仅分了两层，而且每一层的功能都很详尽，甚至在数据链路层又分出一个介质访问子层，专门解决局域网的共享介质问题。
- OSI 模型是在协议开发前设计的，具有通用性。TCP/IP 是先有协议集然后建立模型，不适用于非 TCP/IP 网络。
- OSI 参考模型与 TCP/IP 参考模型的传输层功能基本相似，都是负责为用户提供真正的端对端的通信服务，也对高层屏蔽了底层网络的实现细节。所不同的是 TCP/IP 参考模型的传输层是建立在网络互联层基础之上的，而网络互联层只提供无连接的网络服务，所以面向连接的功能完全在 TCP 协议中实现，当然 TCP/IP 的传输层还提供无连接的服务，如 UDP，相反 OSI 参考模型的传输层是建立在网络层基础之上的，网络层既提供面向连接的服务，又提供无连接的服务，但传输层只提供面向连接的服务。
- OSI 参考模型的抽象能力强，适合于描述各种网络；而 TCP/IP 是先有了协议，才制定 TCP/IP 模型的。
- OSI 参考模型的概念划分清晰，但过于复杂；而 TCP/IP 参考模型在服务、接口和协议的区别上不清楚，功能描述和实现细节混在一起。
- TCP/IP 参考模型的网络接口层并不是真正的一层；OSI 参考模型的缺点是层次过多，划分意义不大但增加了复杂性。
- OSI 参考模型虽然被看好，由于没把握好时机，技术不成熟且实现困难；相反，TCP/IP 参考模型虽然有许多不尽如人意的地方，但还是比较成功的。

7.1.6　局域网

1. 局域网的概念

局域网（Local Area Network，LAN）是指在某一区域内由多台计算机互联成的计算机组，一般是方圆几千米以内。局域网可以实现文件管理、应用软件共享、打印机共享、工作组内的日程安排、电子邮件和传真通信服务等功能。局域网是封闭型的，可以由办公室内的两台计算机组成，也可以由一个公司内的上千台计算机组成。通常，局域网包括与服务器相连的计算机和外围设备，比如办公室或商业机构。计算机和其他移动设备使用局域网连接来共享资源，例如共享打印机或网络存储。局域网建网、维护以及扩展等较容易，系统灵活性高。其主要特点如下：

（1）覆盖的地理范围较小，只在一个相对独立的局部范围内联网，如一座建筑或集中的建筑群内。

（2）使用专门铺设的传输介质进行联网，数据传输速率高（10Mb/s～10Gb/s）。

（3）通信延迟时间短，可靠性较高。

（4）局域网可以支持多种传输介质。

2．局域网的构成

局域网可以供几个用户使用（例如在一个小型办公室网络中），也可以在大型办公室中为几百个用户服务。局域网包括网络硬件和网络软件两大部分。它的基本组成有网卡、传输介质、网络工作站、网络服务器、网间互联设备（中继器、集线器、交换机）、网络系统软件等 6 个部分。局域网允许用户通过广域网络连接到内部服务器、网站和其他局域网。

3．局域网拓扑结构

局域网拓扑结构主要有总线型、环型、星型、树型结构等，还有专门用于无线网络的蜂窝状物理拓扑。

4．无线局域网

无线局域网（Wireless LAN，WLAN）是移动用户通过无线网连接到局域网（LAN）的一种方式。IEEE 802.11 标准组规定了无线局域网技术。提供使用了以太网协议和避免冲突载波感知多访问（Carrier Sense Multiple Access with Collision Avoidance，CSMA/CA）的 802.11 标准，可以用于包括加密方法和有线等效隐私算法路径共享的网络。

7.2　互　联　网

7.2.1　互联网（Internet）的概念

互联网，有时也简称"网络"，是一个全球性的计算机网络系统，即网络中的网络。在这个网络中，任何一台有权限的计算机都可以从任何其他计算机获取信息（有时还可以直接与其他计算机进行"交谈"）。它是由美国政府的高级研究计划局（ARPA）于 1969 年提出的，最初被称为 ARPANET。这个设计的目标是创建一个网络，让一所大学研究计算机的用户可以与其他大学的计算机进行"对话"。ARPANET 设计的一个附带好处是，由于消息可以在多个方向上路由，即使在遭受军事攻击或其他灾难发生时，网络的某些部分被破坏，网络也可以继续运行。

中国早在 1987 年就由中国科学院高能物理研究所首先通过 X.25 租用线实现了国际远程联网，并于 1988 年实现了与欧洲和北美地区的 E-mail 通信。1993 年 3 月经电信部门的大力配合，开通了由中国科学院高能物理研究所到美国斯坦福大学直线加速中心的高速计算机通信专线。

现在，互联网是一个公共的、合作的、可自我维护的硬件设施，全世界数以亿计的人们都可以使用。从物理上讲，互联网使用了一部分现有公共电信网络的全部资源。从技术上讲，互联网使用了一组名为 TCP/IP 的协议。概括起来，互联网由以下四部分组成。

1. 通信线路

通信线路是互联网的基础设施，各种各样的通信线路将互联网中的路由器、计算机等连接起来，可以说没有通信线路就没有互联网。互联网中的通信线路归纳起来主要有两类：有线线路（如光缆、铜缆等）和无线线路（如卫星、无线电等），这些通信线路有的由公用数据网提供，有的是单位自己建设。

2. 路由器

路由器是互联网中最为重要的设备，是网络与网络之间连接的桥梁。数据从源主机出发通常需要经过多个路由器才能到达目的主机，当数据从一个网络传输至路由器时，路由器需要根据所要到达的目的地为其选择一条最佳路径，即指明数据应该沿着哪个方向传输。如果所选的道路比较拥挤，路由器负责指挥数据排队等待。

3. 服务器与客户机

所有连接在互联网上的计算机统称为主机，接入互联网的主机按其在互联网中扮演的角色不同，分为两类，即服务器和客户机。服务器是互联网服务与信息资源的提供者，而客户机则是互联网服务与信息资源的使用者。作为服务器的主机通常要求具有较高的性能和较大的存储容量，而作为客户机的主机可以是任意一台普通计算机。

4. 信息资源

互联网上信息资源的种类极为丰富，主要包括文本、图像、声音、视频等多种信息类型，涉及科学教育、商业经济、医疗卫生、文化娱乐等诸多方面。用户可以通过互联网查询科技资料、获取商业信息、收听流行歌曲、收看实况转播等。

7.2.2 互联网提供的服务方式

虽然互联网提供的服务越来越多，但这些服务一般都是基于 TCP/IP 协议的。互联网的信息服务主要有下述 4 种。

1. WWW 服务

WWW 的含义是 World Wide Web（环球信息网），是一个基于超文本方式的信息查询服务。WWW 是由欧洲粒子物理研究中心（CERN）研制的，通过超文本方式将互联网上不同地址的信息有机地组织在一起。WWW 提供了一个友好的界面，大大方便了人们浏览信息，而且 WWW 方式仍然可以提供传统的互联网服务，如 Telnet、FTP、E-mail 等。

2. 文件传输服务（File Transfer Protocol，FTP）

FTP 解决了远程传输文件的问题，只要两台计算机都加入互联网并且都支持 FTP 协议，它们之间就可以进行文件传送。FTP 实质上是一种实时的联机服务，用户登录到目的服务器上就可以在服务器目录中寻找所需文件。FTP 几乎可以传送任何类型的文件，如文本文件、二进制文件、图像文件、声音文件等。一般的 FTP 服务器都支持匿名（anonymous）登录，用户在登录到这些服务器时无须事先注册用户名和口令，只要以 anonymous 为用户名，以自己的 E-mail 地址作为口令就可以访问该 FTP 服务器了。

3. 电子邮件服务（E-mail）

E-mail 是一种利用网络交换文字信息的非交互式服务。只要知道对方的 E-mail 地址，就可以通过网络传输转换为 ASCII 码的信息。用户可以方便地接收和转发信件，还可以同时向多个用户传送信件。电子邮件使网络用户能够发送和接收文字、图像和语音等多种形式的信息。使用电子邮件的前提是拥有自己的电子信箱，即 E-mail 地址，实际上就是在邮件服务器上建立一个用于存储邮件的磁盘空间。

4. 远程登录（Telnet）

Telnet 服务用于在网络环境下实现资源共享。利用远程登录，用户可以把一台终端变成另一主机的远程终端，从而使用该主机系统允许外部使用的任何资源。它采用 Telnet 协议，使多台计算机共同完成一个较大的任务。

7.2.3　IP 地址和域名地址

1. IP 地址

IP 是英文 Internet Protocol 的缩写，意思是"网络之间互连的协议"，也就是为计算机网络相互连接进行通信而设计的协议。在互联网中，它是能使连接到网上的所有计算机实现相互通信的一套规则，规定了计算机在互联网上进行通信时应当遵守的规则。任何厂家生产的计算机系统，只要遵守 IP 协议就可以与互联网互联互通。正是因为有了 IP 协议，互联网才得以迅速发展成为世界上最大的开放的计算机通信网络。因此，IP 协议也可以叫作互联网协议。

IP 地址被用来给互联网上的计算机一个编号。大家日常见到的情况是每台联网的计算机都需要有 IP 地址才能正常通信。我们可以把个人计算机比作一台电话，那么"IP 地址"就相当于电话号码，而互联网中的路由器就相当于电信局的程控式交换机。

IP 地址是一个 32 位的二进制数，通常被分割为 4 个"8 位二进制数"（也就是 4 个字节）。IP 地址通常用"点分十进制"表示成(a.b.c.d)的形式，其中 a、b、c、d 都是 0 和 255 之间的十进制整数。例如，点分十进制 IP 地址(100.4.5.6)实际上是 32 位二进制数(01100100.00000100.00000101.00000110)。

IP 地址（Internet Protocol Address）是一种在互联网上给主机编址的方式，也称为网际协议地址。常见的 IP 地址分为 IPv4 和 IPv6 两大类。

例如，腾讯首页的 IP 地址为

<u>00001110</u>　　<u>00010001</u>　　<u>00100000</u>　　<u>11010011</u>
14　　.　　17　　.　　32　　.　　211

每个 32 位的 IP 地址被分为网络号和主机号两个部分，如图 7-8 所示。

- 网络号：用于确定计算机从属的物理网络。
- 主机号：用于确定该网络中的一台计算机。

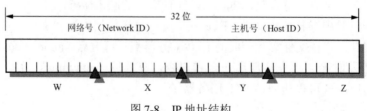

图 7-8　IP 地址结构

将 IP 地址分成网络号和主机号两部分，设计者就必须决定每部分包含多少位。网络号的位数直接决定了可以分配的网络数（计算方法：2^网络号位数-2）；主机号的位数则决定了网络中最大的主机数（计算方法：2^主机号位数-2）。然而，由于整个互联网所包含的网络规模可能比较大，也可能比较小，设计者最后选择了一种灵活的方案：将 IP 地址空间划分成不同的类别，每一类具有不同的网络号位数和主机号位数。

- A 类：10.0.0.0～10.255.255.255
- B 类：172.16.0.0～172.31.255.255
- C 类：192.168.0.0～192.168.255.255

最初设计互联网络时，为了便于寻址以及层次化构造网络，每个 IP 地址包括两个标识码（ID），即网络 ID 和主机 ID。同一个物理网络上的所有主机都使用同一个网络 ID，网络上的一个主机（包括网络上的工作站、服务器和路由器等）有一个主机 ID 与其对应。互联网委员会定义了 5 种 IP 地址类型以适合不同容量的网络，即 A 类～E 类。

（1）A 类地址。A 类 IP 地址指在 IP 地址的四段号码中，第一段号码为网络号码，剩下的三段号码为本地计算机的号码。如果用二进制表示 IP 地址的话，A 类 IP 地址就由 1 字节的网络地址和 3 字节主机地址组成，网络地址的最高位必须是“0”。A 类 IP 地址中网络标识的长度为 8 位，主机标识的长度为 24 位。A 类网络地址数量较少，可以用于主机数达 1600 多万台的大型网络，如图 7-9 所示。

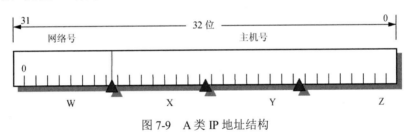

图 7-9　A 类 IP 地址结构

（2）B 类地址。B 类 IP 地址指在 IP 地址的四段号码中，前两段号码为网络号码。如果用二进制表示 IP 地址的话，B 类 IP 地址就由 2 字节的网络地址和 2 字节主机地址组成，网络地址的最高位必须是“10”。B 类 IP 地址中网络标识的长度为 16 位，主机标识的长度为 16 位。B 类网络地址适用于中等规模的网络，每个网络所能容纳的计算机数为 6 万多台，如图 7-10 所示。

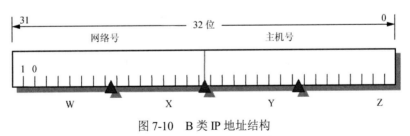

图 7-10　B 类 IP 地址结构

（3）C 类地址。C 类 IP 地址指在 IP 地址的四段号码中，前三段号码为网络号码，剩下的一段号码为本地计算机的号码。如果用二进制表示 IP 地址的话，C 类 IP 地址就由 3 字节的网络地址和 1 字节主机地址组成，网络地址的最高位必须是“110”。C 类 IP 地址中网络标识的长度为 24 位，主机标识的长度为 8 位。C 类网络地址数量较多，适用于小规模的局域网络，每个网络最多只能包含 254 台计算机，如图 7-11 所示。

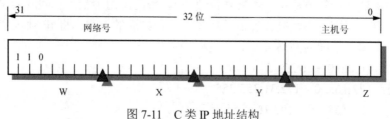

图 7-11　C 类 IP 地址结构

（4）D 类 IP 地址在历史上被叫作多播地址（Multicast Address），即组播地址。在以太网中，多播地址指定了一组用于接收广播数据（类似于现在的"群发"）专用的网段地址。多播地址的最高位必须是"1110"，范围从 224.0.0.0 到 239.255.255.255。IP 地址中的每一个字节都为 0 的地址（0.0.0.0）对应当前主机。IP 地址中的每一个字节都为 1 的 IP 地址（255.255.255.255）是当前子网的广播地址。IP 地址中凡是以"11110"开头的 E 类 IP 地址都保留用于将来和实验使用。IP 地址中不能以十进制"127"作为开头，该类地址中的 127.0.0.1 到 127.255.255.255 用于回路测试，如，127.0.0.1 可以代表本机 IP 地址，用 http://127.0.0.1 就可以测试本机中配置的 Web 服务器。网络 ID 的第一个 8 位组也不能全置为"0"，全"0"表示本地网络。

3 类（A～C 类）地址的取值区间及主要用途见表 7-1。

表 7-1　3 类（A～C 类）地址的取值区间及用途

IP 地址类型	第一字节取值	主要用途
A 类	0～127	用于主机数达 1600 多万台的大型网络
B 类	128～191	适用于中等规模的网络，每个网络所能容纳的计算机数为 6 万多台
C 类	192～223	适用于小规模的局域网络，每个网络最多只能包含 254 台计算机

2.　域名地址

尽管用数字表示的 IP 地址可以唯一确定某个网络中的某台主机，但其不便于记忆。为此，TCP/IP 协议的专家们创建了域名系统（Domain Name System，DNS），用"主机名+域名"来表示 IP 地址，为 IP 地址提供了简单的字符表示法，每一个域名必须是唯一的，"主机名+域名"与 IP 地址一一对应。每个 IP 地址都对应一个"网址"。"网址"就是由主机名、域名组成的，主机名和域名之间用小数点隔开。比如在 www.syu.edu.cn 中，www 为主机名，syu.edu.cn 为沈阳大学注册的域名。有了主机名和域名，就不必死记硬背每台网络设备的 IP 地址，只要记住相对直观有意义的网址就行了，这就是 DNS 协议所要完成的功能。

主机名、域名到 IP 地址的映射有以下两种方式：

● 静态映射：每台设备上都配置主机名、域名到 IP 地址的映射，各设备独立维护自己的映射表，而且只供本设备使用。

● 动态映射：建立一套域名解析系统（DNS），只在专门的 DNS 服务器上配置主机、域名到 IP 地址的映射，网络上需要使用主机名、域名通信的设备，首先需要到 DNS 服务器查询该主机所对应的 IP 地址。

通过主机名、域名最终得到该主机对应的 IP 地址的过程叫作域名解析（或主机名解析）。在解析域名时，可以首先采用静态域名解析的方法，如果静态域名解析不成功，再采用动态域名解析的方法。可以将一些常用的域名放入静态域名解析表中，这样可以大大提高域名解析效率。

通常互联网上一台服务器电脑主机标识的一般结构为：主机名.三级域名.二级域名.顶级域名。互联网的顶级域名由互联网网络协会进行登记和管理，该网络协会还为互联网中的每一台主机分配唯一的 IP 地址。全世界现有 3 个大的网络信息中心：位于荷兰的 RIPE-NIC，负责欧洲地区；位于日本的 APNIC，负责亚太地区；位于美国的 Inter-NIC，负责美国及其他地区。

在互联网上访问一台服务器电脑主机所采用的完整地址描述被称为 URL（统一资源定位符），它是由协议名、主机名、域名构成的。URL 的一般格式见表 7-2。

表 7-2　URL 的一般格式

单位名称	协议名	主机名	三级域名	二级域名	顶级域名
沈阳大学	http://	www	syu	edu	cn
新浪中国	http://	www	sina	com	cn

其中，主机名由用户自己命名（通常网站首页的主机名为 www，电子邮件服务器的主机名为 mail）；二级域名、三级域名在申请注册时确定；顶级域名是负责管理、分配域名的机构的固定名称。我国的域名注册由中国互联网络信息中心（CNNIC）统一管理。二级域名（机构代码）由 3 个字母组成，常见的顶级域名和二级域名及其含义见表 7-3。

表 7-3　顶级域名和机构代码及其含义

顶级域名代码	国家或地区名称	机构代码	机构名称
cn	中国	com	商业机构
jp	日本	edu	教育机构
hk	中国香港	gov	政府机构
tw	中国台湾	org	组织机构
uk	英国	int	国际机构
ca	加拿大	mil	军事机构
de	德国	net	网络服务机构
kr	韩国		
mo	中国澳门		
fr	法国		
ru	俄罗斯		

7.2.4　连接互联网的方式

目前常见的连接互联网的方式有通过光缆上网、通过专线上网、通过有线电视网络上网、通过无线网络上网 4 种。其中通过光缆上网的方式最为普遍。

在学校或工作单位局域网方式上网方式则是最常见的。通过路由器将本地计算机局域网作为一个子网连接到互联网，使得局域网中所有计算机都能够访问互联网，但访问互联网的速率要受局域网出口（路由器）速率和同时访问互联网的用户数量的影响。这种接入方式适用于用户数量多且较集中的情况。

在家庭中由于无线终端的大量增加，无线方式上网则变成大多数家庭的选择。使用无线电波将移动端系统（笔记本电脑、PDA、手机等）和移动运营商的基站连接起来，基站又通过有线方式联入互联网。

7.2.5　IPv6 简介

以往互联网中使用的是 IPv4 协议，简称 IP 协议。由于 IPv4 协议本身导致 IP 地址分配方案不尽合理，比如一个 B 类地址的网络理论上可以用约 65000 个 IP 地址，由于没有这么多主机接入使得部分 IP 地址闲置，并且不能被再分配。其次是 IP 地址没有有效平均分配给需要大量 IP 地址的国家，比如麻省理工学院拥有 1600 多万个 IP 地址，而分配给我国的地址量都没有这么多，这样就导致了 IP 地址短缺的危机的发生。为了彻底解决 IPv4 存在的上述问题，就必须采用新一代 IP 协议，即 IPv6。

IPv6 是互联网工程任务组（Internet Engineering Task Force，IETF）设计的用于替代 IPv4 协议的下一代 IP 协议。IPv6 的地址格式采用 128 位二进制来表示，IPv6 所拥有的地址容量约是 IPv4 的 $8×10^{28}$ 倍。它不但解决了网络地址资源数量的问题，同时也为除计算机外的设备连入互联网的数量限制扫清了障碍。

1. IPv6 的特点

（1）IPv6 地址长度为 128 比特，地址空间是 IPv4 的 2^{96} 倍。

（2）灵活的 IP 报文头部格式。IPv6 使用一系列固定格式的扩展头部，取代了 IPv4 中可变长度的"选项"字段，使 IP 数据包可以简单地通过路由器，而不对其进行任何处理，加快了报文处理速度。

（3）IPv6 简化了报文头部格式（只有 7 个字段），加快了报文转发，提高了吞吐量。

（4）提高了安全性。身份认证和隐私权是 IPv6 的关键特性。

（5）允许协议继续演变，增加了新的功能，使之适应未来技术的发展。

2. 与 IPv4 相比，IPv6 具有的优势

（1）更大的地址空间。地址长度由 32 位扩充到 128 位，彻底解决 IPv4 地址不足的问题；支持分层地址结构，从而更易于寻址。

（2）安全结构。IPv6 自动支持 IPSec，强化网络安全。

（3）自动配置。大容量的地址空间能够真正实现无状态地址自动配置，使 IPv6 终端能够快速连接到网络上，无须人工配置。

（4）服务质量功能。IPv6 包的包头包含了实现 QoS 的字段，通过这些字段可以实现有区别的和可定制的服务。

（5）性能提升。报文分段处理、层次化的地址结构、包头的链接等方面使 IPv6 更适用于高效的应用程序。

（6）可移动性。IPv6 包含了针对移动 IP 的结构，一个主机可以漫游到其他网络，同时保持它最初的 IPv6 地址。

（7）简化的包头格式。该特性可有效减少路由器或交换机对报头的处理开销，这对涉及硬件报头处理的路由器或交换机十分有利。

（8）加强了对扩展报头和选项部分的支持。该特点除了让转发更为有效外，还对将来网络加载新的应用提供了充分的支持。

7.3　互联网相关软件

7.3.1　Microsoft Edge 浏览器

Edge 浏览器是一款 Windows 10 系统自带的浏览器。该软件增加了一些新的功能，如：可以通过 Edge 浏览器在网页上撰写或输入注释并与他人分享，提供的微软小娜应用等，更注重实用性。Edge 浏览器的一些细节功能包括：支持内置 Cortana 语音功能；内置了阅读器、笔记和分享功能；设计注重实用和极简主义；渲染引擎被称为 EdgeHTML。MSHTML 渲染引擎是微软全新开发的浏览器的内核，与微软在 Windows 10 之前的操作系统中使用的 IE 浏览器完全不同，Edge 浏览器的速度要比 IE11 浏览器快两倍多。Edge 浏览器比 IE 浏览器更流畅、外观 UI 更加舒适。IE 浏览器为了兼顾低配置的计算机，可以向下兼容，导致上网速度比较慢，且由于支持旧技术，安全性也难以经受考验，CPU 使用率和耗电量更高。微软已经正式发布了 Edge 87 稳定版，且对这个新版本又进行了大幅的改进，除了使其在使用中更加稳定外，微软也调整了软件的设计结构，使其对内存、CPU 的占用率大幅降低，这样可以让系统运行更加流畅，同时降低了那些计算机硬件配置不高的用户的负担。微软还提供了可以更好地保护用户隐私的新的功能，比如，避免允许用户意外以"管理员"身份启动浏览器。虽然以"管理员"身份运行或提升权限功能确实能让用户对浏览器拥有更多的管理权限，但也意味着一些后台进程无需其他额外权限就可以访问敏感内容，对用户造成威胁。

图 7-12 所示是启动 Microsoft Edge 浏览器的方法。

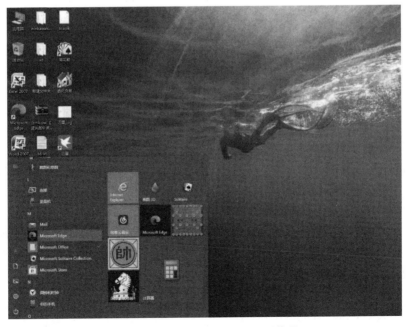

图 7-12　启动 Microsoft Edge 浏览器

图 7-13 所示是 Microsoft Edge 浏览器的主界面。

图 7-13   Microsoft Edge 主界面

7.3.2   谷歌浏览器

谷歌浏览器（Google Chrome）是一个由 Google（谷歌）公司开发的开放原始码网页浏览器。该浏览器是基于其他开放原始代码软件所编写的，包括 WebKit 和 Gecko。WebKit 是苹果计算机所用的 Mac 系统中的浏览器核心引擎，而 Gecko 则是目前著名的 Mozilla 公司的 FireFox（火狐）浏览器引擎。谷歌浏览器的设计目标是提升稳定性、速度和安全性，并创造出简单且有效率的使用者界面，软件的名称是来自于称作 Chrome 的网络浏览器图形使用者界面（GUI）。该软件的 beta 测试版本在 2008 年 9 月 2 日发布，提供 43 种语言版本，适用于 PC、Mac 和 Linux。谷歌浏览器具有以下特点：

（1）不易崩溃。谷歌浏览器官方版的亮点就是，其多进程架构保护了浏览器不会因恶意网页和应用软件而崩溃。

（2）速度快。谷歌浏览器官方版使用 WebKit 引擎，还具有 DNS 预先截取功能，保证用户打开网页速度快、下载软件速度快。

（3）几乎隐身。谷歌浏览器屏幕的绝大部分空间都被用于显示用户访问的站点，屏幕上不会显示谷歌浏览器的按钮和标志。

（4）搜索简单。谷歌浏览器官方版的标志性功能之一是 Omnibox，Omnibox 能够了解用户的偏好，为用户提供多样的搜索选项。

（5）标签灵活。使用谷歌浏览器，用户可以"抓住"一个标签将它拖放到单独的窗口中，也可以在一个窗口中整合多个标签。

图 7-14 所示是谷歌浏览器的主界面。

图 7-14　谷歌浏览器主界面

2020 年底，谷歌发布了 Chrome 87 正式版，谷歌称此次更新是多年来 Chrome 浏览器性能的最大提升。这次更新还通过更好地管理资源的标签节流，降低了 CPU 使用率，从而提高了系统性能。非活动标签不再频繁地唤醒 CPU，增加了电池续航能力，因此谷歌浏览器的 CPU 占用率降低为原来的五分之一。谷歌表示，Chrome 的启动速度最高可提高 25%，加载页面的速度最高可提高 7%。安卓版 Chrome 浏览器的性能也将得到提升。谷歌表示，将在 Chrome 87 中逐步推出后退/前进缓存功能，当向后和向前移动时，页面将"几乎瞬间"加载。Chrome 增加了一个新的动作，即删除浏览器历史记录等任务可以从地址栏完成（只需输入删除我的历史记录之类的内容），还增加了一个新的功能，用于搜索打开的标签页。在不久的将来，谷歌计划在 Chrome 中加入卡牌功能，可以帮助用户回看最近访问过的相关内容。

7.3.3　火狐浏览器

Mozilla Firefox，中文俗称"火狐"（正式缩写为 Fx 或 fx，非正式缩写为 FF），是一个自由及开放源代码的网页浏览器，使用 Gecko 排版引擎，支持多种操作系统，如 Windows、MacOS X、GNU/Linux 等。该浏览器提供了两种版本，普通版和延长支持版（Extended Support Release，ESR）。ESR 版本是 Mozilla 专门为那些无法或不愿每隔六周就升级一次的企业打造的。火狐浏览器 ESR 版的升级周期为 42 周，而普通火狐浏览器的升级周期为 6 周。

据 2013 年 8 月浏览器使用情况统计数据，火狐浏览器在全球网页浏览器市场占有率为 76%~81%，用户数在各网页浏览器中排名第三，全球估计有 6450 万用户。在印度尼西亚、德国和波兰的占有率极高，分别为 97.84%、86.41% 和 84.31%。自 Firefox 29 起，浏览器界面有很大程度的改变。由于该浏览器开放了源代码，因此还有一些第三方编译版供使用。英国防病毒公司 Sophos 的最新调查数据显示，火狐浏览器连续三年成为最受互联网用户信赖的浏览器。

火狐浏览器具有以下特点：

（1）免费下载，完全开源。火狐浏览器是开源基金组织 Mozilla 研发的产品，属于完全开源的免费软件，任何人都可以得到它的源代码，并可对其加以修改。正是由于这种免费下载、完全开源的特点使其得到不断完善。

（2）安全性高，稳定性好。火狐浏览器之所以被评为最好的浏览器之一，其安全性高是重要的原因。火狐浏览器有阻止弹出式窗口功能，可以有效阻止未经许可的窗口弹出，不加载有害的 ActiveX 控件，不让恶意的间谍程序入侵计算机，只有那些可以安全升级的附加组件才可以被安装。

（3）运行速度快，占用系统资源少。Firofox 2.0 大小仅为 5.7MB，是微软 IE 的八分之一。其浏览网页时采用的分页浏览的方式可以加快页面加载的速度，这也是其成为最好的网页浏览器的重要原因之一。

（4）个性化十足。火狐浏览器是最容易定制的浏览器，可以定制工具栏添加按钮，可以选择安装不同的插件来增加新功能，还可以选择不同的浏览器皮肤来展示个性。火狐浏览器功能多少、体态大小，都可以由用户自己来决定。

（5）功能完善。火狐浏览器可以方便地查看历史浏览记录，改变浏览器查看网页的文字大小，查看网页源代码。其附带有 Google 工具条，可以在不打开新网站的情况下直接搜索任何网站，而且可以使用 Google 搜索来浏览网站，并可使用 Google 工具条的在线翻译工具来翻译英文网站，标记关键字的位置等。

图 7-15 所示为火狐浏览器的界面。

图 7-15　火狐浏览器

7.3.4　腾讯电脑管家

腾讯电脑管家是一款很实用的电脑安全防护管理软件，受到了广大用户的喜爱。腾讯电脑管家使用便捷，功能强大，还可以为用户提供 QQ 加速升级服务，给用户带来良好的使用体验。腾讯电脑管家（原名腾讯管家、QQ 管家）是腾讯公司推出的一款电脑安全防护管理软件。腾讯电脑管家的常用功能包括查杀病毒、清理垃圾、优化电脑等，为广大用户提供了良好的服务。不仅如此，腾讯电脑管家还可以全方位保障用户上网安全，受到很多用户的喜爱。

腾讯电脑管家功能介绍如下：

（1）查杀合一。腾讯电脑管家独创"杀毒+管理"功能二合一，木马查杀升级为专业杀毒，查杀更彻底，一款杀毒软件满足杀毒防护和安全管理双重需求。

（2）系统优化。系统清理能力和电脑加速能力强大；软件卸载的"强力清除"功能使卸载更彻底；性能全面优化，大幅降低系统资源占用，使用轻巧顺畅。

（3）安全防护。腾讯电脑管家具有 16 层实时防护，保护上网和下载时的安全，防止病毒通过 U 盘入侵计算机，从系统底层全面防御病毒入侵。

（4）电脑诊所。腾讯电脑管家的强力修复工具可一键轻松解决经常遇到的电脑问题，实现完美修复。

（5）软件管理。定期提醒用户及时升级计算机中已经安装的软件，保证系统安全。

图 7-16 和图 7-17 所示是腾讯电脑管家的运行界面。

图 7-16　腾讯电脑管家运行界面 1

图 7-17　腾讯电脑管家运行界面 2

7.3.5　360 杀毒软件

360 杀毒软件是 360 公司出品的安全软件，是中国用户量最大的杀毒软件之一。360 杀毒软件是完全免费的杀毒软件，它创新性地整合了五大领先防杀引擎，包括国际知名的 BitDefender 病毒查杀引擎、小红伞病毒查杀引擎、360 云查杀引擎、360 主动防御引擎、360QVM 人工智能引擎。五个引擎智能调度，提供全时全面的病毒防护，不但查杀能力出色，而且能第一时间防御新出现的病毒木马。360 杀毒软件完全免费，无需激活码，轻巧快速不卡机。360 杀毒软件独有的技术体系使其对系统资源占用极少，对系统运行速度的影响微乎其微。360 杀毒软件还具备"免打扰模式"，在用户玩游戏或打开全屏程序时自动进入"免打扰模式"，使用户拥有更流畅的游戏环境。360 杀毒软件和 360 安全卫士配合使用，是安全上网的黄金组合。

360 杀毒软件特点如下：

（1）领先的多引擎技术。国际领先的常规反病毒引擎+360 云引擎+QVM Ⅱ启发引擎+系统修复引擎，重构优化，强力杀毒，全面保护计算机安全。

（2）首创的人工智能启发式杀毒引擎。360 杀毒 5.0 版本集成了 360 QVM Ⅱ人工智能引擎。这是 360 自主研发的一项重大技术创新，它采用人工智能算法，具备"自学习、自进化"能力，无需频繁升级特征库就能检测到 70%以上的新病毒。

（3）优秀的病毒扫描及修复能力。360 杀毒软件具有强大的病毒扫描能力，除普通病毒、网络病毒、电子邮件病毒、木马之外，对于间谍软件、Rootkit 等恶意软件也有极为优秀的检测及修复能力。

（4）全面的主动防御技术。360 杀毒 5.0 包含 360 安全中心的主动防御技术，能有效防止恶意程序对系统关键位置的篡改、拦截钓鱼挂马网址、扫描用户下载的文件、防范 ARP 攻击。

（5）全面的病毒特征码库。360 杀毒软件具有超过 600 万的病毒特征码库，病毒识别能力强大。

（6）集成的全能扫描。集成上网加速、磁盘空间不足、建议禁止启动项、黑 DNS 等扩展扫描功能，迅速发现问题，便捷修复。

（7）优化的系统资源占用。精心优化的技术架构，对系统资源占用很少，不会影响系统的速度和性能。

（8）应急修复功能。遇到系统崩溃时，可通过 360 系统急救盘以及系统急救箱进行系统应急引导与修复，帮助系统恢复正常运转。

（9）全面防御 U 盘病毒。彻底剿灭各种借助 U 盘传播的病毒，第一时间阻止病毒从 U 盘运行，切断病毒传播链。

（10）独有可信程序数据库，防止误杀。依托 360 安全中心的可信程序数据库，实时进行校验，使 360 杀毒软件的误杀率极低。

（11）精准修复各类系统问题。电脑救援为您精准修复各类电脑问题。

（12）极速云鉴定技术。360 安全中心已建成全球最大的云安全网络，服务近 4 亿用户，更依托深厚的搜索引擎技术积累，以精湛的海量数据处理技术及大规模并发处理技术，实现用户文件云鉴定秒级响应；采用独有的文件指纹提取技术，甚至无需用户上传文件，就可在不到 1 秒的时间获知文件的安全属性，实时查杀最新病毒。

图 7-18 所示是 360 杀毒软件的界面。

图 7-18　360 杀毒软件界面

7.3.6　迅雷下载软件

迅雷下载软件是迅雷公司开发的一款基于多资源超线程技术的下载软件，作为"宽带时期的下载工具"，迅雷针对宽带用户进行了优化，并同时推出了"智能下载"服务。迅雷利用多资源超线程技术，基于网络原理，能将网络上存在的服务器和计算机资源进行整合，构成迅雷网络，各种数据文件能够通过迅雷网络传递。多资源超线程技术还具有互联网下载负载均衡功能，在不降低用户体验的前提下，迅雷网络可以对服务器资源进行均衡。随着移动端技术的发展，迅雷还延伸出了"手机迅雷"。手机迅雷提供海量资源，根据用户的下载内容推荐更多用户喜欢的资源，下载资源文件越大，下载速度越快，并通过 P2P 加速、高速通道两大加速方式提高资源下载速度，为 4 亿迅雷用户的手机下载加速护航。

图 7-19 所示是迅雷下载软件的界面。

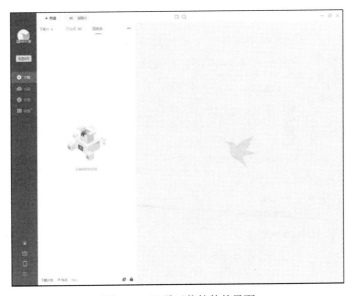

图 7-19　迅雷下载软件的界面

迅雷精简版装载全新轻量下载引擎，轻巧却不牺牲下载速度，通过与浏览器结合的模式带给用户更好的下载体验。重点优化的产品性能和全新设计的浅色调皮肤，让用户真正从繁重的下载中解脱出来，不以牺牲系统性能为代价而享受极速下载，真正实现下载速度、系统性能、流畅上网的合理平衡。

7.3.7 防火墙

在网络中，"防火墙"是一种将内部网和公众访问网（如互联网）分开的方法，它实际上是一种隔离技术。防火墙是在两个网络通信时执行的一种访问控制尺度，能允许你"同意"的人和数据进入你的网络，同时将你"不同意"的人和数据拒之门外，最大限度地阻止网络中的黑客来访问你的网络。换句话说，如果不通过防火墙，公司内部的人就无法访问互联网，互联网上的人也无法和公司内部的人进行通信。防火墙具有很好的保护作用。入侵者必须首先穿越防火墙的安全防线才能接触目标计算机。你可以将防火墙配置成许多不同保护级别。高级别的保护可能会禁止一些服务，如视频流等。

防火墙的功能如下：

（1）防火墙能强化安全策略。

（2）防火墙能有效地记录互联网上的活动。

（3）防火墙限制暴露用户点。防火墙能够用来隔开网络中一个网段与另一个网段，这样便能够防止影响一个网段的问题通过整个网络进行传播。

（4）防火墙是一个安全策略的检查站。所有进出的信息都必须通过防火墙，防火墙便成为了安全问题的检查点，可将可疑的访问拒绝于门外。

（5）除了安全作用，防火墙还支持具有互联网服务特性的企业内部网络技术体系 VPN（虚拟专用网）。

对于一般用户来讲，只要打开 Windows 系统自带的防火墙即可保证日常的安全访问。图 7-20 所示为 Windows 系统自带的防火墙的界面。

图 7-20 系统防火墙

7.4　互联网提供的服务

7.4.1　信息搜索

互联网是一个巨大的信息资源宝库，几乎所有的互联网用户都希望宝库中的资源越来越丰富，应有尽有。的确，每天都有新的主机连接到互联网上，每天都有新的信息资源被添加到互联网中，使互联网中的信息以惊人的速度增长。然而互联网中的信息资源被分散在无数台主机之中，如果用户想对所有主机的信息都进行一番详尽的考察，无异于痴人说梦。那么用户如何在数百万个网站中快速有效地查找想要得到的信息呢？这就要借助于互联网中的搜索引擎。

搜索引擎指将自动从因特网搜集的信息经过一定整理以后，提供给用户进行查询的系统。因特网上的信息浩瀚万千，而且毫无秩序，所有的信息像汪洋上的一个个小岛，网页链接是这些小岛之间纵横交错的桥梁，而搜索引擎则为用户绘制了一幅一目了然的信息地图，供用户随时查阅。它们从互联网提取各个网站的信息（以网页文字为主），建立起数据库，并能检索与用户查询条件相匹配的记录，按一定的排列顺序返回结果。

当用户利用关键字查询时，搜索引擎会告诉用户包含该关键字信息的所有网址，并提供通向该网站的链接。常见的中文搜索引擎有百度、必应、360、搜狗等（表 7-4）。图 7-21 所示是 360 搜索的界面。

表 7-4　常用的搜索引擎

搜索引擎	URL 地址
360	http://www.so.com
百度	http://www.baidu.com
必应	http://cn.bing.com
搜狗	http://www.sogou.com

图 7-21　360 搜索界面

7.4.2　电子邮件

1．电子邮件系统介绍

电子邮件（Electronic Mail，E-mail）的标志是@，又称电子信箱、电子邮政。电子邮件是用电子手段传送信件、单据、资料等信息的通信方法。通过电子邮件系统，用户可以用非常低廉的价格，以非常快速的方式，与世界上任何一个角落的网络用户联系。这些电子邮件可以是文字、图像、声音等各种方式。同时用户可以得到大量免费的新闻、专题邮件，并实现轻松的信息搜索。电子邮件具有快速传达、不易丢失的特点。

电子邮件在互联网上发送和接收的原理可以很形象地用我们日常生活中的包裹邮寄来形容：当我们要寄一个包裹时，首先要找到任何一个有这项业务的邮局，在填写完收件人姓名、地址等信息之后，包裹就寄到了收件人所在地的邮局，那么对方取包裹的时候就必须去这个邮局才能取出。同样地，当我们发送电子邮件时，这封邮件是由邮件发送服务器（任何一个都可以）发出，系统根据收信人的地址判断对方的邮件接收服务器，然后将这封信发送到该服务器上，收信人要收取邮件也只能访问这个服务器。

电子邮件地址的格式由三部分组成：第一部分"USER"代表用户信箱的账号，对于同一个邮件接收服务器来说，这个账号必须是唯一的；第二部分"@"是分隔符；第三部分是用户信箱的邮件接收服务器域名，用以标志其所在的位置。

1987年9月20日，中国第一封电子邮件是由"德国互联网之父"维纳·措恩与王运丰在北京的计算机应用技术研究所向德国卡尔斯鲁厄大学发出的，其内容为英文。原文："Across the Great Wall we can reach every corner in the world." 中文大意：跨越长城，走向世界。这是中国通过北京与德国卡尔斯鲁厄大学之间的网络连接，向全球科学网发出的第一封电子邮件。

电子邮件系统是一种新型的信息系统，是通信技术和计算机技术相结合的产物。电子邮件的传输是通过电子邮件简单传输协议（Simple Mail Transfer Protocol，SMTP）来完成的，它是互联网下的一种电子邮件通信协议。电子邮件的基本原理是在通信网上设立"电子信箱系统"，它实际上是一个计算机系统。用户首先开启自己的信箱，然后通过输入命令的方式将需要发送的邮件发到对方的信箱中。邮件可以在同一个邮件系统的信箱之间进行传递和交换，也可以与另一个邮件系统进行传递和交换。接收方在取信时，使用特定账号从信箱中提取电子邮件。电子邮件的工作过程遵循"客户-服务器模式"。每份电子邮件的发送都要涉及发送方与接收方，发送方构成客户端，而接收方构成服务器，服务器含有众多用户的电子信箱。发送方通过邮件客户程序，将编辑好的电子邮件向邮局服务器（SMTP服务器）发送。邮局服务器识别接收者的地址，并向管理该地址的邮件服务器（POP3服务器）发送消息。邮件服务器将消息存放在接收者的电子信箱内，并告知接收者有新邮件到来。接收者通过邮件客户程序连接到服务器后，就会看到服务器的通知，此时便可打开自己的电子信箱来查收邮件。

常见的电子邮件协议有以下几种：SMTP（简单邮件传输协议）、POP3（邮局协议）、IMAP（Internet 邮件访问协议）。这几种协议都是由 TCP/IP 协议簇定义的。SMTP（Simple Mail Transfer Protocol）主要负责底层的邮件系统如何将邮件从一台机器传至另外一台机器。POP（Post Office Protocol）目前的版本为POP3，POP3是把邮件从电子邮箱中传输到本地计算机的协议。IMAP（Internet Message Access Protocol）目前的版本为 IMAP4，是 POP3 的一种替代协议，提供了邮件检索和邮件处理的新功能，这样用户可以完全不必下载邮件正文就可以看到邮件的标题摘要，从邮件客户端软件就可以对服务器上的邮件和文件夹目录等进行操作。IMAP 协议增强了电子邮件的灵活性，同时也减少了垃圾邮件对本地系统的直接危害，同时相对节省了用户查看电子邮件的时间。除此之外，IMAP 协议可以记忆用户在脱机状态下对邮件的操作（例如移动邮件、删除邮件等），即在下一次打开网络连接的时候会自动执行之前的操作。

常见电子邮箱如下：

（1）163 邮箱。网易免费邮箱，3GB 空间，支持超大（20MB）附件及 280MB 网盘，可精准过滤超过 98%的垃圾邮件。

（2）新浪邮箱。容量为 2GB，最大附件为 15MB，支持 POP3。

（3）TOM 邮箱。提供 1500MB 超大存储空间，电子邮件收发更快、更稳定、更安全，专业 24 小时在线杀毒，垃圾邮件一概拒之门外，附送 50MB 相册和 30MB 网络硬盘；稳定快速，采用全球先进的负载均衡技术，从根本上优化了访问、上传及下载速度；安全杀毒，引入世界顶级杀毒软件，全方位抵御病毒、黑客、垃圾邮件的攻击；无忧大附件，1.5GB 邮箱容量、30MB 大附件支持，使用户沟通无忧。

（4）21CN 邮箱。基础容量为 2.1GB，可通过积分最高升至 10GB 空间。20MB 大附件，顶级杀毒软件（卡巴斯基）防病毒，第四代智能反垃圾邮件过滤，手机收发邮件服务，邮件到达提醒服务，POP3\SMTP\多协议邮件收发，可保留原免费邮用户名，使其直接升级经济邮。

（5）搜狐邮箱。中文邮箱著名品牌，提供搜狐免费邮箱服务，提供 4GB 超大空间，支持单个超大 10MB 附件，强大的反垃圾邮件系统可过滤近 98%的垃圾邮件。

（6）QQ 邮箱。容量无限大，最大附件为 50MB，支持 POP3，提供安全模式，内置 WebQQ、阅读空间等。

（7）GMAIL 邮箱。减少了垃圾邮件，利用 Google 的创新技术可以将垃圾邮件拒于收件箱之外；超大空间，提供超过 7000MB（还在不断增加）的免费存储空间。

（8）Hotmail 邮箱。微软旗下的邮箱。5GB 的超大存储容量，可适量增加。对软件界面可以选择自己喜爱的颜色和布局。从熟悉的经典版本开始，任何时候都可以切换到完全版以使用高级功能。具有 Microsoft 提供的安全功能，获得专利权的 Microsoft SmartScreen 技术帮助用户收件箱免受垃圾邮件和病毒的侵扰。可快速查看电子邮件是否可疑，单击可彻底删除垃圾邮件，强大的病毒扫描和清除功能，具有 Outlook 的外观和功能，在阅读窗格中可预览邮件，具有拖放组织功能，能够在邮箱中在线聊天。

2. 电子邮箱申请

下面以申请网易 163 免费邮箱为例介绍申请邮箱账号的过程。在浏览器地址栏中输入 mail.163.com，进入网易邮箱主页面，如图 7-22 所示。单击"注册网易邮箱"选项，进入注册页面。

如图 7-23 所示，输入要申请的电子邮箱地址、密码以及手机号码，勾选"同意《服务条款》《隐私政策》和《儿童隐私政策》"复选项，单击"立即注册"按钮，如果电子邮箱地址没有被占用，按照接下来的提示进行操作即可。

图 7-22　163 邮箱主页面

图 7-23　注册页面

3. 电子邮件的收发

成功申请了电子邮箱后，即可登录自己的邮箱收发电子邮件，如图 7-24 所示。

单击"写信"按钮，在弹出的如图 7-25 所示的页面中依次填写收件人、主题和邮件内容，如果有文件需要发送，可以单击"添加附件"按钮，选择要发送的文件，最后单击"发送"按钮，即可把邮件发送出去。

如果要接收邮件，单击"收信"按钮，可以看到邮件的列表，单击具体的邮件即可看到邮件的内容。

图 7-24　个人邮箱首页

图 7-25　写信页面

7.5　网络安全知识

随着计算机网络的迅速发展，计算机网络的应用范围不断扩大，人们对计算机网络系统的依赖程度与日俱增。计算机网络系统的资源共享和可扩充性等特点在提高网络系统的可靠性和工作效率的同时，增加了计算机网络安全的脆弱性和复杂性，网络分布和资源共享增加了网络受攻击和威胁的可能性，使得计算机网络系统的安全面临巨大挑战。

从本质上讲，网络安全包括组成网络系统的硬件、及其在网络上传输信息的安全性，使其不致因偶然的或者恶意的攻击遭到破坏、更改、泄露，系统连续、可靠、正常地运行，网络服务不中断。

7.5.1　计算机病毒

1．计算机病毒简介

计算机病毒（Computer Virus）指编制者在计算机程序中插入的破坏计算机功能或者数据的代码。计算机病毒是能影响计算机使用、能自我复制的一组计算机指令或程序代码。计算机病毒具有传播性、隐蔽性、感染性、潜伏性、可激发性、表现性或破坏性。计算机病毒的生命周期为：开发期→传染期→潜伏期→发作期→发现期→消化期→消亡期。

计算机病毒是人为制造的，有破坏性又有传染性和潜伏性，对计算机信息或系统起破坏作用的程序。它不是独立存在的，而是隐蔽在其他可执行的程序之中的。计算机中病毒后，轻则影响机器运行速度，重则死机（系统被破坏），因此，病毒会给用户带来很大的损失。通常情况下，我们称这种具有破坏作用的程序为计算机病毒。

计算机病毒按存在的媒体分类可分为引导型病毒、文件型病毒和混合型病毒 3 种；按链接方式分类可分为源码型病毒、嵌入型病毒和操作系统型病毒 3 种；按计算机病毒攻击的系统分类可分为攻击 DOS 系统的病毒、攻击 Windows 系统的病毒、攻击 UNIX 系统的病毒。如今的计算机病毒正在不断推陈出新，其中包括一些独特的新型病毒暂时无法按照常规的类型进行分类，如互联网病毒（通过网络进行传播，一些携带病毒的数据越来越多）、电子邮件病毒等。

计算机病毒被公认为数据安全的头号大敌，从 1987 年开始，计算机病毒受到世界范围内的普遍重视，我国也于 1989 年首次发现计算机病毒。目前，新型病毒正向更具破坏性、更加隐秘、感染率更高、传播速度更快等方向发展。因此，必须深入学习计算机病毒的基本常识，加强对计算机病毒的防范。

2．计算机病毒的传播途径

计算机病毒有自己的传输模式和不同的传输路径。由计算机本身的功能可知，计算机病毒的传播非常容易，通常可以交换数据的环境就可以进行病毒传播。计算机病毒主要有以下3 种类型的传输方式：

（1）通过移动存储设备进行病毒传播：U 盘、CD、软盘、移动硬盘等都可以是传播病毒的路径，而且因为它们经常被移动和使用，所以它们更容易得到计算机病毒的青睐，成为计算机病毒的携带者。

（2）通过网络进行传播：网页、电子邮件、QQ、BBS 等都可以是计算机病毒网络传播的途径，特别是随着网络技术的发展和互联网的普及，计算机病毒传播的速度越来越快，范围也在逐步扩大。

（3）利用计算机系统和应用软件的弱点传播：近年来，越来越多的计算机病毒是利用计算机系统和应用软件的不足进行传播，因此这种途径也被划分在计算机病毒的基本传播方式中。

3．计算机病毒的特征

任何计算机病毒只要侵入系统，都会对操作系统及应用程序产生程度不同的影响。轻者会降低计算机工作效率，占用系统资源，重者可导致数据丢失、系统崩溃。

这类恶意的计算机程序一般都具有以下特征：

（1）隐蔽性。计算机病毒不易被发现，这是由于计算机病毒具有较强的隐蔽性，其往往以隐含文件或程序代码的方式存在，在普通的病毒查杀中，难以实现及时有效的查杀。病毒伪装成正常程序，进行计算机病毒扫描时难以发现。并且，一些病毒被设计成病毒修复程序，诱导用户使用，进而实现病毒植入，入侵计算机。因此，计算机病毒的隐蔽性使得计算机安全防范处于被动状态，造成了严重的安全隐患。

（2）破坏性。病毒入侵计算机后往往具有极大的破坏性，会破坏数据信息，甚至造成大面积的计算机瘫痪，对计算机用户造成较大损失。如常见的木马、蠕虫等计算机病毒，可以大范围入侵计算机，给计算机带来安全隐患。

（3）传染性。计算机病毒的一大特征是传染性，能够通过 U 盘、网络等途径入侵计算机。在入侵之后，往往可以实现病毒扩散，感染其他计算机，进而造成大面积瘫痪等事故。随着网络信息技术的不断发展，在短时间之内，病毒可能实现较大范围的恶意入侵。因此，在计算机病毒的安全防御中，如何面对快速的病毒传染进行有效的病毒防御，是构建防御体系的关键。

（4）寄生性。计算机病毒还具有寄生性。计算机病毒需要在宿主中寄生生存，破坏宿主的正常机能。通常情况下，计算机病毒都是在其他正常程序或数据中寄生，在此基础上利用一定的媒介实现传播，在宿主计算机实际运行过程中，一旦达到某种设置条件，计算机病毒就会被激活。随着程序的启动，计算机病毒会对宿主计算机文件不断进行修改。

（5）可执行性。计算机病毒与其他合法程序一样，是一段可执行程序，但它不是一个完整的程序，而是寄生在其他可执行程序上，因此它享有一切程序所能得到的权力。

（6）可触发性。病毒因某个事件或数值的出现，诱使病毒实施感染或进行攻击。

（7）攻击的主动性。病毒对系统的攻击是主动的，计算机系统无论采取多么严密的保护措施都不可能彻底地排除病毒对系统的攻击，而保护措施充其量是一种预防的手段而已。

（8）针对性。计算机病毒是针对特定的计算机和特定的操作系统的。例如，有针对 IBM 计算机及其兼容机的，有针对 Apple 公司的 Macintosh 的，还有针对 UNIX 操作系统的。

4. 常见的计算机病毒

（1）爱虫病毒。该病毒是通过 Microsoft Outlook 电子邮件系统传播的，邮件的主题为 I LOVE YOU，并包含一个附件。一旦在 Microsoft Outlook 里打开这个邮件，系统就会自动复制并向地址簿中的所有邮件地址发送这个病毒。爱虫病毒是一种蠕虫病毒，可以改写本地及网络硬盘上的某些文件，染毒以后邮件系统会变慢，并可能导致整个网络系统崩溃。

（2）CIH 病毒。CIH 是一个纯粹的 Windows 95/98 病毒，通过软件之间的相互复制、盗版光盘的使用和互联网的传播而大面积传染。CIH 病毒发作时将用杂乱数据覆盖硬盘前 1024K 字节，破坏主板 BIOS 芯片，使机器无法启动，彻底摧毁计算机系统。

（3）Happy 99 蠕虫。这是一种自动通过 E-mail 传播的病毒，如果单击了病毒文件会出现一幅五彩缤纷的图像，许多人以为是贺年卡之类的软件。它将自身安装到 Windows 下并修改注册表，系统下次启动时自动加载该病毒软件。自此病毒安装成功之后，发出的所有邮件都会有一个 Happy 99.exe 的附件，如果收信人单击了此文件，那么计算机就会中毒。

（4）木马病毒、黑客病毒。木马病毒的前缀是 Trojan，黑客病毒的前缀一般为 Hack。木马病毒的特性是通过网络或者系统漏洞进入用户的系统并隐藏，然后向外界泄露用户的信息，而黑客病毒则有一个可视的界面，能对用户的计算机进行远程控制。木马、黑客病毒往往是成对出现的，即木马病毒负责侵入用户的计算机，而黑客病毒则会通过该木马病毒对计算机进行控制。现在这两种类型的病毒越来越趋向于整合了。

（5）脚本病毒。脚本病毒的前缀是 Script。脚本病毒的特性是使用脚本语言编写且通过网页进行传播。脚本病毒还会有如下前缀：VBS、JS（表明是何种脚本编写的），如欢乐时光（VBS.Happytime）、十四日（Js.Fortnight.c.s）等。

（6）宏病毒。宏病毒是也是脚本病毒的一种，由于它的特殊性，这里将其单独当成一类病毒进行介绍。宏病毒的前缀是 Macro，第二前缀是 Word、Word97、Excel、Excel97 其中之一。凡是只感染 Word 97 及以前版本 Word 文档的病毒采用 Word97 作为第二前缀，格式是 Macro.Word97；凡是只感染 Word 97 以后版本 Word 文档的病毒采用 Word 作为第二前缀，格式是 Macro.Word；凡是只感染 Excel 97 及以前版本 Excel 文档的病毒采用 Excel97 作为第二前缀，格式是 Macro.Excel97；凡是只感染 Excel 97 以后版本 Excel 文档的病毒采用 Excel 作为第二前缀，格式是 Macro.Excel，依次类推。该类病毒的公有特性是能感染 Office 系列文档，然后通过 Office 通用模板进行传播。

（7）后门病毒。后门病毒的前缀是 Backdoor。该类病毒的公有特性是通过网络传播，给系统开后门，给用户计算机带来安全隐患。如很多朋友遇到过的 IRC 后门 Backdoor.IRCBot。

5. 计算机病毒的预防

计算机病毒时时刻刻都在准备发动攻击，但计算机病毒也不是不可控制的，可以通过以下措施来减少计算机病毒对计算机带来的破坏：

（1）安装最新的杀毒软件，每天升级杀毒软件病毒库，定时对计算机进行病毒查杀，上网时要开启杀毒软件的全部监控，培养良好的上网习惯。例如，慎重打开不明邮件及附件，尽量不浏览可能带有病毒的网站，尽可能使用较为复杂的密码，猜测简单密码是许多网络病毒攻击系统的一种新方式。

（2）不要执行从网络下载的未经杀毒处理的软件。不要随便浏览或登录陌生的网站，加强自我保护。现在有很多非法网站被嵌入恶意的代码，用户一旦打开该网站，即会被植入木马或其他病毒。

（3）培养自觉的信息安全意识。在使用移动存储设备时，尽可能不要共享这些设备，因为移动存储设备也是计算机病毒进行传播的主要途径，也是计算机病毒攻击的主要目标，在对信息安全要求比较高的场所，应将计算机上的 USB 接口封闭，同时，有条件的情况下应该做到专机专用。

（4）用 Windows Update 功能打全系统补丁，同时，将应用软件升级到最新版本，比如，播放器软件、通信工具等，避免病毒通过网页木马的方式入侵到系统或者通过其他应用软件漏洞来进行病毒的传播；将受到病毒侵害的计算机尽快隔离，在使用计算机的过程中，若发现计算机上存在病毒或者是计算机出现异常，应该及时断开网络；当发现计算机网络一直中断或者网络异常时，立即切断网络，以免病毒在网络中传播。

7.5.2　计算机木马

1. 木马的由来

木马全称是"特洛伊木马"，来源于特洛伊木马攻城的故事。在古希腊传说中，希腊联军围困特洛伊城久攻不下，于是假装撤退，留下一具巨大的中空木马，特洛伊守军不知是计，把木马运进城中作为战利品。夜深人静之际，躲藏在木马腹中的希腊士兵打开城门，导致特洛伊城沦陷。后人常用"特洛伊木马"这一典故比喻在敌方营垒里埋下伏兵，里应外合的作战技巧。现在有的计算机病毒伪装成一个实用工具或者一个可爱的游戏甚至一个图片文件等，诱使用户将其安装在计算机上。这样的病毒也被称为"特洛伊木马病毒"（Trojan Virus），简称"木马"。

2. 木马与其他计算机病毒的区别

木马和其他计算机病毒还是有一些区别的。主要区别就是，其他计算机病毒具有自传播性，即能够自我复制，而木马则不具备这一点。这主要是因为，开发其他计算机病毒的人为了炫耀自己天才的"创意"和"高超"的编程技术，编写了一些可以自我复制、传播并产生不可思议的效果（黑屏、死机，甚至仅仅是一些有趣的画面）的程序，仿佛是具有生命的计算机病毒程序，这样可以使开发者具有成就感。而木马的开发者虽然也有恶作剧的成分，但其主要目的是通过获取用户信息（盗号）、盗用用户计算机资源等手段进行获利。

比如现在最为流行的木马——"及挖矿木马"。随着加密电子货币（如"比特币"）价格的攀升，国内外频频曝出各种"挖矿木马"事件，例如，激活工具 KMS 内含"挖矿木马"，就是将"挖矿木马"植入到了激活工具 KMS，当用户下载安装此带木马的工具软件后，挖矿木马程序便会入侵计算机，利用用户的计算机资源为黑客"挖矿"（利用计算机程序猜测、试验数字货币的数字组合）获得利益。

网络安全形势瞬息万变，新技术新应用迅速迭代，新情况新问题层出不穷，"未知"远大于"已知"，使得网络安全具有鲜明的技术性、专业性、前沿性等特点，如何做到既防范潜在风险又积极为我所用，是网络安全领域面临的重要考验。

参 考 文 献

[1] 王保云. 物联网技术研究综述[J]. 电子测量与仪器学报，2009，23（12）：1-7.

[2] 郁红英，王磊，王宁宁. 计算机操作系统[M]. 北京：清华大学出版社，2022.

[3] 张国永. 大学信息技术基础[M]. 北京：高等教育出版社，2020.

[4] 林子雨. 大数据导论——数据思维、数据能力和数据伦理[M]. 北京：高等教育出版社，2020.

[5] 梅宏. 大数据导论[M]. 北京：高等教育出版社，2018.

[6] 张广渊，周风余. 人工智能概论[M]. 北京：中国水利水电出版社，2019.

[7] 钱银中. 人工智能导论[M]. 北京：高等教育出版社，2019.

[8] 何琼，楼桦，周彦兵. 人工智能技术应用[M]. 北京：高等教育出版社，2020.

[9] 黄海玉. 大学计算机信息素养基础[M]. 北京：中国水利水电出版社，2018.

[10] 张春芳. 计算机基础与应用[M]. 3 版. 北京：中国水利水电出版社，2018.

[11] 刘畅. Office 2016 办公应用从入门到精通[M]. 2 版. 北京：中国铁道出版社，2019.

[12] 王立武. 计算机基础知识[M]. 沈阳：辽海出版社，2018.

[13] 黑新宏，胡元义. 操作系统原理[M]. 北京：中国工信出版社，2022.